北方特色农业高效种植新技术

刘宝龙　蒋玉奎　张洲平　主编

中国农业大学出版社

·北京·

内 容 简 介

本书根据我国北方地区农业种植结构特点，围绕区域特色农业产业和现代农业发展需要，将高效种植新技术、新成果融入到保护地蔬菜、果树、食用菌、中药材等特色农业之中，并提供了七项地方技术标准，具有较强的针对性、实用性和专业性。可作为农业职业院校、基层农业部门开展实用技术研究、农业技术推广以及新型职业农民培育的教材使用。

图书在版编目(CIP)数据

北方特色农业高效种植新技术/刘宝龙，蒋玉奎，张洲平主编. —北京：中国农业大学出版社，2014.11

ISBN 978-7-5655-1104-2

Ⅰ. ①北… Ⅱ. ①刘…②蒋…③张… Ⅲ. ①特色农业—栽培技术 Ⅳ. ①S31

中国版本图书馆 CIP 数据核字(2014)第 249942 号

书　　名 北方特色农业高效种植新技术

作　　者 刘宝龙　蒋玉奎　张洲平　主编

策划编辑	席　清	**责任编辑**	梁爱荣　席　清
封面设计	郑　川		
出版发行	中国农业大学出版社		
社　　址	北京市海淀区圆明园西路 2 号	**邮政编码**	100193
电　　话	发行部 010-62818525,8625		读者服务部 010-62732336
	编辑部 010-62732617,2618		出　版　部 010-62733440
网　　址	http://www.cau.edu.cn/caup	**e-mail**	cbsszs@cau.edu.cn
经　　销	新华书店		
印　　刷	北京时代华都印刷有限公司		
版　　次	2014 年 11 月第 1 版　　2014 年 11 月第 1 次印刷		
规　　格	850×1 168　　32 开本　　14 印张　　345 千字		
定　　价	30.00 元		

图书如有质量问题本社发行部负责调换

编 委 会

主　　任　刘宝龙

副 主 任　孙宝良　贾云祥

成　　员　蒋玉奎　张洲平　李振举

主　　编　刘宝龙　蒋玉奎　张洲平

参编人员　张建文　田春英　卢　阳　张铁铮　张铁军
蒋俊杰　张全也　蒋瑞萍　王向辉　齐军梅
刘志刚　赵立新　毛久银　郭旭彦　胡启旺
马占稳　王庆云　付文平　吴春秋　李晓松
于志杰　卢春辉

序

当前，我国农业发展已经进入了从传统农业向现代农业转型、农业生产经营方式由一家一户生产向规模化、产业化生产转变的新阶段。大力培育新型职业农民，培养和提高其适应农业结构调整、选择优势特色产业的发展能力，适应市场变化按需生产的决策能力，适应对新品种、新技术和新装备的应用能力，适应农业产业化的管理能力，以及在农业生产经营过程中对随时可能发生的自然风险、市场风险和农产品质量安全风险的应对能力，农产品品牌建设能力和农产品市场开拓能力。培育和壮大现代农业生产经营者队伍，是关系农业长远发展特别是现代农业建设的根本大计和战略举措。

河北省农业广播电视学校承德市分校组织本系统农业科技教育培训与技术推广专家精心编著了《北方特色农业高效种植新技术》一书。该书以服务北方地区特色农业发展为目标，遵循科学求真务实的原则，凝练了多年来开展产学研协作、农科教结合实践中探索出的北方地区保护地蔬菜、果树、食用菌、中药材等特色农业种植新技术和新成果，针对性强，实用价值高，是北方地区开展新型职业农民教育培训的良好教材。

《北方特色农业高效种植新技术》一书的编纂出版，既是河北省农业广播电视学校承德市分校服务能力的具体体现，更是对培育新型职业农民、壮大新型农业生产经营主体、推动北方地区现代农业发展的重大贡献，将对北方地区转变农业发展方式，推动现代农业发展起到积极的促进作用。

河北省现代农业产业技术体系蔬菜创新团队

首席专家、教授、博士生导师

2014 年 8 月 6 日

前　言

在长期从事农民科技教育培训和农业技术推广过程中，我们深深地感到农民需要一套较为系统、实用、反映当前农业最新技术水平的集成式的科技图书，农业生产的区域性特点决定了农业技术应用的区域范围的差异性，农业新技术的应用离不开农业技术推广人员的再创新。因此，我们组织相关推广专家和技术人员编写了《北方特色农业高效种植技术》一书，该书汇集了近年来地区农业生产上重点推广的最新技术，凝集了广大推广人员的集体智慧，可作为农业科技培训和农技推广培训教材之用，也可作为从事种植业生产者指导用书。

本书共分为五个部分，包括设施蔬菜栽培技术、食用菌种植技术、果树栽培技术、中草药人工栽培技术和农业生产标准，重点介绍已经成熟并在大力推广的农业新技术及其具体操作方法，使读者能够学以致用。我们衷心地希望这本书为扎实开展各项农业新技术培训工程和新技术普及推广起到积极促进作用。

本书由刘宝龙（承德农广校校长）蒋玉奎（推广研究员）、张洲平（推广研究员）设计了编写大纲。蔬菜部分由卢阳、张铁铮、蒋玉奎编写。果树部分由刘宝龙、张建文、田春英编写。食用菌部分由张铁军、蒋俊杰、蒋玉奎编写。中草药部分由蒋玉奎、张洲平、张全也编写。其他署名人员参加了本书的编写校对等工作。蒋玉奎、张洲平负责全书的统稿、审定稿工作。

河北省现代农业产业技术体系蔬菜创新团队首席专家、博士生导师申书兴教授对书稿进行了审阅，提出许多宝贵意见，并为本书作序,在此表示衷心的感谢!

由于编者水平所限,书中难免有不妥或疏漏之处,敬请专家和农民朋友赐教和指正。

编　者

2014 年 8 月

目　录

第一部分　设施蔬菜栽培技术

第四部分　中草药人工栽培技术

第五部分 农业生产标准

第一部分
设施蔬菜栽培技术

第一章　北方蔬菜保护地栽培的主要设施结构

蔬菜保护地栽培是在露地栽培基础上发展起来的，在栽培技术上既有联系，又有不相同的一面。根据社会发展、市场需求，针对各个季节、各种设施进行栽培。由于菜类品种、对环境条件要求、栽培季节和方式的不同，所要求的保护设施和栽培技术也不相同。本章根据北方地区气候、地形、蔬菜种植特点以及生产发展需要等条件，分别对塑料大棚和日光温室等保护地设施的主要类型、结构特点、棚室内各项环境要素等进行详细介绍。

第一节　塑料大棚

20 世纪 60 年代中期，北方一些地区开始出现了建造日光温室进行蔬菜栽培和育苗的保护地蔬菜生产模式，随后塑料大棚在我国逐渐发展起来。大棚与温室完全不同，只用骨架建成棚形，覆盖塑料薄膜，全棚没有不透明部分，也不设加温和保温设备。与温室相比，具有结构简单、建造容易、当年投资少、有效栽培面积大、作业方便等特点；与露地相比，具有较大的抗灾能力，可提早、延晚栽培，增产增收效果明显。

一、塑料大棚的设计原则

建造塑料大棚的关键是提高采光性和稳固性，使之在生产过程中不遭受损失，大棚的稳固性与骨架的材质、棚面的弧度、大棚的高跨比和长跨比都有密切关系。

(一)棚室类型

在建造塑料大棚时,棚架的结构设计应力求简单,尽量使用轻便、坚固的材料,以减轻棚体的重量。塑料大棚的棚型有带肩和流线型两种。从透光率和牢固性来看,均属流线型优越。塑料大棚的损失主要是风压、雪压造成的,在建造大棚时必须计算雪荷载和风荷载。大棚抗风压、雪压的能力除与建造材料有关外,棚型是一个主要因素。例如竹木结构大棚因为有很多立柱支撑,抗雪压的能力较强,一般不会被棚面积雪压塌。但大风天气,易造成塑料薄膜破损,大棚"上天"的情况时有发生。其原因是棚型不合理,特别是棚面平坦,常因风压而受害。棚内外的空气压强,可依据空气动力学的伯努利方程求得。方程式如下:

$$C=p+\frac{p}{2}\cdot v^2$$

式中,p 为空气压强,v 为风速,C 为常数。

当风速为 0 时,棚内外的空气压强都等于 C。风速加大,棚外空气压强减小,棚内空气压强未变,棚内外就出现了空气压强差。棚面覆盖的塑料薄膜,由于棚内的空气压强大于棚外空气压强,产生举力,使薄膜向上鼓起。风速越大,空气压强差越大,向上鼓起的力量越大。

在膜上有压膜线限制薄膜向上升起,就容易在压膜线间鼓起大包。风速是在变化的,当风速大时薄膜鼓起;风速变小时在压膜线的压力下,薄膜又落回骨架上。风速不断变化,薄膜不断鼓起落下,上下摔打而破损,严重时挣断压膜线而被风刮跑。塑料大棚的棚型与风速有关。棚面平坦,棚内外的空气压强差大,压膜线也不能压紧,抗风能力弱,容易遭受风害。流线型的大棚,棚面弧度大,可减弱风速,压膜线压得牢固,抗风能力加强,一般遇到 8 级风也不会受害。流线型的塑料大棚，是参照合理轴线进行设计的。合理轴线的计算公式如下：

$$y=\frac{4f}{L^2}\times(L-x)$$

式中，y 为弧线各点的高度，f 为矢高，L 为跨度，x 为各点的水平距离。

（二）大棚的高跨比

流线型大棚的高跨比为矢高/跨度，以 0.25～0.30 比较适宜。小于 0.25 则棚面平坦，抗风能力低；大于 0.30 则棚面过于陡峭，风荷载加大。带肩的大棚，高跨比为（矢高－肩高）/跨度。同样跨度和矢高的大棚，高跨比值就小很多。例如，大棚矢高为 2.5 m，肩高为 1 m，则高跨比＝(2.5－1)/10＝0.15。

（三）大棚的长跨比

大棚的长跨比与稳固性也有关系。同是 667 m^2 的大棚，增加跨度就缩小了长度。如果跨度为 14 m，则长度为 47.6 m，周边长为 123.2 m；跨度 10 m，长度 66.7 m，周边为 153.4 m。周边越长，地面固定部分越多，稳固性越好，特别是无柱大棚的长跨比应等于 5 或大于 5，即长度应为跨度的 5 倍以上。

（四）大棚的方位

大棚的方位分东西延长和南北延长两种。南北向大棚透光量比东西向大棚多 5%～7%，光照分布均匀，棚内白天温度变化平缓。东西向大棚则光照分布不均匀，南部光强，北部光弱，因此，大棚多采用南北走向。南偏西角度在 15°以内，当建设有后墙的大棚时，应采用东西走向。

二、塑料大棚的场地选择

（一）地理位置

蔬菜塑料大棚是投资较大的固定园艺设施，应用年限较长，为便于管理应集中建设，且选择有发展前途、能不断扩大建棚规模的场地。在农村，将大棚建于村南比村北好，但不宜与住宅区混建；在城市郊区，不宜将大棚建在工厂下风地段，以免蔬菜遭受污染；在山区借用自然避风向阳高坎、土崖、围墙作挡风墙建大棚，可节省材料费用，且挡风保温性能良好；在具有地热资源及工厂余热条件的地方建大棚，可充分利用其热源为大棚增温。此外，交通方便也是选择建设蔬菜大棚场地不可忽视的条件。

（二）光照通风条件

太阳光是大棚的主要光源和热源，因此大棚的建设必须选择具有充足光照条件的场地。建筑物及树木离建大棚基地的距离，东西两面的要相当于建筑物及树木高度的1.5～2倍，南面的要相当于建筑物及树木高度的2.7倍左右。建大棚场地的地势，以坡降8°～10°为宜，以利延长日照时间，增加早春棚内的地温，促进蔬菜生长。另外，在早春及初夏的午间，棚内温度较高，需要及时通风换气降温，所以选建大棚的场地还应具备较好的通风条件，但不可将大棚建于风口处或高台地上，以防大风危害。

（三）土壤和水利条件

大棚蔬菜栽培一般是多茬口高效种植，因此要有良好的水利土壤条件。土壤最好选用物理性状良好、耕层疏松、富含腐殖质的肥沃土壤，其优点是吸热性能强，透水透气性好，适耕性强，有利于根系生长。同时，要求前茬在3～5年内未种瓜类、茄果类蔬菜，以减少病害发生。建棚的场地还要求地下水位较低，排水良好，如果地势洼，地下水位较高，会导致棚内湿度过大，土壤升温缓慢，蔬菜根系生长不良，易感病害。大棚场地要求水源充足、水质较好，冬季水温较高，以深井水为宜，棚内采用滴灌、渗灌不会明显降低地温，并便于控制棚内湿度，有利于棚内蔬菜生长。如果大棚场地有良好的电源，可采用电热温床育苗或电热线补温，对大棚蔬菜栽培更为有利。

三、塑料大棚的构造

(一)单拱塑料大棚

1. 结构特点

单拱塑料大棚指由一个拱栋构成的塑料大棚,一般简称塑料大拱棚。这种大棚在冀北地区可种植一茬番茄、辣椒、茄子等喜温蔬菜,其他地区可种植春秋两茬番茄、辣椒、茄子等喜温蔬菜。单拱塑料大棚通过采用合理的结构参数,应用坚固的骨架材料,能够保持棚室的稳定性,提高抗大风、暴雨等灾害性天气的能力。早春茬口种植时可采取多层覆盖等措施,提高棚内温度,实现提早定植和收获上市。夏季应合理设置顶风、腰风等放风口,采用遮阳网覆盖,实现棚内温、湿度可调控,最大限度减少病害发生。

2. 结构参数

单拱塑料大棚宜南北延长建造,跨度一般 8～12 m。长度根据地块而定,一般 60～100 m。脊高一般 2.5～3.5 m,最高不超过 3.9 m,肩高 1.5 m 左右(图 1-1)。骨架可选择镀锌钢管片架、钢架竹竿混合骨架或钢筋水泥预制骨架,骨架间距 1.2～3 m,用拉杆连接固定,11 m 以上需增加立柱支撑。

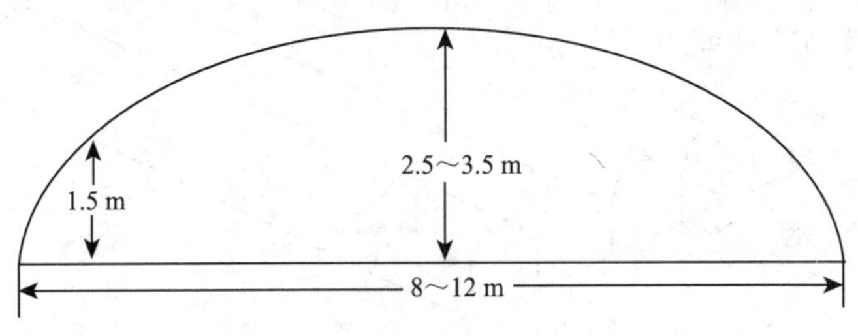

图 1-1 单拱塑料大棚示意图

（二）连栋塑料大棚

1. 结构特点

连栋塑料大棚指 2 拱或 2 拱以上的塑料大棚，这种大棚棚体大、蓄热保温性能好，可有效节约建筑材料，降低建造成本，土地利用率高。早春季节采用多层幕覆盖，利于产品提早上市。连栋塑料大棚通过增强棚架抗雨雪荷载能力，优化通风排湿性能，最大限度解决荷载低、通风差、湿度高等问题，有效降低病虫害发生，提高抗强风、暴雨等灾害性天气的能力。

2. 结构参数

应南北延长建造，长度根据地块而定，一般 60～100 m，单拱跨度 6.5～7 m，脊高 3～3.5 m，肩高 2 m 左右，拱间设天沟进行排水或收集雨水，顶部和四周设风口进行排湿降温（图 1-2）。长度随地块而定。拱架可为全钢、全竹木或竹木钢架混合材料，拱架间距 3 m 左右，应配置两层拉杆进行多层幕覆盖，根据骨架材料设置不同材料和数量的立柱，钢架连栋大棚立柱间距 3～4 m，竹木连栋大棚立柱间距 1.3～2 m。

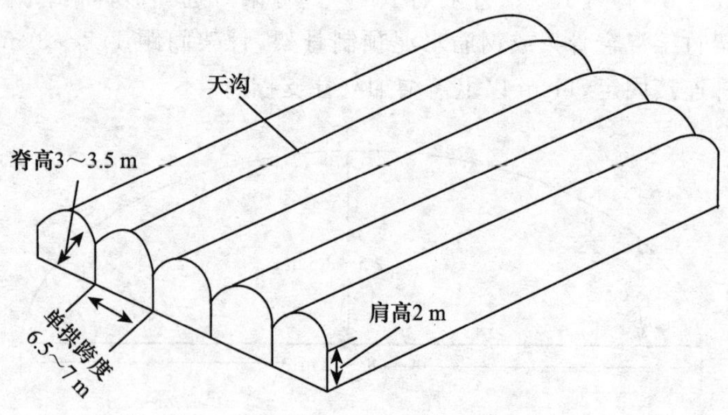

图 1-2　连栋塑料大棚示意图

（三）改良塑料大棚

1. 结构特点

改良塑料大棚是通过对塑料大拱棚进行结构优化和改进，增加覆盖物保温，提高了生产性能，从而使设施使用时间进一步提早和延后，有效提高了设施及土地利用率。改良塑料大棚主要有双向卷帘大棚和单向卷帘大棚两种。双向卷帘大棚是在大拱棚上覆盖草苫或保温被并配置卷帘机进行双向机械卷帘的大棚；单向卷帘大棚是在深冬或早春季节以保温被或草苫等覆盖材料临时作为简易墙体保温，并配置卷帘机进行单向机械卷帘的大棚。通过增加覆盖物，大大提高了大拱棚的保温性能，性能类似于简易日光温室，除冀北地区外，其他地区均可进行春提前、秋延后茄果类蔬菜和越冬根叶类蔬菜生产。

2. 优化原则

改进结构参数，规范施工建造，应用新型材料，进一步提高保温性能，增强抗大风、暴雨雪等灾害性天气能力，提高种植效益。

3. 结构参数

双向卷帘大棚建造方位一般南北延长，跨度一般在 13～15 m，脊高 2.2～2.5 m，肩高 1.2～1.5 m，骨架为全钢架或钢架竹木材料，骨架间距 1 m 左右，设有 4～6 排立柱（图 1-3）。单向卷帘大棚建

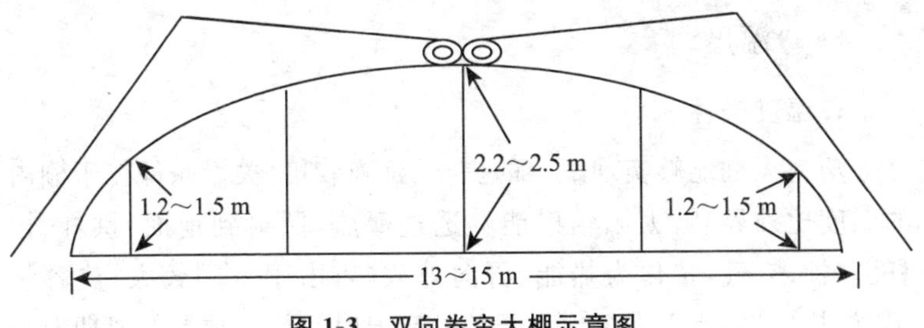

图 1-3 双向卷帘大棚示意图

造方位东西延长，大棚北侧弧度加大，形似温室后墙，冬春季节以秸秆、草苫、保温被等覆盖物作为临时墙体，跨度一般在8～10 m，脊高一般在 2～3 m，下挖 0.3～0.5 m 保温效果更好(图 1-4)。

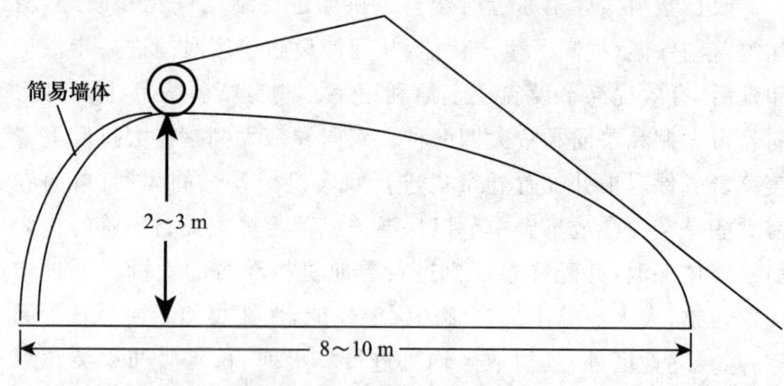

图 1-4　单向卷帘大棚示意图

四、塑料大棚的环境条件与调节

塑料大棚内的光照强度、温度、湿度和空气流动与露地都不相同，在塑料棚膜的封闭下，很大程度上属于人工小气候条件。塑料大棚是在露地不能生产的季节进行园艺作物栽培，虽然不可能完全克服外界气候条件的影响，却能较大幅度地提早、延晚栽培。现就塑料大棚内小气候调节的特点介绍如下。

(一)温度

1. 温度条件

塑料大棚能够实现蔬菜的提早、延晚栽培，关键条件在于棚内的温度比外界高，太阳辐射能够透过薄膜，照射到地面、拱杆、拉杆、立柱、空气，转化为热能，再向外放热，由于空间较大，热容量多，放热较慢，所以大棚内比露地的高温时间长。越是低温期温差越大，一般在寒季大棚内日增温可达3～6℃，阴天或夜间增温能力仅1～2℃。春暖时节棚内和露地的温差逐渐加大，增温可达6～15℃。外界气温升高时，棚内增温相对加大，最高可达20℃以上。

(1)地温　塑料大棚地温升高后比较稳定。喜温的果菜类蔬菜定植，主要以大棚内10 cm地温为定植适宜指标，春季大棚生产期间10 cm地温比露地高5～6℃。

(2)气温　大棚内的气温变化随太阳辐射能增减而变化。晴天太阳光充足，大棚内的气温很快升高，最高气温出现在13～14时，比露地高出12～13℃，最高的可高出15℃，最低气温出现在凌晨4时以后，棚内外温差3～4℃。棚内外的最高温差因天气条件而有所不同，晴天差异较大，光照越足差异越大，阴天差异小(表1-1)。

表1-1　大棚内外最高气温比较　　℃

天气条件	大棚内	大棚外	大棚内外温差
晴天	38.0	19.3	18.7
多云	32.0	14.1	17.9
阴天	20.5	13.9	6.6

摘自《保护地设施类型与建造》

大棚内气温的日变化趋势与露地基本相似，一般最低气温出现在凌晨，日出后随太阳高度的上升，棚内气温迅速上升，8－10时上升得最快，密闭条件下每小时上升5～8℃，有时能够达到10℃以上，最高气温出现在13时，14时以后开始逐渐下降，平均每小时下降3～5℃，日落前下降得最快。大棚内气温的变化非常剧烈，日较差比露地大，全年应用的大棚，12月下旬到翌年2月份日较差多在10℃以上，3－9月份的日较差可超过20℃，晴天越是阳光充足日变化越剧烈，阴天变化较小，通风、浇水等情况下日较差较小。大棚内不同部位的气温有差异，南北延长的大棚，午前东部气温高于西部,午后西部气温高于东部,温差在1～3℃,夜间四周气温都比中部低,所以发生冻害时四周较重。

2.温度调节

大棚的温度调节包括防寒保湿、防高温和调节作物生育适宜温度。防寒保温不能采用补助加温的措施,应该根据当地气候条件、栽培作物的适应温度界限和大棚的性能,确定作物的定植期,采取地膜覆盖和扣小拱棚等措施进行保温防寒。冬季晴天时,夜间最低温度可比露地高1～3℃,阴天时基本与露地相同。在高温季节,棚内温度可达50℃以上,需要进行全棚通风,棚外如覆盖草帘或遮阳网,可比露地气温低1～2℃。大棚的主要生产季节为春、夏、秋季,因此大棚内存在着高温或冰冻危害,需进行人工调整,通过保温及通风降温可使棚温保持在15～30℃的生长适温。

(二)光照

塑料大棚是全透明的保护地设施,只覆盖一层塑料薄膜,除骨架遮光以外,全部都能透入太阳光。一般大棚都没有保温措施,也不具备调节日照时间的功能。

1.光照强度

大棚内的光照条件受季节、天气状况、覆盖方式(棚形结构、方位、规模大小等)、薄膜种类及使用新旧程度情况的不同而产生很大差异。新的塑料薄膜透光率可达80%～90%,但在使用期间由于灰尘污染、吸附水滴、薄膜老化等原因,而使透光率减少10%～30%。大棚越高大,棚内垂直方向的辐射照度差异越大,棚内上层与地面的辐射照度相差达20%～30%。

大棚内的光照度在水平方向上的分布有差异。南北延长的大棚午前光照度东部高于西部,午后西部高于东部,全天两侧差异不大,但是东西两侧与中部之间各有一个弱光带,其光照度比两侧和中部都低(表 1-2)。在冬春季节,以东西延长的大棚比南北延长的大棚光照条件为好,局部光照条件所差无几。但东西延长的大棚棚内光照分布不均匀,南北两侧光照度差达 10%～20%。在早春和初冬太阳高度角小时,东西延长的大棚光照度要明显高于南北延长的大棚。

表 1-2 南北延长大棚东西部照度差异

项目	部位				
	东	东中	中	西中	西
光照度(lx)	5 680	3 340	5 880	3 500	7 940
相对照度	31	18	32	14	44

摘自《保护地设施类型与建造》

2. 光照的调节

建棚采用的材料在能承受一定的荷载时,应尽量选用轻型材料并简化结构,既不能影响受光,又要保护坚固,经济实用。最理想的是钢骨架无柱大棚,其次是竹木结构悬梁吊柱大棚。同时大棚塑料薄膜在覆盖期间由于灰尘污染而会大大降低透光率,新薄膜使用 2 d 后,灰尘污染可使透光率降低 14.5%。10 d 后会降低 25%,半个月后降低 28%以下。一般情况下,因尘染可使透光率降低 10%～20%。严重污染时,棚内受光量只有 7%,而造成不能使用的程度。一般薄膜又易吸附水蒸气,在薄膜上凝聚成水滴,使薄膜的透光率减少 10%～30%。再者薄膜在使用期间,由于高温、低温和受太阳光紫外线的影响,使薄膜"老化",薄膜老化后透光率降低 20%～40%,甚至失去使用价值。因此大棚覆盖的薄膜,应选用耐温防老化、除尘无滴的长寿膜,以增强棚内受光、增温,延长使用期。进入夏季光照强度过高时,还可以覆盖遮阳网减弱光照强度。

（三）湿度

1. 空气湿度的变化规律

薄膜的气密性较强，因此在覆盖后棚内土壤水分蒸发和作物蒸腾造成棚内空气高温，如不进行通风，棚内相对湿度很高。当棚温升高时，相对湿度降低，棚温降低相对湿度升高。晴天、风天时，相对湿度低，阴、雨（雾）天时相对湿度增高。在不通风的情况下，棚内白天相对湿度可达60％～80％，夜间经常在90％左右，最高达100％。

棚内适宜的空气相对湿度依作物种类不同而异，一般白天要求维持在50％～60％，夜间在80％～90％。为了减轻病害，夜间的湿度宜控制在80％左右。棚内相对湿度达到饱和时，提高棚温可以降低湿度，如温度在5℃时，每提高1℃气温，约降低5％的湿度；当温度在10℃时，每提高1℃气温，湿度则降低3％～4％。在不增加棚内空气中的水汽含量时，棚温在15℃时，相对湿度为70％左右；提高到20℃时，相对湿度为50％左右。由于棚内空气湿度大，土壤水分的蒸发量小，因此在冬春寒季要减少灌水量。但是，当大棚内温度升高或温度过高需要通风时，又会造成湿度下降，加速作物的蒸腾，致使植物体内缺水而导致生理失调。因此，棚内必须按作物的要求，保持适宜的湿度。

2. 空气湿度的调控

大棚内空气湿度过大，不仅直接影响蔬菜的光合作用和对矿质营养的吸收，而且还有利于病菌孢子的发芽和侵染。因此，要进行通风换气，促进棚内高湿空气与外界低湿空气相交换，可以有效地降低棚内的相对湿度。棚内地热线加温，也可降低相对湿度。采用滴灌技术，并结合地膜覆盖栽培，减少土壤水分蒸发，可以大幅度降低空气湿度（20％左右）。同时浇水的时间应该选择在晴天的上午进行，浇水后要加强通风排湿。

五、大棚容易出现的问题和处理措施

(一)气体危害及防治

由于薄膜覆盖，棚内空气流动和交换受到限制，在蔬菜植株高大、枝叶茂盛的情况下，棚内空气中的二氧化碳浓度变化很剧烈。日出之前由于作物呼吸和土壤释放，棚内二氧化碳浓度比棚外浓度高 2～3 倍(330 ppm 左右)；8－9 时以后，随着叶片光合作用的增强，可降至 100 ppm 以下。因此，日出后就要酌情进行通风换气，及时补充棚内二氧化碳。另外，可进行人工二氧化碳施肥，浓度为 800～1 000 ppm，在日出后至通风换气前使用。在冬春季光照弱、温度低的情况下，人工施用二氧化碳增产效果十分显著。

在低温季节，大棚经常密闭保温，很容易积累有毒气体，如氨气、二氧化氮、二氧化硫、乙烯等造成危害。当大棚内氨气达 5 ppm时，植株叶片先端会产生水浸状斑点，继而变黑枯死；当二氧化氮达 2.5～3 ppm 时，叶片发生不规则的绿白色斑点，严重时除叶脉外全叶都被漂白。氨气和二氧化氮的产生，主要是由于氮肥使用不当所致。

为了防止棚内有害气体的积累，不能使用新鲜厩肥作基肥，也不能用尚未腐熟的粪肥作追肥；严禁使用碳酸铵作追肥，用尿素或硫酸铵作追肥时要掺水浇施或穴施后及时覆土；肥料用量要适当不能施用过量；低温季节也要适当通风，以便排除有害气体。

(二)土壤问题及防治

大棚土壤湿度分布不均匀。靠近棚架两侧的土壤，由于棚外水分渗透较多，加上棚膜上水滴的流淌湿度较大，棚中部则比较干燥。大棚种植的蔬菜尤其是地膜栽培的，常因土壤水分不足而严重影响蔬菜的生长，最好能铺设软管滴灌带，根据实际需要随时追水追肥，这是一项有效的增产措施。由于大棚长期覆盖，缺少雨水淋洗，盐分随地下水由下向上移动，容易引起耕作层土壤盐分过量积累，造成盐渍化。因此，要注意适当深耕，施用有机肥，避免长期施用含氯离子或硫酸根离子的肥料。追肥宜淡，最好进行测土施肥。每年要有一定时间不盖膜，或在夏天只盖遮阳网进行遮阳栽培，使土壤得到雨水的溶淋。土壤盐渍化严重时，可采用淹水压盐，效果很好。另外，采用无土栽培技术是防止土壤盐渍化的一项根本措施。

第二节 日 光 温 室

日光温室采用较简易的设施，充分利用太阳能，可以基本不受自然气候条件的影响，在寒冷地区不加温进行蔬菜越冬栽培，是一种比较完善的保护地设施。日光温室可在冬季进行蔬菜生产。

日光温室的结构各地不尽相同，分类方法也比较多。按墙体材料分，主要有干打垒土温室、砖石结构温室、复合结构温室等。按后屋面长度分，有长后坡温室和短后坡温室；按前屋面形式分，有二折式、三折式、拱圆式、微拱式等。按结构分，有竹木结构、钢木结构、钢筋混凝土结构、全钢结构、全钢筋混凝土结构、悬索结构、热镀锌钢管装配结构。前坡面夜间用保温被覆盖，东、西、北三面为围护墙体的单坡面塑料温室，统称为日光温室。其雏型是单坡面玻璃温室，前坡面透光覆盖材料用塑料膜代替玻璃即演化为早期的日光温室。日光温室的特点是保温好、投资低、节约能源，非常适合我国经济欠发达农村使用。

一、日光温室的采光设计

（一）方位角

日光温室的方位角指的是日光温室东西方向的法线与正南方向当地子午线的夹角，日光温室坐北朝南，东西延长，前屋面接受太阳光，正午时太阳高度角最大时与前屋面垂直。采取南偏东5°，则提前20 min太阳光与前屋面垂直；采取南偏西5°，太阳光与温室前屋面垂直时间延后20 min。由于作物光合作用在上午会比较旺盛，采取南偏东的方位角应该是有利的。由于日光温室保温不加温，高纬度地区冬季室外温度很低，日出时间较晚，导致打开保温棉被的时间比较晚，而夜间全靠白天辐射转化为热能的存储，因此要使日光温室在午后能够保持较高的温度，才能使日光温室在夜间能够具备有利于作物生长的合适温度。北纬40°地区日光温室的方位角应该以正南或南偏西5°为宜，北纬41°以北地区应该采用南偏西5°～7°，北纬39°以南地区可以采取南偏东5°～7°。

（二）前屋面采光角

1. 设计方法

前屋面采光角和一天中的时间有关系，改变任何一个参数，都会直接造成太阳光线在日光温室前屋面上的入射角不同，影响日光温室的采光量。当其他结构参数完全相同时，通过合理设计日光温室的前屋面形状，提高太阳直接辐射的透光率，可明显改善室内光照条件。

前屋面采光角的主要设计方法是从温室的最高透光点向地面引垂线，再从最高透光点向前底角引直线，构成前屋面的三角形，即呈一面坡温室前屋面。前屋面的夹角大小，与透入室内光线的多少有着密切的关系，夹角越大，透入室内的太阳光越多，当太阳光与温室前屋面垂直时，透入室内的太阳光最多，即入射角等于0°，称为理想屋面角。

设计温室采光屋面角应以冬至日的太阳高度角为依据，首先要计算出冬至日的太阳高度角，计算公式如下：

$$h_0 = 90° - \psi + \delta$$

式中，h_0为常数，ψ为地理纬度，δ为赤纬（冬至日北半球取负23.5°）

如果按照理想屋面角建造日光温室，在生产上是无法应用的，不但浪费大量建造材料，提高造价，管理不便，保温也极困难，不具备实用价值。

2. 合理屋面角

据研究可知，当理想屋面角减少40°～50°时，棚室内的进光量仅仅减少4%～5%，故此综合考虑造价、结构等因素，在理想屋面角的基础上减去40°，即合理屋面角＝理想屋面角－40°。以北纬40°为例，前屋面角最小值应为90°－［90°－40°＋（－23.5°）］－40°。根据当地实际生产情况，地角为70°，腰角45°～30°，顶角一般为17°～72°。

从各地的生产经验来看，在冬季早春阴天少、日照百分率高的地区，按照合理屋面角设计建造的日光温室，在气候正常年份，生产表现正常，一旦气候反常，出现灾害性天气，难免受到不同程度的冻害或低温冷害，虽然灾害不完全是因采光设计造成的，但也与采光有密切的关系，经过研究提出合理时段采光屋面角理论，即从10时至14时的4 h内，入射角不应大于40°，根据有关生产实际应用资料表明，冬至日正午太阳高度角与前屋面采光角之和达到60°（入射角为30°，即太阳高度角与一面坡温室前屋面的夹角为60°）比较理想，因此把60°作为计算的参数，计算方法为当地纬度减去6.5°，如北京地区的纬度为北纬40°，那么当地的日光温室合理采光角为40°－6.5°＝33.5°。

（三）后屋面的仰角

日光温室后屋面仰角是指后屋面与地平面的夹角，它取决于屋脊与后墙的高差和后屋面的水平投影长度。如果屋脊高度和后屋面水平投影长度已定，则后墙越矮的后屋面角度越大，反之越小。

已有研究表明，日光温室的后屋面不但有保温、吸收储存能量的作用，还可以增加反射光线，因此后屋面的角度、厚度及组成对日光温室的保温意义重大。为了使冬至前后中午太阳光能直射后屋面内部，后屋面的仰角应该大于当地冬至太阳高度角5°～7°。这样就可以在11月上旬至翌年2月上旬之间中午前后接收到太阳直射光。

（四）后屋面的水平投影

日光温室后屋面水平投影长度与温室的保温和采光密不可分。春用型日光温室后屋面的水平投影长度较冬用型日光温室要短。在我国北方不同地区，冬用型日光温室后屋面水平投影长度随着纬度的升高而加长。由于后屋面的传热系数远比前屋面小，所以长后坡的日光温室升温较慢，清晨揭苫前温度稍高；而短后坡的温室白天升温快，晚间降温也快，揭苫前温度稍低。因此，北纬40°以北地区6～8 m跨度的日光温室，后屋面水平投影长度以1.2～1.5 m为宜；北纬40°以南地区6～8 m跨度的日光温室，后屋面水平投影长度以1.0～1.3 m为宜。

二、日光温室的保温设计

日光温室获得能量的关键取决于采光的合理设计，而储存能量的关键则取决于保温设计的好坏。在具体设计中要注意以下几个环节。

（一）采用异质复合结构的墙体

日光温室的山墙和后墙最好采用异质复合结构，内墙选用石头或砖块等吸热系数大的材料，能增强墙体载热能力，白天吸热多，夜间将热量放出来。外墙采用空心砖或建造夹心墙等隔热性能好、导热系数小的材料；内外墙用黏土砖砌筑，中间填充珍珠岩或炉渣。内墙用石头砌筑，墙外培土也属于异质复合结构，后屋面的异质复合结构最好采用木板膜，上面添珍珠岩，再盖水泥异质板，但是造价比较高，农民普遍采用高粱秸或玉米秸抹草泥，上面再覆盖草、玉米秸，保温效果也很好。鞍山市园艺科学研究所经过测试，对几种不同材质的填充物的保温效果进行了比较，见表1-3。

表1-3　夹心墙不同填充物蓄热保温效果比较

处理	内墙表面温度大于室内的时间	墙夜间平均放热量/(W/m^2)	室内最低气温/℃
中空	15—4时	2.9	6.2
锯屑	15—8时	7.6	7.6
炉渣	15—8时	13.8	7.8
珍珠岩	15—8时	37.9	8.6

（二）覆盖良好的保温设施

前屋面覆盖的薄膜由于白天太阳辐射透过快，热量散失慢，而夜间散热极快，仅仅依靠薄膜保温是远远不够的。因此加强保温覆盖是非常重要的，这是日光温室不加温在冬季也生产喜温蔬菜的关键措施。一般覆盖5 cm厚的稻草苫，覆盖完草苫后，还要加一层棚膜再进行覆盖，这样做的好处即可以增加保温效果，而且防止雨雪天淋湿草苫。在高寒地区需要用棉被进行覆盖。

（三）减少地中横向传导散热

日光温室地中传热过程中热量的散失主要在前底角下的横向传导散热，减少地中横向传导散热的有效措施是在前底角外挖30 cm宽、40 cm深的防寒沟，衬上薄膜，装入乱草包严，上面盖土踩实。高纬度地区可适当增加防寒沟的深度和宽度，有条件的最好在前底角下埋设泡沫塑料板。

（四）减少缝隙散热

严寒的冬季，日光温室的内外温差很大，在大温差条件下，很小的缝隙也会形成强烈对流热交换，导致大量散热。特别是靠门的一侧，管理人员出入、开闭过程中缝隙放热是不可避免的，应当设置作业间，由作业间通向温室的门应该悬挂棉门帘，在室内靠门处用薄膜间隔缓冲带，减少缝隙散热。最主要是墙体，后屋面建造都要无缝隙，草泥垛墙应避免分段构筑、垂直衔接，而采取斜接。土墙的厚度应为当地冻土层厚度的2倍，后屋面与后墙交接处、前屋面薄膜与后屋面交接处都不宜有缝隙，前屋面薄膜发现破洞要及时粘补，空心砖黏土砖只可筑墙，墙面应该抹灰，严防缝隙散热。

三、日光温室的建造

（一）建造场地的选择

1. 光照条件

日光温室的先决条件是要有充足的太阳光，所以建设日光温室的场地南面不能有高大的建筑物、树木和自然遮蔽物，东西两侧也不能有遮光的物体。

2. 地势、地形条件

日光温室的建造场地必须小气候条件优越，如北面有山峰，要避开风口。山口和自然风口往往是冬季和春季大风的通道，容易形成穿击风，在这样的环境下建设日光温室，容易遭受风害和加大贯流放热量，不利于温室的保温。

日光温室的地形利用也很重要，山前的平地或村庄的南面、北侧有东西走向的防护林、丘陵最为适宜。另外，在有些荒坡南侧建造日光温室也比平地条件优越，荒坡因地势不平、耕作难度大，建日光温室，虽然费工较多，但经济效益明显。

3. 土壤条件

土层深厚，土质疏松，地下水位低，地温容易升高，土壤水分容易调节，对冬季早春栽培喜温作物有利。特别是栽培果树等深根作物，必须选择地下水位低的地块，至于土质较差问题，可通过增施农家肥进行改良。

4. 交通条件

建造日光温室的场地，需要避开机动车辆频繁通过的乡间土道，以免尘土污染温室前屋面薄膜，影响透光。为了便于运输生产资料和产品，日光温室应该尽量靠近交通要道；为了便于管理，应距村庄较近。

5. 水电条件

日光温室从建造到生产，都需要充分的水，选择场地时，需要选择有良好的水源和电力保障的地方。如果已经有水源，可节省投资，如果附近已有电源，可免去拉线接电的麻烦。

(二)日光温室的规划

1. 温室朝向

为保证日光温室的充分采光，一般温室布局均为坐北朝南。对于高纬度(北纬 40°以北)地区和晨雾大、气温低的地区，冬季日光温室不能日出即揭帘受光，因此方位可适当偏西，以便更多地利用下午的弱光。相反，对于那些冬季并不寒冷且大雾不多的地区，温室方位可适当偏东，以充分利用上午的弱光，提高光合效率，因为上午的光质比下午好，上午作物的光合作用能力也比下午强，尽早“抢阳”更有利于光合物质的形成和积累。偏离角应根据当地的地理纬度和揭帘时间来确定，一般偏离角在南偏西或南偏东 5°左右，最多不超过 10°。此外，温室方位的确定还应考虑当地冬季主导风向，避免强风吹袭前屋面。

2. 温室间距

温室群中每栋温室前后间距的确定，应以前栋温室不影响后栋温室采光为原则。丘陵地区可采用阶梯式建造，以缩短温室间距；平原地区也应保证种植季节上午 10 时的阳光能照射到温室的前沿。也就是说，温室在光照最弱的时候至少要保证 4 h 以上的连续有效光照。

(1)确定方位角　首先按确定的方位角，在场地上放主要通道的基线，然后确定各主要南北通道的宽度和位置，根据温室的长度确定主要通道的距离，两条通道间建一栋或两栋连在一起，再根据温室的跨度、高度确定前后距离。

然后用罗盘测出方位角。罗盘测的南北方向是磁子午线，磁子午线和真子午线之间有个磁偏角。日光温室群放基线应从场地一侧按方位角拉南北直线，放线时要调整磁偏角。方位角的确定一般选择正南或南偏西 5°～7°，方法是用罗盘测出磁子午线减去当地的磁偏角。如北京的磁偏角为 5°50′，若以南偏西 5°为方位角，则 −5° − 5°50′ = −10°50′，以正南为方位角，则 0° − 5°50′ = −5°50′。各地区的磁偏角见表 1-4。

表 1-4　不同地区磁偏角查对表

地名	磁偏角	地名	磁偏角
齐齐哈尔	9°54′(西)	长春	8°53′(西)
哈尔滨	9°39′(西)	满洲里	8°40′(西)
大连	6°35′(西)	沈阳	7°44′(西)
北京	5°50′(西)	赣州	2°01′(西)
天津	5°30′(西)	兰州	1°44′(西)
济南	5°01′(西)	遵义	1°26′(西)
呼和浩特	4°36′(西)	西宁	1°22′(西)
徐州	4°27′(西)	许昌	3°40′(西)
西安	2°29′(西)	南昌	2°48′(西)
太原	4°11′(西)	银川	2°35′(西)
包头	4°03′(西)	杭州	3°50′(西)
南京	4°00′(西)	拉萨	0°21′(西)
合肥	3°52′(西)	乌鲁木齐	2°44′(东)
郑州	3°50′(西)	武汉	2°54′(西)

除了利用罗盘外，还可用标杆法放线。在田间主要干道位置上垂直立标杆，从当地 11∶30 开始连续观察标杆的投影长度，把投影最短的点与标杆立脚点连成直线，这条线就是当地的真子午线，所指示的方向就是正南正北。方位基线确定后，再计算出前后栋温室的间距，即可绘制出田间规划图，然后可按图施工。

(2)温室前后栋间距的计算　前后栋温室的间距过小，前栋温室对后栋温室遮光，间距过大则浪费土地。应该在不影响后栋温室采光的前提下，尽量缩小间距。前排温室与后排温室之间的距离可按下列公式计算：

$$S=\frac{H}{\tan H_0}-L_1-L_2+K$$

式中，S 为两排温室间距；H 为温室脊高；$\tan H_0$ 为当地冬至日正午太阳高度角正切值；L_1 为后屋面水平投影；L_2 为后墙底宽；K 为修正值，一般为 1 m。

按上述公式计算的间距可保证冬至时揭开棉被到放下棉被前都不遮光。

以北纬 40°为例，冬至正午太阳高度角为 26.5°，温室跨度为 7 m，脊高 3.3 m，后墙厚 1 m，棉被卷起时直径按 0.5 m 算，则每栋温室实际占地宽度为 8 m。依公式计算，S 为 7.1 m，也可延长至 7.6 m，这样每排温室占地宽度为 15.1～15.6 m。依次类推可计算出不同地区不同跨度情况下两排温室之间的距离。

四、日光温室的类型

这里选取了承德市蔬菜站研发的适合承德地区的半地下式日光温室以及河北省蔬菜产业体系提供的适合冀北和冀东唐秦沿海地区的越冬型日光温室予以重点介绍。这些类型日光温室具有节省成本、保温性能好、结构合理等特点，是非常适合北方气候特点的高效节能日光温室。

(一)承德市越冬型半地下式日光温室

1. 选址

日光温室建造宜选择在地质条件好、地下水位适中、排灌方便、前方和东西两侧没有高山以及高大建筑物遮挡，也可选择小于25°的向阳坡地，且避开洪、涝、泥石流和多冰雹、雷击、风口、有污染等地段。

修建温室群或较大型的温室园区要做好温室排列以及配套给排水、道路、电力等设施的规划建设。

2. 结构和规格

(1)日光温室规格　日光温室的规格见表1-5和图1-5。

表1-5　日光温室的规格

项目	规格
方位	坐北朝南，东西延长，因地形不同可偏东或偏西5°～10°
长度	80～120 m
跨度	8 m
脊高	4.3 m
栽培床位置	
中南部区域	与地面平或地下0.7 m
中北部区域	地下0.7 m
脊柱间距	2.5 m
脊梁钢管尺寸	ND65 mm
前后排温室间距	为前排温室脊高(卷起草帘后的高度)的2.5倍

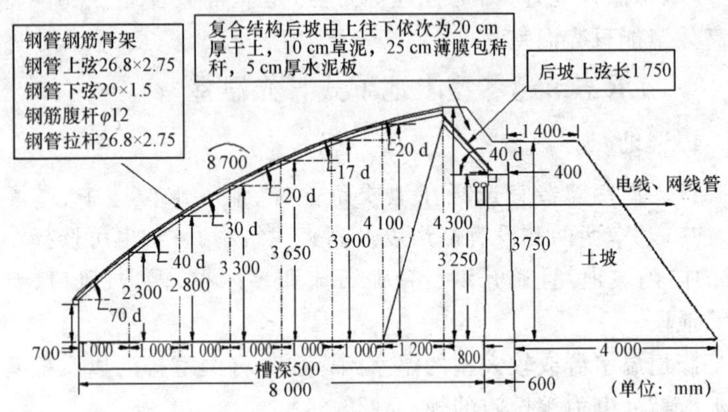

图 1-5 承德市越冬型半地下式日光温室结构示意图

温室栽培面与地面齐平，优点是温室南部光照好，缺点是南部夜间温度低。在承德中北部及海拔在 600 m 以上的地方，可建造仿半地下式日光温室，具体做法如下：在前屋面底角处从地面向上砌厚 24 cm、高 50 cm 砖墙，砖墙上面浇筑宽 24 cm、厚 15 cm 水泥底圈梁，拱架下端落在圈梁上，也可在砖墙上每隔 90 cm 筑 15 cm 厚水泥柱墩 1 个，柱墩长、宽均为 24 cm，柱墩之间砌砖；在砖墙外培土，培土高度与砖墙等高，厚度不低于 150 cm。仿半地下式的优点是温室内夜间南北温差缩小，室内整体气温、地温可提高 2℃左右；缺点是前部采光时间因遮阴而缩短。

近几年，日光温室建造结构不断向大型化发展，为满足部分农户进一步加大跨度并同时满足采光和荷载性能的需要，在 8～9 m 范围内，跨度每增加 20 cm，脊柱须增高 11 cm，后墙须增高 8 cm。

(2)墙体类型、结构和规格　墙体应满足承重和保温要求。墙体的材料应根据土质和当地自然资源情况酌情选择。在确保墙体坚固耐用的前提下尽可能就地取材，降低建筑成本。黏土或轻黏土选用土墙，砂壤或砂性土壤采用砖墙或石头墙。

①土墙墙体结构与规格见表 1-6。墙体位置确定后，把耕作层熟土挖出堆放在南边，然后用推土机筑墙，每加高 30 cm 用推土机反复碾压数遍，压紧夯实。将温室内侧墙体上下削齐，稍有坡度（10°～12°）；外侧墙体坡度约 45°，后墙底部厚度为 4～5 m，顶部厚度为 1.5～2 m。

山墙和后墙衔接处采用山墙包后墙的方式，以增加山墙对铁丝的抗拉力。山墙外侧设地锚，用于固定棚膜和纵拉筋。地锚用 φ6.5 的盘条，在地下 70 cm 深处用石头或水泥柱固定。春季建温室，土壤解冻时即可开始筑墙施工。秋季建温室确保在土壤上冻前墙体充分干透。

表 1-6 日光温室土墙墙体的规格 m

墙体	结构	规格
后墙	顶部厚度	≥1.8
	底部厚度	≥4.5
	高度	≈3
山墙	顶部厚度	≥1.8
	底部厚度	≥4.5

②砖墙墙体结构与规格见表 1-7。砖墙的内外墙之间每隔 2.7 m设一个 24 cm 厚拉墙，拉墙高度可比内墙低 0.5～0.8 m。在温室北墙外侧贴聚苯保温板（厚度 120 mm），外挂石膏或水泥，使苯板与墙体结合紧密。苯板密度不低于 12 kg/m^3。墙后培土，下部 2 m，上部 1 m。墙体使用 M2.5 水泥砂浆，禁用泥浆，以防墙体鼓包变形。

表 1-7　日光温室砖墙墙体的规格

项目	规格
组成(由内向外)	24 cm 黏土砖墙＋70 cm 干土＋24 cm 黏土砖墙＋12 cm 苯板
厚度	1.3 m
内高	≈3 m
外高(含女儿墙)	3.5 m(0.5 m)
墙外培土	底部 2 m,顶部 1 m,呈坡状

③石头墙墙体结构与规格见表 1-8。砌石时使用水泥砂浆，禁用泥浆或“干搭垒”,以防墙体鼓包变形。

表 1-8　日光温室石头墙墙体的规格

项目	规格
厚度	0.8 m
高度	≈3 m
外高(含女儿墙)	3.5 m(0.5 m)
墙外抹泥	外墙抹草泥,内墙先抹草泥,再抹白灰
墙外培土	底部 3.5 m,顶部 1.5 m,呈坡状

(3)基础　基础深度 60 cm,宽 80～100 cm。土墙结构的,要反复碾压夯实;砖墙和石头墙结构的,基础均用石头水泥砂浆垒砌。

(4)骨架

①骨架强度。温室骨架的结构强度应保证承载要求,需要承受保温草苫及卷帘机等设备的重量、雪荷载、风荷载、操作载荷和作物荷载。保温草苫干苫重量为 4～5 kg/m^2,雨雪淋湿加倍计算;卷帘机重量 110～130 kg,按 0.2 kg/m^{2}计算;雪荷载和风荷载应符合 GB/T 18622—2002 的规定要求;操作荷载按温室脊部作用 0.8 kN 的集中力计算;作物荷载按 0.15 kN/m^{2}的水平投影荷

载计算。

②骨架结构。钢骨架形状为半拱圆形，骨架间距 90 cm。骨架上弦为 φ26.8 mm×2.75 mm 钢管，下弦为 φ20 mm×2.4 mm 钢管，上下弦钢管内侧距离 20 cm。腹杆为 φ12 钢筋，腹杆呈三角形排列，腹杆与上下弦的焊点间距离 30 cm。

前屋面纵向拉杆采用 φ20 mm×2.4 mm 钢管，设 4 道拉杆，拉杆焊在下弦上。后屋面用 φ12 钢筋作纵向拉筋 2 道。屋脊处设 1 道角钢(40 mm×40 mm)作脊檩，纵向连接钢架。拉筋和角钢均焊在下弦上。

③骨架的焊接与防腐处理。加工现场进行油漆表面防腐处理时首先要将焊接骨架的表面处理干净，不得有锈迹斑点存在，这样才能保证油漆能够比较好地与基面结合。处理基面后，至少要刷两道底漆，再刷面漆，每道漆之间应保证上一道漆必须干燥。刷漆的骨架在运输和安装过程中应尽量避免出现磕碰，保证漆面不受损伤。

④骨架的固定。钢架顶部固定在砖墙顶部的钢筋混凝土上，底部固定在前屋面底角处的柱墩或圈梁上。在后墙顶部现浇钢筋混凝土，强度 C20，厚 100 mm，宽度同墙体厚度。在顶部固定骨架的地方设预埋铁(φ12 的钢筋)，用于固定骨架。底部柱墩规格为 240 mm×240 mm×150 mm(长度×宽度×厚度)，底部圈梁规格为 240 mm×150 mm(宽度×厚度)。在底部柱墩和圈梁上设预埋铁(φ12 的钢筋)。

⑤预留出入口。为了便于作业机具的进出，可在适当位置将 1 根骨架的下面 2 m 制成可拆卸结构。

(5)前屋面采光角　日光温室合理采光时段屋面角 34°，前屋面半拱圆形，形状见图 1-5。采光屋面角度包括地角、腰角、顶角，其中地角 70°，腰角 45°～30°，顶角一般 17°～12°。前屋面地角处最低作业高度不低于 1 m。

(6)后坡　承德地区由于冬季夜间保温要求高，后屋面的长度既要照顾到采光又要兼顾保温。长度约2.1 m,后坡水平投影1.6 m。温室后坡的结构和规格见表1-9。在后墙顶部外侧设纵向钢筋(φ12圆钢)或钢脚线用于固定压膜线和草苫绳,钢筋用地锚固定在后墙上。

表1-9 日光温室后坡的结构和规格

项目	规格
组成(由内向外)	水泥板5 cm＋薄膜＋秸秆25 cm＋草泥10 cm＋干土10 cm
厚度	0.5 m
长度	≈2.1 m
仰角	40°

3. 修建防寒沟

在温室南沿外20 cm处挖一条与温室等长的防寒沟,沟深1.0～1.5 m,宽40 cm,沟内填充玉米秸、炉渣或珍珠岩,沟顶覆土踏实。顶面北高南低,以免雨水流入沟内。采用半地下式的可不挖防寒沟。

4. 修建灌溉设施

提倡使用水肥一体化灌溉系统。在温室内靠门一边的后墙处垫高40 cm,修筑蓄水池并安装修筑相应的灌溉管路,每个种植带预留闸门便于连接管灌系统等。

5. 其他设施

推荐室内建沼气池,以便就近利用沼气废渣作肥料,沼气灯用来补光、增温、补充二氧化碳等。在日光温室比较集中的地区,配套负荷较高的电力设施,以便连阴雪或强降温天气时增温补光。室内电器及照明电路应由电器工程师安装,使用国标防水电器。

6. 覆盖物

(1)透明覆盖物　温室覆盖防老化、防雾滴聚氯乙烯薄膜(厚度 0.1～0.13 mm)。前屋面覆盖 2～3 幅薄膜,在顶部距中脊 1 m 远处设顶部通风口,距前屋面底角圈梁处设前部通风口(秋季育苗期和 4 月份后使用)。风口处覆盖 40 目防虫网。遇寒潮或连阴天夜间最低温度低于 10℃时,在温室内部的吊蔓钢丝上加盖 1 层无纺布或薄膜保温。

(2)外保温覆盖 前屋面覆盖用双层稻草帘,也可用 EPE 珍珠岩防寒防水保温被。用稻草帘按“阶梯”或“品”字形排列,风大的区域采用“阶梯”式,保温被或两层草帘之间错茬“阶梯”式覆盖,东西两边要盖到山墙上 50 cm。保温被或草帘拉绳的上端应固定在后墙上的冷拔丝上,晚上放保温被或草帘应将后屋面的一半盖住,下部一直落到地面防寒沟的顶部。进入 12 月份,前地窗处加一层围帘。保温被宽 2 m,重量 2 kg/m^2,单层稻草帘厚 5～6 cm、宽 1.5～2 m。

7. 临时加温设备

为防止特殊年份遭遇寒潮或连阴天时,应设临时加温设备。加温方式有 3 种:一是热风炉加温,二是电暖气加温,三是煤炉烟道或柴草炉加温。

8. 工作间

工作间设在温室一侧山墙外。在筑山墙时预留出工作间与温室相通的门,门高 1.8 m、宽 0.8 m,工作间长 4 m、宽 3 m,工作间门朝南,防止寒风直接吹入温室。进入 12 月份后,在 2 道门处加挂棉门帘保温。

(二)越冬型高效节能日光温室

1. 结构特点

越冬型高效节能日光温室是指保温性好、能进行喜温性蔬菜越冬生产的温室(图 1-6)。这类温室的墙体多为土墙,其突出优点一是可进行番茄、黄瓜、茄子、辣椒等喜温类蔬菜的越冬生产，二是建造成本较低，如 10 m 跨度全钢架结构温室亩造价在 8 万～10 万元，适于普通农户建造使用，是近三年来在河北省建造最多、发展最快的日光温室类型。但由于缺少建设规范，已建成的温室暴露出一些问题，其中较为突出的有：一是墙体普遍过厚，土地利用率较低，一般在 40%以下；二是结构稳定性较差，抗灾能力较弱；三是下挖过深，影响了温室南部作物生长，且极易造成涝害。

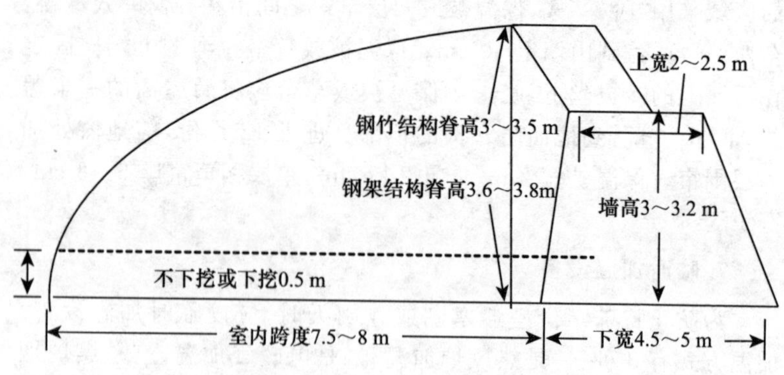

图 1-6　越冬型高效节能日光温室结构示意图

2. 优化原则

越冬型高效节能日光温室的建造应遵循以下原则：一是合理采光原则，根据地理位置和气候差异，按照合理采光理论，确定适宜的温室高跨比参数；二是节省土地原则，在确保墙体蓄热保温性能最大化的基础上，减少墙体厚度，提高土地利用率；三是稳定抗灾高效原则，采用优质骨架材料和施工工艺，减少下挖或不下挖，确保温室结构稳固性和抗灾能力，节约成本，提高收益；四是选用防雾流滴塑料膜、保温被等高性能保温覆盖物，并进行多层覆盖，增强保温效果。

3. 结构参数

(1)走向及下挖深度 温室建造应坐北朝南、东西延长,长度60～100 m;为利于防寒保温,棚室栽培床可下挖0.5 m左右,但必须建有配套的防洪排涝系统,防止雨水倒灌损毁棚室设施。在地下水位高或无良好排水系统易造成内涝以及盐碱严重的地区,栽培床杜绝下挖,土墙主要采用客土建造,禁止为取土建造土墙而整体下挖。

(2)跨度和脊高 冀北地区,温室内跨度宜在7.5～8 m,脊高3～4 m;冀中南地区,温室内跨度9～10 m,脊高3.6～5 m;冀东唐秦沿海地区,温室内跨度8～9 m,脊高3.3～4.5 m。用于育苗的温室一般设置加温设备,并适当增大高度,以提高光温性能和操作空间。不同骨架温室的高度以及相应的跨度指标参考表1-10,栽培床下挖的温室应选择该跨度相应的脊高上限值,原则上要保证骨架牢固、棚面不易积水。

表1-10 越冬型高效节能日光温室主要结构参数表 m

结构参数	地区				备注
	冀北		冀东唐秦沿海		
下挖深度	不下挖或下挖0.5		不下挖或下挖0.5		
内部跨度	7.5	8	8	9	
钢竹混合骨架脊高	3～3.2	3.3～3.5	3.3～3.5	3.6～3.8	设4～6排立柱
钢架脊高	3.6～3.8	3.8～4.0	3.8～4.0	4.3～4.5	设1～2排立柱
后墙内高	3～3.2		2.5～3.3		
土墙上宽	2～2.5		2～2.5		
土墙下宽	4.5～5		4.5～5		

(3)前后排温室间距　前排温室(加草苫以后)最高点的水平投影与后排温室前缘的距离,以不低于最高点高度的2.2～2.5倍为宜,冀中南部取下限,冀北部取上限。

(4)墙体与厚度　一般为当地冻土层厚度的3倍左右。冀北、冀东唐秦沿海地区土墙上宽2～2.5 m,下宽4.5～5 m。在确保墙体蓄热保温性能和稳固性的基础上,尽量减少墙体占地,增大种植面积,提高土地利用率。温室土墙外部应有毛毡、薄膜等防雨保护层,在有经济实力的地区尽量建造砖土复合墙体。应使用具有一定黏性的土壤或草泥建造土墙温室,并保证土墙碾压质量。

(5)后坡　后坡具有一定的蓄热保温作用。建议在冬季寒冷的冀北地区,后坡水平投影长度为0.8～1.2 m。

(6)温室骨架　宜采用全钢骨架或钢竹混合骨架,设钢管拉杆或钢丝横向固定,还可选用优质钢筋水泥预制骨架,增强温室抗灾能力。无论是钢结构还是水泥结构的骨架,在后坡、脊高处必须加设1～2排立柱,还可设置可移动的立柱,以增强温室的抗载能力。

(7)排水系统　前后两排温室之间及棚区道路两侧应建有排水沟。按照当地十年一遇的降雨量,科学设计排水沟的宽度和深度以及各级排水沟的间距,防止雨季田间积水、损毁棚室。

(三)阴阳型日光温室

阴阳型日光温室是在传统日光温室的北侧,借用(或共用)后墙,增加一个同长度但采光面朝北的一面坡温室,两者共同形成阴阳型日光温室。采光面向阳的温室称为阳棚,采光面背阳的温室称为阴棚。

1.阴阳型日光温室的建造原理

阴阳型日光温室中的阴棚利用了传统日光温室总体布置中为保证后边日光温室采光必须留出的空地,使日光温室的土地利用率得到提高;而且,阴棚使得后墙不再直接面对风雪侵害,减少了阳棚后墙的热量散失，有利于提高阳棚温度。阴棚的保温性差一些，适合生产食用菌等作物。在温度要求一样的前提下，建筑上可减小阳棚后墙的厚度，降低温室建设的工程造价。据测算，以北纬40°地区20栋温室的园区为例，采用阴阳型日光温室比传统日光温室土地利用率提高35.4%，温室面积增加93%，节省建筑材料50.2%，造价降低32%。苏东屏等在乌海地区的实测结果表明，这种温室的阳棚内最低气温比传统日光温室内气温提高3～5℃。

2. 阴阳型日光温室设施的建设标准

通过参考目前较为先进的复合材料阴阳型日光温室，确定阴阳棚的建设标准如下：日光温室的方位是坐北朝南偏西北5°左右，跨度14.5 m(阴棚7 m，阳棚7 m)，前后坡脊一米处高0.8 m，脊高2.6 m，中墙为砖墙，高2.6 m，墙厚0.3 m，墙体每隔5 m设一个0.5 m厚的墙垛，墙体南北侧0.8 m处每隔5 m设中立柱1个，直径5 cm。阴阳棚前后底边缘外离棚底1 m远，挖1.5 m×0.8 m的排水沟。棚体在距地面2 m处每5 m设留一个0.3 m×0.3 m的通风口。骨架一头固定在地上，另一头固定在墙体上，东西向设2个拉筋。进棚口设2 m×4 m的操作贮物小房，小房门位于阳面，小房与温室相邻的墙面南、北各留1个0.8 m的小门，通往阳棚和阴棚。

3. 温室间布局

南北排日光温室间距3.5 m，东西两栋温室之间留6.0 m的距离，留作管道、道路、电灯等配套设施。

4. 骨架设计

利用复合化工原料(氯化镁、氧化镁、氯化铵、磷酸三钠、191树脂、玻璃纤维、塑料袋等原料)，采用加工设备一次性合成技术，按提前准备好的模具在设施建设场地生产，待保养15 d后进行安装，骨架直径6 cm，长9 m。

此外，塑钢复合材料阴阳型日光温室设计标准要求与复合材料阴阳型日光温室相同，骨架设计简单，骨架外壁采用 PPC，厚度 1 mm，内灌注复合化工原料，可在设施场地随灌随用，比复合材料阴阳型日光温室优点更多。温室成本造价与钢骨架相比，每 667 m^2 可节省 3000 元；寿命长达 20 年，体轻质坚，抗力强，安装方便；耐水耐腐蚀；无污染。

综上可以看出，阴阳型日光温室是一种可提高土地利用率，能够增强阳棚保温性能，综合造价不高，可以大量推广的实用性新型日光温室结构形式。阴阳型日光温室目前在宁夏（图 1-7）、青海、内蒙古、甘肃等地已推广应用。阴棚内以种植耐低温的食用菌或耐阴作物为主，两茬结合，种植效益颇高。

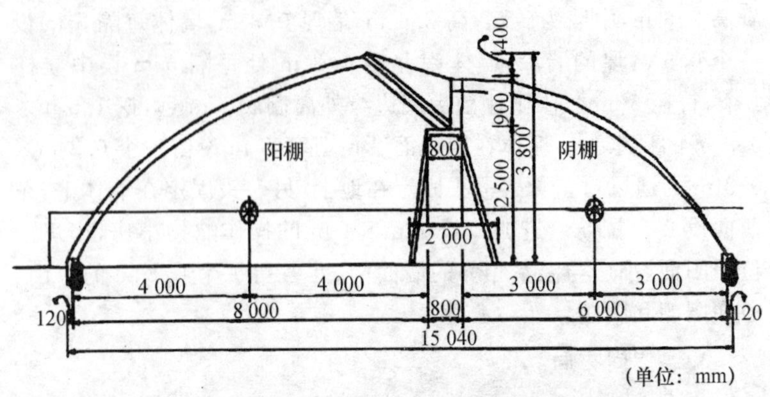

图 1-7　银川市永宁县阴阳型日光温室结构示意图

五、日光温室的环境条件及调节

根据日光温室室内环境的基本特点，在日光温室环境调控上，应紧紧围绕光照、温度、湿度、水分管理、通风等方面进行，使室内达到光照充足、温度适宜、空气干燥、土壤潮湿、通风合理，为作物生长创造良好的栽培环境。尤其重要的是由于日光温室室内空气湿度大，病害发生频率高，如何防止病害发生则是日光温室环境调控的核心。因此，日光温室的环境调控技术应该是以植物保护为核心的环境调控技术，只有创造了防止病害发生的环境条件，贯彻以防为主的植物保护方针，才能为生产无公害和绿色蔬菜提供基本必要的条件。

(一)光照条件

1. 光照强度

晴天日光温室内与室外光照强度的变化规律基本上是一致的，午前随着太阳高度角的增大而增强，中午最强、光照度最高，午后随着太阳高度角的减小而降低。日光温室内的光照在水平分布上差异不明显，从后屋面的水平投影以南是光照强度最高的区域，在距地面 0.5 m 以下高度的空间里，各点的光照强度都在 60%左右；日光温室光照的垂直分布上光照强度表现为距前屋面薄膜越近，光照度越高，向下则递减，递减速度比室外大，在薄膜附近为相对光照 80%左右，距地面 0.5～1 m 处的相对光照只有 60%左右，在距地面 20 cm 处只有 55%左右。

2. 光照调节

日光温室的栽培生产以冬季为主，在这个时期，自然光照较弱且日照时间短，在建造温室前已经进行了采光设计，一般不进行人工补光，因此只能最大限度地提高透光率。在使用过程中，保持棚膜干净，坚持每天清扫，定期用湿布擦洗，尽可能没有灰尘，确保在 14 时以前光照强度达到 45 klx 以上；在允许的条件下，确保保温棉被使用做到日出提起、日落前覆盖，尽可能延长日照时间，每天日照时间达到 8 h 以上。

(二)温度条件

1. 温度条件

(1)地温　日光温室内由于光照水平分布的差异,各部位接受太阳光的强度大小和时间长短,以及与外界土壤临近的远近不同,5 cm 土层深度处不同水平部位地温差异较大,表现为:中部地带温度最高,由南向北递减;后屋面下地温稍低于中部,比前沿地带高;东西方向温差不大,靠近出口的一侧受缝隙放热的影响,温度变化较大,东西山墙内侧地温最低;冬季日光温室的地温在垂直方向上与外界明显不同,晴天浅层温度高、深层温度低,而阴天(特别是连续阴天)下层温度则比上层温度高,如果连续 7～10 d 处于阴天,地温只比气温高 1～2℃,对某些作物就要造成低温冷害或冻害。

(2)气温　日光温室的温度完全取决于光照强度。冬季外界气温很低,晴天时光照充足,室内气温也比较高,而阴天时光照弱,室内温度则较低。因此室内温度的高低关键在于光照,合理的采光设计以及有利的保温措施,可以使日光温室内外温差达到 25℃以上。

2. 温度调控

(1)气温　日出后在适当的时间早拉帘(拉起棉被后气温下降 1～2℃,接着回升)。拉起棉被后,40 min 内气温应上升到 25℃左右,60～80 min 内气温上升至 28℃。10－14 时是作物光合作用最旺盛的时期,这时气温应保持在 25～32℃(不同作物应在该温度区间内相应调整)。

(2)地温　日光温室的塑料膜应在 9 月下旬进行覆盖,以利提高地温。灌溉时要采用滴灌或小沟暗灌,用水量要小,水温要高,以免使地温下降过大,灌溉用水最好用温室蓄水池的预热水。

（三）水分条件

日光温室的水分条件来源于覆盖棚膜前土壤中储存的水分、降水和田间灌溉以及建造温室后生产期间的灌水。日光温室是一个半封闭系统，空气湿度较大，因此土壤水分蒸发和作物蒸腾水分都比较少，土壤湿度经常保持湿润状态，温室不受降水的影响。除灌溉时土壤水分向下运动外，通常土壤水分多数时间是向上运动的，这样就容易把土壤中的盐分带到表层，使盐类聚集，产生次生盐渍化。

土壤水分要充足，一般保持在田间最大持水量的60%以上，根据不同作物生长阶段的需求，及时灌溉。温室空气中的水汽一般来自两个渠道：一是土壤蒸发形成的，要尽可能减少土壤蒸发或不蒸发；二是植物叶片的蒸腾作用挥发出的水汽，这部分是无法避免的，要通过通风及时排除。一般温室内空气湿度应保持在70%～75%之间，不要超过80%。

（四）湿度条件

日光温室在密闭的条件下，导致空气湿度变化的有两个因素：一个是地面蒸发量和作物蒸腾量的大小；另一个是温度的高低。蒸发和蒸腾量大时，空气的绝对湿度和相对湿度都高。有资料表明：在日光温室空气中含水量为8.3 g/m^3 情况下，气温8℃时相对湿度为100%，12℃时为77.6%，16℃时为61%。在空气中水分得不到补充时，随着温度的升高相对湿度随之下降，温度每升1℃，开始相对湿度下降5%～6%，以后下降3%～4%。

日光温室栽培作物，无论高温高湿或低温高湿，还是空气湿度过低，都对作物生长发育不利，易引起生理障害和侵染性病害。只有最适宜的空气湿度，才能满足作物生长发育的需要，因此，调节空气湿度是一项重要的技术措施。冬季外界温度很低，排风放湿比较困难，可以在棚室顶部和棚室前沿上部设置通风口，根据棚室内温度的高低，通过通风口来调节棚室内的湿度；还可以在前屋面靠近屋脊部设置通风筒，每天早晨卷起棉被后支起通风筒，排除室内湿气，放棉被前把通风筒落下，这种方法既可以防止冷空气进入室内，又能够排除湿气；此外，在作物生产过程中采用膜下滴灌，没有滴灌设备的地方，地膜覆盖两垄，在膜下的暗沟灌水，高畦可在畦面中部设浅沟灌水。

六、日光温室灾害性天气及对策

日光温室进行蔬菜生产以冬春季为主，而冬春季连阴天、暴风雪等灾害性天气比较多，造成日光温室内气温和地温较低、空气相对湿度较高、光照不足，使得蔬菜作物光合作用下降，根系生长缓慢，植株徒长、落花落蕾，加之温室内连作较困难，容易诱发病虫害，如果不及时采取相应的对策，往往会造成严重的损失。

灾害性天气主要有大风天气、暴风雪天气、寒流强降温天气、连续阴天和久阴后骤晴等。

(一)大风天气

冬春季遇大风天气，随着风速加大，温室前屋面上空气压强变小，室内空气压强增大，产生了举力，因此在白天揭开棉被后，棚膜会出现上下摔打现象，时间长了膜会破损。

为防止大风天气对日光温室的影响，在选址时，注意避开山口风道，并加大前屋面的拱形中部弧度，可以使压膜线压得更紧。白天遇大风，一旦棚膜鼓起，立即紧压膜线或临时放半帘压膜。若温室前屋面弧度小，压膜线压不牢，最好用竹竿或木杆压膜。

夜间可多户联合巡察，发现草帘被风吹开，应及时将帘子拉回到原来的位置，最好在温室前底脚横盖草帘，再用木杆或石块压牢。平常发现薄膜破损，立即用棚膜黏合剂或透明胶带修补，防止刮风时来不及修复导致不应有的损失。

每年上棚膜时，选无风晴朗的天气进行，一定要把膜拉紧后再上膜。这样上膜后棚膜的活动幅度小,不易被风吹动和吹烂。上膜时通风口设置要合适,两膜重叠 25～30 cm,以保证温室的密闭性,做到冬季不怕大风鼓膜,夏季不影响通风。

(二)暴风雪天气

遇到暴风雪天气,一旦雪量大且北风很强时,大量雪花被风吹到温室前屋面上,越积越厚,严重时会把温室压垮,造成毁棚。

若降雪但温度又不低时,可将棉被卷起,以免雪融化时湿了棉被,既影响保温,拉放也不方便。若降雪加之降温时,不宜卷起棉被。降雪量较大不能揭开棉被时,可提前在棉被外覆盖一层薄膜,这既可保温,又可防止雨雪浸湿棉被。降雪时光照较弱、气温低,这时仍需短时间揭开棉被,让蔬菜接受部分散射光,进行光合作用,维持缓慢生长发育,否则容易造成生长衰弱。天气转晴后中午回帘、晾晒,减轻湿帘对温室骨架的压力。

(三)寒流强降温天气

寒流强降温常使外界气温下降到-10℃以下。晴天遇到寒流强降温,1～2 d 不揭开覆盖物,蔬菜一般不会受冻。如连续阴天后遇到寒流强降温,温室内温度会降到适宜温度以下,造成冻害,轻者减产,重者绝收。

有辅助设备的日光温室,在温度降到一定限度时即可加温。气温达到适宜温度下限为止,如果气温过高,导致作物呼吸作用加强,消耗养分多是不利的。没有辅助设备的日光温室,最好临时覆盖中小棚保温,不便于覆盖中小棚的可在前底角处放置增温设备。

(四)连续阴天

冬春季常出现 7 d 以上低温寡照天气。为了保持室内温度,菜农常不揭或少揭棉被,室内缺少光照,光合作用降低,蓄热量下降,气温地温逐渐下降,根系吸收能力减弱,易造成蔬菜生育障碍。

遇到连续阴天,只要不是寒流强降温,应揭开棉被,让蔬菜接受散射光。阴天的光照强度也有 4 000～5 000 lx,此时室内温度会少量提高,作物也可进行光合作用,增加有机物。为此,要及时清扫膜面,使棚膜保持较高的透光率。冬季可在温室内张挂反光幕,增加光照、提高温度。连阴雪天时,室内不但光照弱,温度低,而且空气相对湿度过大,因此在连阴天达 3 d 以上时,每天要进行短时间通风排湿。

(五)久阴雪天骤晴

连阴雪天一旦骤晴,揭开棉被后由于光照很强,温度气温大幅度上升,空气湿度很快降低,蔬菜叶片蒸腾量迅速加大,而此时地温低,根系活动弱,吸收能力很低,蒸腾水分得不到补充,叶片很快就会出现萎蔫,而且叶片越大越严重,如不及时处理,就会变成永久性萎蔫而枯死。

遇到连阴或雪后骤晴时,揭帘后若发现叶片萎蔫应立即盖上草帘,等叶片恢复后再揭开,或者放花帘即隔一个拉一个,反复数次直到不再萎蔫为止。久阴雪天骤晴后,应加强夜间保温:一是提前于日落前放下棉被;二是增加覆盖层数减少热量散失;三是临时加温驱散寒气。温室前口处加 1～1.5 m 的保温裙或横放的草帘,阻隔外界冷空气,起到保温的作用。

(六)暴雨

夏秋季节常常暴雨成灾,对温室生产会造成极大的威胁,甚至造成温室墙体坍塌,影响后期温室蔬菜的正常生产。温室在暴雨中直接倒塌的可能性较小,多为雨后数小时以至数日后由于排水不畅导致基础土层松软而引发温室倒塌。

减灾措施有:①暴雨来临前应检查温室排水系统,清理阻碍排水的垃圾和遮挡物;②暴雨来临时及时进行挡水,防止雨水涌入温室影响生产;③暴雨过后应及时排涝,避免积水对温室基础造成不利。

第二章　茄果类蔬菜栽培

第一节　番茄栽培技术

番茄，别名西红柿，原产于南美洲秘鲁等地，属茄科一年生蔬菜。

一、生物学特性

（一）植物学特性

1. 根

番茄的根系发达，分布广而深，根深达 150 cm 以上，根展可达 250 cm 左右，移栽后的主要根群分布在 30～50 cm 的土层中，吸收力强，有一定的耐旱性。其茎上易生不定根，定植时宜深栽，扦插易成活。

2. 茎

机械组织不发达，半直立性或半蔓性。幼苗期茎的顶端优势较强，不分枝。当主茎上出现花序后，开始萌发侧枝。叶腋间均易抽生侧枝，侧枝上会再抽生次一级的侧枝，需整枝打杈，使植株有一定的株型。

3. 叶

单叶，羽状、深裂或全裂。叶面上布满银白色的茸毛。

4. 花

完全花，小型果品种为总状花序，每花序有花 10 余朵到几十朵；大中型果为聚伞花序，着生单花 5～8 朵。花小，色黄，为合瓣花冠，花药 5～9 枚，呈圆筒状，围住柱头。自花授粉，花药成熟后向内纵裂，散出花粉，个别品种或在某些条件影响下，雌蕊伸出雄蕊之外，造成异花授粉的机会。天然杂交率在 4%～10%。

5. 果

果实为多汁浆果，果肉由果皮及胎座组成。优良品种的果肉厚，种子腔小。果实形状有圆球形、扁圆形、卵圆形、梨形、长圆形、桃形等，颜色有红色、粉红色、橙黄色、黄色等，是区别品种的重要标志。单果重 50～300 g，小于 70 g 为小型果，70～200 g 为中型果，200 g 以上为大型果。

6. 种子

扁平、肾形，灰黄色，表面有茸毛。种子成熟早于果实，一般在授粉后 35～40 d 就有发芽力。种子千粒重 2.7～3 g，使用年限为 2～3 年。

（二）生长发育周期

番茄的生育过程分为发芽期、幼苗期、开花坐果期和结果期。

1. 发芽期

由种子萌发到第一片真叶出现，为期 6～9 d。

2. 幼苗期

由第一片真叶出现到现大蕾。在适宜温度、光照条件下，一般需 60 d 左右，此期以营养生长为主。2～3 片真叶时，生长点开始花芽分化。

3. 开花坐果期

指第一花序现大蕾到坐果的短暂时期，包括开花、授粉、受精至子房开始膨大等过程，是番茄由营养生长向生殖生长过渡的转折期，也是栽培管理的关键时期。

4. 结果期

从第一花序坐果到采收结束拉秧的较长过程。结果期的时间长短依栽培目的、品种、留果穗数而定。一般情况下番茄于授粉后40～50 d开始着色，达到成熟。环境条件适宜可能缩短，冬季低温寡光条件下需70～100 d。

（三）对环境条件的要求

1. 温度

番茄为喜温性蔬菜，生育适宜气温为20～25℃，地温18～23℃。气温低于15℃影响授粉受精和花器发育，低于10℃影响植株生长，长时间5℃以下的低温易引起低温危害，在－2～－1℃下植株受冻而死亡；高于30℃光合作用减弱，高于35℃生长停止，高于45℃正常生理活动受干扰，并易衰亡。开花结果的适宜温度白天为20～30℃，夜间为15～20℃。

2. 光照

番茄是喜光植物，光饱和点为70 klx，光补偿点为1.5 klx。生产上一般要保证30～35 klx以上的光照强度，不低于10 klx。光照对番茄的花芽分化和坐果影响非常大，幼苗期光照不足，影响花芽分化节位和质量；开花期光照不足，可导致落花落果；结果期光照不足，坐果率低，单果重下降，还容易出现空洞果，筋腐病果。

3. 湿度

番茄属于半耐旱植物。适宜的空气相对湿度为45%～50%，土壤相对湿度幼苗期以65%～75%为宜，结果期则要求在75%～85%。

4. 土壤

对土壤要求不严格，但对土壤通气条件要求严格，土壤 pH6～7 为宜。

二、育苗

(一)品种选择

越冬茬需选择既耐苗期高温，又耐结果期低温，且抗病力强的无限生长类型的优质高产的中晚熟品种；春茬需选择耐结果期高温，抗病性强的品种。

(二)培育壮苗

生产上可采用播种育苗和嫁接育苗两种方法。一般夏秋季育苗，从播种到定植 30～40 d。

(三)播种育苗

1. 育苗床土的配置

可直接使用成品基质，也可自制育苗土。配制方式如下：选用前茬未种植过番茄的园土或大田土，与草炭按 4∶6 的比例充分混匀，每立方米床土加氮、磷、钾比例为 15∶15∶15 的复合肥 1.5 kg，加杀菌剂安泰生 100 g 或益维菌剂 150 g，与床土混匀后盖上薄膜闷 5～7 d，揭膜后晾 3～5 d 可安全播种。

2. 种子处理

有包衣的种子在播前晒种 2 d；没有包衣的种子，用 55℃温水浸种 15 min 后捞出，放入常温下浸泡 8～10 h，28℃恒温催芽。待种子 70%露白时播种。

3. 播种时间

越冬茬番茄的育苗时间是 8 月中下旬，此时温度较高，应注意温度过高育成徒长苗。秋冬茬播种时间为 7 月上旬，冬春茬播种时间为1月上中旬。

4. 播种方法

采用穴盘育苗，将配好的基质装入穴盘中，用平板刮平，然后浇透水，水渗后播种，将种子平放在基质上，每穴一粒，上覆一层1 cm厚的土。

（四）苗期管理

1. 温度管理

种子发芽适温为25～30℃；齐苗后白天适宜温度为20～25℃，夜间为14～16℃；定植前5～7 d开始炼苗，白天适宜温度18～22℃，夜间适宜温度12～14℃。苗期管理的关键是控制温度防止徒长。

2. 水分管理

育苗前将育苗土一次性浇透，到出苗前不再浇水。子叶平展后，若苗床出现缺水症状时，适量补水。在进行分苗前1 d要将穴盘或苗床浇透水，便于起苗。

（五）嫁接育苗

番茄嫁接育苗所用砧木主要为野生番茄，常用的有LS-89、兴津101、耐病新交1号、影武者、安克特、斯库拉等。嫁接方法主要为劈接法和靠接法。

砧木提前播种3～7 d。番茄出苗前保持白天25～28℃，夜间18～20℃；出苗后白天15～17℃，夜间10～12℃，最高不超过15℃，防止徒长；第一片真叶展开后白天25～28℃，夜间15℃左右。当砧木长至5～6片真叶、番茄长至4～5片叶时进行嫁接。

（六）嫁接后的管理

1. 嫁接苗的管理

扣盖小拱棚，遮阴保湿。嫁接后前3 d，空气相对湿度保持在

95%以上。拱棚上用纸被、遮阳网等遮阴 2～3 d，避免阳光直射。2～3 d 后，中午高温时覆盖遮阳物，早晚撤掉。以后逐渐撤掉覆盖物，并逐渐通风。撤掉的时间以幼苗不打蔫为宜。

2. 温度调节

嫁接后前 3 d，小拱棚内保持比较高的温度，一般白天 25～28℃，夜间 17～22℃，土温 22～25℃。温度的高低可通过遮光物的揭盖或电热线来调节。嫁接后 4～6 d 逐渐降低温度，增加光照时间，白天 23～26℃，夜间 18～20℃，逐步掀掉所有遮阴物。

3. 撤棚炼苗

撤掉遮阴物 2～3 d 后可把薄膜掀开，开始通小风，以后逐渐增大放风口，进行炼苗，嫁接苗成活后逐渐撤掉棚膜，转入正常管理，应及时剔除砧木长出的侧芽。

4. 定植标准

植株健壮，株高 15 cm 左右；叶片肥厚且舒展，叶色深绿带紫色；茎粗壮，直径约 0.6～1 cm，节间短；茄苗 7～9 片真叶，根系发达；无病虫症状。

三、定植

（一）定植前准备

前茬作物清除后，铺好充分腐熟的有机肥，用量约 15 t/667m²，深翻 50 cm，浇透水后用废旧地膜覆盖，将温室棚膜盖严，闷 1 个月左右。将棚膜揭开，晾晒 3～5 d 备用。底肥还需加入 N：P：K=15：15：15 的复合肥约 150 kg，过磷酸钙 50 kg。

（二）整地作畦

将土壤耙细整平，将石块和大土块清除，做成 20 cm 的高畦，畦宽 0.8 m,沟宽 0.5 m。

(二)造墒

定植前 2 d,将土壤造墒,在做好的床面上开两条沟,浇透水,待水渗后及时将床面整平。避免长时间受阳光烤晒失水。

(三)定植标准

秧苗 5～6 片叶,无病虫害壮苗,适于定植。

(四)定植密度

行距 50 cm,株距 45 cm。

(五)定植

定植前幼苗喷少量防病毒病和疫病的药。定植后立即浇缓苗水,10～15 d 充分缓苗后,经 2～3 次中耕,覆上地膜。定植后及时吊秧,以免倒伏。

四、田间管理

(一)温度管理

定植后温度适当高些,促进缓苗,白天 25～32℃,夜间 15～20℃。缓苗后,白天 20～25℃,夜间 15～16℃。进入深冬季节,白天上午 25～27℃,下午 24～20℃,夜间前半夜 16～13℃,后半夜 12～10℃。

深冬季节株型为:茎粗壮,节间紧凑,叶片小而肥厚,叶色深绿。天气转暖后,适当提高温度,白天 25～28℃,夜间 15～16℃,以促进果实发育和成熟。

操作要点:

(1)风口开合　及时观察温室内温度,根据不同生长阶段及季节变化调整室内温度。温度超过生长适宜温度时应及时放风,放风分两步:首先将风口开小缝,温度上升至适温以上后再将风口加大，切忌一次将风口开得过大，避免温室内温度瞬间下降，同时要注意，3月份以前不要放腰风，待天气转暖后再逐渐开放腰风；当温室内温度下降至适温下限以上2～3℃时，应及时关闭风口。阴天如温室内空气湿度较大，超过80%就应适当放风降低湿度，空气湿度控制在60%左右即可。随植株生长蒸腾量增大，在早上揭帘后应进行适当小缝放风，降低湿度，待湿度下降后将风口关闭，然后按照上述温度管理方式进行开闭风口。

(2)保温被覆盖　晴天时棉被揭开时间基本以阳光照射面积达80%左右为准，待遮阳面积在30%左右时将棉被放下，尽量延长光照时间。阴天也要将棉被揭开，争取散射光照。连阴乍晴后，要在中午将棉被放下一半，避免植株萎蔫。基本原则：深冬季节及阴天应晚揭早盖，保证温室内温度；其他时间早揭晚盖，争取光照。

(3)保持地温措施　定植前烤棚；阴天不浇水；浇水时采取滴灌方式，避免大水漫灌；在保证正常生长的前提下，延长光照时间提高地温。

(二)水肥管理

定植后3～5 d浇缓苗水，缓苗水宜大些，一般第一穗果坐果之前不要轻易浇水，土壤干旱时只能少量浇水。生产上，浇缓苗水后高温高湿易造成植株徒长。定植后弱植株长势不强，可在开花前适当冲施富含氨基酸和黄腐殖酸的肥料，促进根系生长及壮苗。开花结果期要每隔15 d左右冲施一次氮磷钾比例适当的复合肥和氨基酸肥，避免偏施氮肥或钾肥，适当叶面补充钙肥、硼肥等微量元素。

操作要点：浇水应选在晴天上午进行；番茄属耐旱性植物，土壤湿度控制在50%左右即可，湿度过大容易造成落花落果。追肥时机根据植株长势进行把握。

(三)植株管理

1. 整枝打杈

整枝方式分为单干整枝和双干整枝两种,主要根据定植密度和植株生长势确定。

操作要点:将叶腋间的小侧枝全部打掉。顶端生长点分枝的去留根据整枝方式确定。如采取单干整枝方式,则顶端只保留一个生长点,打杈时遵循“去弱留强”的原则;如采取双干整枝方式,则应在顶端位置保留两个生长势相当的生长点,而将其他生长点去掉。若在整枝过程中不慎将生长点损伤,应通过保留侧枝换头的方式继续生长。待果穗数留够后进行“闷头”。及时打掉植株下部的老叶、黄叶。

2. 授粉

授粉方式分为蜜蜂传粉和人工授粉。冬季 12 月至翌年 2 月由于气温低、湿度大、花期间隔较长等特点,不宜采取蜜蜂授粉,因此主要使用人工授粉,即“蘸花”,蘸花使用的药物为番茄专用蘸花剂按说明剂量兑水,加入适量适乐时(咯菌腈)。

操作要点:蘸花应选在晴天进行,避免出现畸形果,尽量在风口打开之后进行。蘸花应在花朵完全开放时进行。由于蘸花剂的主要成分是激素,因此应尽量避免滴在茎叶上。每朵花蘸一次即可,不要重复(蘸花剂有特有颜色,可清晰分清是否蘸过)。蘸花时要对准柱头轻喷,不要在花朵侧面喷施,避免出现畸形果。

3. 疏花疏果

一般每株番茄留 4～5 穗果,每穗留 4～5 个为宜,具体留果数根据植株长势及果个大小确定。

操作要点:蘸花后 7 d 左右即可坐住果,每穗保留 5 个果,即时可将同穗内其他花蕾掐掉。如在盛花期之前,每株只有 1～2 朵花开放,可及时摘除,避免不能成果且耗费营养。

五、生理障碍

(一)卷叶

卷叶发生时,一般轻者只是叶片的两侧微微上卷,重者往往卷成筒状。卷叶不仅影响番茄正常的光合作用,而且也使果实暴露于阳光下,容易发生日烧。

发生原因:土壤干旱,供水不足;高温;强光照;果叶比例失调,植株留果过多;坐果激素处理后,肥水供应不足,引起叶片过早衰老而发生卷曲;叶面肥害或药害等。

防治措施:高温期要加强温度管理,防止温度过高;合理密植,在盛夏前封垄,以免强光照射地面;地膜覆盖栽培;叶面追肥和喷药的浓度、时机要适宜;加强肥水管理,防止脱肥和脱水。

(二)生理性裂果

发生原因:一种原因是久旱后浇大水,使果肉生长速度快于果皮;另一种原因是阴天时蘸花。

防治措施:结果期加强浇水管理,小水勤浇,切忌大水漫灌,经常保持土壤湿润,防止土壤忽干忽湿;果实采收前 15～20 d,向果面喷洒 0.5%氯化钙溶液,对防止裂果有较好的效果。

(三)畸形果

如多心一室、尖顶、果实开裂、种子外露等。

产生原因:苗期低温引起花芽分化不良;养分过多,特别是氮肥施用过多,花芽分化过旺;植物生长调节剂使用浓度过大或处理过早,造成果实开裂种子外露或果实顶端突出,形成尖顶果。

防治措施:苗期温度管理不低于 8℃,最好在 12℃以上;平衡施肥,防止偏施氮肥;花开展后再用植物生长剂进行处理,处理浓度要适宜,不在高温时期处理花朵。

(四)筋腐病

果实呈棱状,有硬筋,且筋部发白。

发生原因:缺钾、缺硼。

防治措施:叶面喷施硼肥,氮肥以硝态氮为主,适当施钾肥。

(五)脐腐病

果实顶端变褐干枯凹陷。

发生原因:土壤缺钙,由土壤过干,偏施氮肥造成的。

防治措施:保持土壤湿润,加强通风降温,平衡施肥,防偏施氮肥。结果期叶面喷洒 0.5%氯化钙溶液。

六、采收标准

当田间有 50%的果全红时即可采收,采收时要求整果全红、无斑、无裂痕,果实大小要均匀,采收过程中所用的工具清洁卫生、无污染。

第二节　辣(甜)椒栽培技术

辣椒,原产于南美洲,属茄科一年生蔬菜。

一、生物学特性

(一)植物学特性

1. 根

辣椒的根系不发达,根量少,入土浅,根群主要分布在 15～30 cm 的土层中。根系再生能力弱,不易发生不定根,不耐旱也不耐涝。

2. 茎

茎直立,基部木质化。茎顶端芽分化出花芽后,以双杈或三杈分枝。其结果习性可分为无限分枝与有限分枝两种类型:无限分枝型,主茎长到一定叶片数后顶芽分化为花芽,由其下腋芽抽生出两三个侧枝,花(果实)着生在分杈处,各个侧枝不断依次分枝着花,分枝不断延伸,呈无限性,绝大多数栽培品种均属此类型;有限分枝型,植株矮小,主茎长到一定叶片数后,顶芽分化出簇生的多个花芽,由花簇下面的腋芽抽生出分枝,分枝的叶腋还可抽生副侧枝,在侧枝和副侧枝的顶部形成花簇,然后封顶,以后植株不再分枝。各种簇生椒都属于此类型。

3. 叶

单叶,互生,卵圆形、长卵圆形或披针形。通常甜椒叶片较辣椒叶片稍宽。叶先端渐尖、全缘,叶面光滑,有光泽,也有少数品种叶面密生茸毛。

4. 花

完全花,单生、丛生(1～3 朵)或簇生。花冠白色、绿白色或紫白色。一般品种花药与雌蕊柱头等长或柱头稍长,营养不良时易出现短柱花,短柱花常因授粉不良导致落花落果。属常异交作物,天然杂交率约 10%。

5. 果

果实为浆果,下垂或朝天生长。因品种不同其果形和大小有很大差异,通常有扁圆、圆球、灯笼、近四方、圆三棱、线形、长圆锥、短圆锥、长羊角、短羊角等形状。青熟果浅绿色至深绿色,少数为白色、黄色或绛紫色,生理成熟果转为红色、橙黄色或紫红色。果皮多与胎座组织分离,胎座不发达,形成较大的空腔,辣椒种子腔多两室,甜椒为 3～6 室或更多。一般大果型甜椒品种不含或微含辣椒素,小果型辣椒则辣椒素含量高,辛辣味浓。

6. 种子

近方形,扁平,表皮微皱,淡黄色,稍有光泽,千粒重 4.5～

8.0 g,使用年限为2～3年。

(二)对环境条件的要求

1. 温度

辣椒为喜温性蔬菜,对温度要求较高。出苗前要求25～30℃;出苗至真叶显露要求白天20℃左右,夜间15℃左右;在苗期白天以25～30℃为宜,夜间以18～25℃为宜;开花结果期以30℃左右为宜。当温度低于20℃时,植株生长缓慢,授粉、受精和果实的发育都会受阻;低于15℃,植株生长衰弱,出现落花落果现象;低于10℃,就会引起植株新陈代谢的混乱,甚至停止生长;若出现0℃以下低温,植株易受冻害。当温度高于35℃时,植株呼吸旺盛,营养消耗大,花器发育不良,果实生长缓慢,严重时会产生僵果。

2. 光照

辣椒的光饱和点约为30 klx,过强的光照对辣椒生长发育不利,特别是在高温、干旱、强光条件下,根系发育不良,易发生病毒病。过强的光照还易引起果实日灼病。根据这一特点,辣椒的密植效果更好,更适于保护地栽培。

3. 水分

辣椒既不耐旱,也不耐涝。植株本身需水量不大,但因根系不发达,需经常浇水才能获得丰产。开花坐果期如土壤干旱、水分不足,极易引起落花落果,并影响果实膨大,使果面多皱缩、少光泽,果形弯曲。如土壤水分过多,会引起植株萎蔫,严重时成片死亡。辣椒对空气湿度要求也较严格,空气相对湿度以60%～80%为宜,过湿易造成病害,过干则对授粉、受精和坐果不利。

4. 土壤及营养

辣椒栽培以肥沃、富含有机质、保水保肥能力强、排水良好、土壤深厚的沙壤土为宜。辣椒对营养条件要求较高,氮素不足或过多都会影响营养体的生长及营养分配,导致落花;充足的磷钾肥有利于提早花芽分化,促进开花及果实膨大,并能使植株健壮,增强抗病力。

二、育苗

参照番茄育苗技术。

三、定植

(一)定植前准备

前茬作物清除后,铺好充分腐熟的有机肥,用量约 15 t/667m^2,深翻 50 cm,浇透水后用废旧地膜覆盖,将温室棚膜盖严,闷 1 个月左右。将棚膜揭开,晾晒 3～5 d 备用。底肥还需加入 N∶P∶K=15∶15∶15 的复合肥约 150 kg,过磷酸钙 50 kg。

(二)整地做畦

栽培畦做成畦高 20 cm,畦宽 0.8 m,沟宽 0.5 m。

(三)定植密度

行距 50 cm,株距 50 cm。

(四)定植标准

秧苗 5～6 片叶,无病虫害壮苗,适于定植。

(五)定植

定植前 2 d,幼苗喷少量防病毒病和疫病的药。定植前将土壤造墒,定植后立即浇缓苗水,10～15 d 充分缓苗后,经 2～3 次中耕,覆上地膜。定植后及时吊秧,以免倒伏。

四、田间管理

(一)温度管理

定植后温度适当高些，促进缓苗，白天 25～32℃，夜间 15～20℃。缓苗后，白天 20～25℃，夜间 15～16℃。进入深冬季节，白天上午 25～28℃，夜间 15～12℃。天气转暖后，适当提高温度，白天 28～30℃，夜间 16～18℃，以促进果实发育和成熟。

(二)水肥管理

定植后 3～5 d 浇缓苗水，缓苗水宜大些，一般直到门椒坐果之前不轻易浇水，土壤干旱时只能少量浇水。生产上，浇缓苗水后高温高湿易造成植株徒长。定植后弱植株长势不强，可在开花前适当冲施富含氨基酸和黄腐殖酸的肥料，促进根系生长及壮苗。开花结果期要每隔 15 d 左右冲施一次氮磷钾比例适当的复合肥，避免偏施氮肥或钾肥，适当叶面补充钙肥、硼肥等微量元素。

(三)植株调整

1. 整枝打杈

整枝方式分为双干整枝和三干整枝两种，主要根据定植密度和植株生长势确定。

操作要点：椒类植物植株长势中等，分枝能力较番茄弱，因此整枝打杈相对较简单。在保持顶端优势的前提下，基本保证“留一个果，去一个杈”，保证植株向上生长。在认为植株高度足够时，可适当留回头杈，保证结果力。在进行生长点整枝时，也要遵循“去弱留强”的原则。若在整枝过程中不慎将生长点损伤，应通过保留侧枝换头的方式继续生长。及时打掉植株下部的老叶、黄叶。在摘叶时要注意每个果上方应留下几片叶，在保证营养面积的同时，防止因光照过强造成日灼果。

2. 疏花疏果

一般根据植株长势决定门椒是否保留，如保留要及时采收，以免坠秧。在结果盛期，一般每个小结果枝只保留 1 个果，以确保果实的商品性和品质。

五、生理障碍

日灼，主要表现在果实上，果实朝阳的一面出现水浸状斑，似热水烫过，无明显界限，无异味。

成因：主要是由于定植密度过小，整枝打杈时离果实近的部位打得过多。

六、采收标准

门椒及时采收，对椒以上按商品性最佳时期采收。采收过程中所用的工具清洁卫生、无污染，包装物要整洁、牢固、透气、无污染、无异味。

第三节 茄子栽培技术

一、生物学特性

（一）植物学特性

1. 根

茄子根系发达，吸收能力强。主根能深入土壤达 1.3～1.7 m，横向伸展达 1.2 m 左右，主要根群分布在 35 cm 以内的土层中。茄子根木质化较早，再生能力差，不定根的发生能力也弱，在育苗移栽的时候尽量避免伤根，并在栽培技术措施上为其根系发育创造适宜条件，以促使根系生长健壮。

2. 茎

在幼苗时期为草质，但生长到成苗以后便逐渐木质化，长成粗壮能直立的茎秆。茄子茎秆的木质化程度越高，其直立性越强。茎的颜色与果实、叶片的颜色有相关性，一般果实为紫色的品种，其嫩茎及叶柄都带紫色。主茎分枝能力很强，几乎每个叶腋都能萌发新枝。茄子的分枝习性为"双杈假轴分枝"。但是，有一部分腋芽不能萌发，即使萌发也长势很弱，在水肥不足的条件下尤其明显。

3. 叶

互生单叶，叶片肥大。叶面积大小因品种和在植株上的着生节位不同而异。一般低节位的叶片和高节位的叶片都较小，而自第一次分枝至第三次分枝之间的中部叶位的叶片比较大。茄子的叶形有圆形、长椭圆形和倒卵圆形。一般叶缘都有波浪式的钝缺刻，叶面较粗糙而有茸毛，叶脉和叶柄有刺毛。叶色一般为深绿色或紫绿色。

4. 花

两性花，紫色、淡紫色或白色，一般为单生，但也有 2～4 朵簇生者。茄子花较大而下垂。花由萼片、花冠、雄蕊、雌蕊 4 部分组成。茄子开花时雄蕊成熟，花药筒顶孔开裂，散出花粉。根据花柱头的长短，可分为长花柱花、中花柱花和短花柱花 3 种类型。

5. 果实

果实为浆果，心室几乎无空腔。其胎座特别发达，形成果实的肥嫩海绵组织，用以贮藏养分，这是供人们食用的主要部分。果实的形状有圆球形、倒卵圆形、长形、扁圆形等。果肉的颜色有白、绿和黄白之分。果皮的颜色有紫、暗紫、赤紫、白、绿、青等。

6. 种子

种子发育较迟，果实在商品成熟期只有柔软的种皮，不影响食用品质。只有达到植物学成熟期(老熟),才形成成熟的种子。老熟的种子一般为鲜黄色,形状扁平而圆,表面光滑,粒小而坚硬。

(二)生长发育周期

1. 发芽期

从种子吸水萌动到第一片真叶显露,需要 10～12 d。

2. 幼苗期

第一片真叶露出到现蕾,需要 50～60 d。一般情况下,茄子幼苗长到三四片真叶、幼茎粗度达到 0.2 mm 左右时,就开始花芽分化;长到五六片叶时,就可现蕾。

3. 开花结果期

门茄现蕾后进入开花结果期。茄子开花的早晚与品质和幼苗生长的环境条件密切相关。在温度较高和光照较强的条件下幼苗生长快,苗龄短,开花早,尤其是在地温较高的情况下,茄子开花较早;相反,在温度较低和光照不足的条件下,幼苗生长缓慢,苗龄长,则开花晚。茄子每个叶腋几乎都潜伏着 1 个叶芽,条件适宜时可萌发成侧枝,并能开花结果。茄子的分枝结果习性很有规律,早熟品种 6～8 片叶、晚熟品种 8～9 片叶时,顶芽变成花芽,其下位的腋芽抽生两个势力相当的侧枝代替主枝呈丫状延伸生长。

(三)对环境条件的要求

1. 温度

茄子喜温、不耐寒,对温度的要求类似于辣椒。

2. 光照

茄子对光照强度和光照时数要求较高。光照时数延长,则生长旺盛,尤其在苗期,如果在 24 h 光照条件下,则花芽分化快,提早开花;相反,如果光照不足,则花芽分化晚,开花迟,甚至长花柱花减少,中花柱花和短花柱花增多。弱光下光合作用速率较低,植株生长弱，产量下降，并且影响色素形成，果实着色不良，特别是紫色品种更为明显；光照强时，则光合作用旺盛，有利于干物质积累，植株生长迅速，果实品质优良，产量增加。

3. 水分

茄子对水分的需要量大。首先，它要求生长环境的空气相对湿度要高，以保持植株根系吸收水分与叶面蒸腾之间的平衡，但如果空气相对湿度过高，长期超过 80%，就会引起病害发生。其次，茄子对土壤含水量的要求也比较高，茄子对水分的要求随着生育阶段的不同而有所差异。在门茄"瞪眼"以前需要水分较少，以后需要的水分较多，对茄收获前后需要水分最多。茄子喜水，但也怕涝，茄子开花、坐果和产量的高低与当时的降雨量和空气相对湿度成负相关。

4. 土壤

营养茄子对土壤的要求不太严格，所以它能够在中国各地广泛种植。一般在含有机质多、疏松肥沃、排水良好的砂质壤土上生长最好，pH6.8～7.3 为宜。茄子需氮肥较多，钾肥次之，磷肥最少。茄子植株在生长前期需磷肥多一些，特别是幼苗期，如果磷肥供应充足，有促进根系发达、茎叶粗壮、提早花芽分化的作用，因此一般把磷肥作为基肥施用。

二、育苗

具体方法参照番茄育苗技术。

茄子越冬栽培，为提高抗性，应采用嫁接方式育苗，砧木选用野生品种托鲁巴姆。越冬栽培接穗播种时间约为 8 月上中旬，砧木品种托鲁巴姆，需要提前约 30 d 播种。

茄子嫁接可采用劈接法。嫁接时砧木留 1～2 片真叶，用刀片平切去掉上面部分，在留下的幼茎顶部正中垂直向下切一刀，约

1 cm 深；接穗留两叶一心，削成楔形，斜面长约 1 cm，斜度为 30°，将削好的接穗插入砧木的切口中，使两者紧密吻合，用嫁接夹固定。此法操作方便、成活率高，是茄子嫁接最常用的方法。

三、定植

（一）定植前准备

高温闷棚：前茬作物清除后，铺好充分腐熟的有机肥，用量约 15 t/667m^2，深翻 50 cm，浇透水后用废旧地膜覆盖，将温室棚膜盖严，闷 1 个月左右。定植前 3～5 d 将棚膜揭开，晾晒备用。

（二）整地做畦

单行栽培畦宽为 50 cm，沟宽 40 cm；双行栽培畦宽 80 cm，沟宽 50 cm；畦高均为 20 cm。

（三）定植密度

单行定植，每亩定植约 1 500 株，株距 50 cm；双行定植，每亩定植约 1 700 株，株距 60 cm。

（四）定植方法

采用水稳苗方法，先定植后覆膜。定植后 10～15 d 充分缓苗后，经 2～3 次中耕，覆上地膜。

四、田间管理

（一）温度管理

定植后温度适当高些，促进缓苗，白天 25～32℃，夜间 15～20℃。缓苗后，白天 20～25℃，夜间 15～16℃。进入深冬季节，白天上午 25～28℃，夜间 15～12℃。天气转暖后，适当提高温度，白天 28～30℃，夜间 16～18℃，以促进果实发育和成熟。

(二)水肥管理

定植后 3～5 d 浇缓苗水,缓苗水宜大些,一般直到门茄坐果之前不要轻易浇水,土壤干旱时只能少量浇水。生产上,浇缓苗水后高温高湿易造成植株徒长。定植后弱植株长势不强,可在开花前适当冲施富含氨基酸和黄腐殖酸的肥料,促进根系生长及壮苗。开花结果期要每隔 15 d 左右冲施一次氮磷钾比例适当的复合肥,避免偏施氮肥或钾肥,适当叶面补充钙肥、硼肥等微量元素。

(三)植株管理

整枝、打杈、摘叶当植株长到 50～60 cm 高时,进行吊蔓。采用双干整枝,及时打杈。对茄形成后,剪去 2 个外向侧枝,形成向上的双干,打掉其他所有侧枝。随着植株不断生长,要注意及时摘除老叶、病叶。打杈、摘心宜在晴天上午进行。

保花促果在花期可利用熊蜂授粉或震动授粉器辅助授粉,也可进行蘸花处理。注意蘸花一般在晴天上午进行,蘸花时温度不宜超过 30℃。坐果后及时摘除未脱离的花冠。

五、采收标准

门茄及时采收,对茄以上按商品性最佳时期采收。采收过程中所用的工具清洁卫生、无污染,包装物要整洁、牢固、透气、无污染、无异味,以便净菜上市。小果要单独收获,以免影响品质。

第四节 茄果类蔬菜主要病虫害防治技术

一、农业防治

选用抗病良种,培育无病壮苗,加强栽培管理,培育健壮植株,清洁田园。降低虫源数量,实行轮作、换茬,生产上须与非茄科作物轮作，轮作年限一般为3～5年，最好与大田作物轮作，以禾本科茬、豆茬为好。与蔬菜轮作时，以葱、蒜、韭及瓜类作物茬口为宜。减少中间寄主或初浸染源，创造适宜的生育环境条件，妥善处理废弃物，降低病源和虫源数量。越冬茬番茄生育期长，重茬严重的地块，病害发生较重，可采取嫁接育苗。栽培时适当稀植，加强通风透光，减少交叉传播。

二、物理防治

黄板：每20 m^2悬挂20 cm×20 cm黄板一块，用于诱杀蚜虫、白粉虱。

防虫网：温室放风口处铺设防虫网，规格为40目以上。

杀虫灯：每2 hm^2 挂设杀虫灯一盏。

三、生物防治

利用天敌诱杀害虫：每亩用天敌捕食螨30～50袋捕食红蜘蛛、蓟马等，用丽蚜小蜂捕食白粉虱。

四、化学防治

主要虫害有蚜虫、白粉虱、潜叶蝇、红蜘蛛和茶黄螨等；主要病害有疫病、病毒病、灰霉病、枯萎病、叶霉病等。

（一）蚜虫

主要集中在叶片背面，可用70％吡虫啉可湿性粉剂、3％阿维菌素、20％复方浏阳霉素或3％除虫菊素微囊悬浮剂喷雾，同时应加入预防病毒病的药物。

（二）白粉虱

一般在春季多发，飞行力及繁殖力极强，防治困难。在预防上尤其要将温室下部风口用防虫网封严，药剂可用12％哒螨异丙威烟剂熏烟、50%噻虫嗪喷雾，最佳防治时间为早上太阳出来之前，此时运动能力最弱。

（三）潜叶蝇

症状为叶片表面有不规则白色条纹，严重时整片叶表面均布满白纹。可用潜叶蝇专用药剂灭蝇胺喷雾，喷施应选在午间温度较高的时间段。

（四）红蜘蛛和茶黄螨

喷洒乙基多杀菌素、3%阿维菌素、螺螨酯等防治红蜘蛛和茶黄螨。

（五）疫病

晚疫病的典型症状是：叶片染病，多始自叶尖或叶缘，表现为黑褐色膏药状病斑，病健部分界不明晰，斑外围褪绿，严重时叶片呈沸水烫状；主茎染病，多发生于茎茎部，初现黑褐色条斑，继而绕茎扩展，茎部变黑，终至全株枯死；枝条染病，多始自分叉处，患部亦呈黑褐色，其上部枝条枯死；果实染病，多始白果蒂及其附近，初呈暗绿色水溃状斑，边缘分界亦不明晰，病斑迅速扩展，很快扩及全果，病果皱缩、软腐。早疫病的典型症状是病斑为规则的同心圆。疫病可用80%代森锰锌、70%甲霜锰锌可湿性粉剂、银法利悬浮剂、嘧菌酯、苯醚甲环唑喷雾等防治。

（六）病毒病

病毒病是通过蚜虫、田间操作接触传病，并随病残体在土壤中或在种子及其他宿根植物上越冬的病毒。症状有三种：

(1)花叶型　叶片上有黄绿相间或绿色深浅不匀的斑驳，或有明显花叶、疱斑，新叶变小，扭曲畸形，植株矮小，结果少而小，果面呈花脸状。

(2)条斑型　主要表现在茎、果上，往往在高温条件下发生，特别是有混合病毒侵染时，更易出现。茎秆上形成暗绿色至黑褐色条纹，表面下陷并坏死，褐色一般不深入到髓部。叶片有时呈深绿色与浅绿色相间的花叶状，叶脉、叶柄上也有黑褐色坏死条纹斑，并顺叶柄蔓延到茎部。病果畸形，果面有不规则的褐色坏死斑，或果实呈淡褐色水烫坏死。条斑型危害最重。

(3)蕨叶型　全株黄绿色。叶片背面脉变紫，中下部叶片向上卷起，重的卷成管状，新叶变窄或近线状，植株矮化，侧枝都生蕨叶状小叶，复叶节间缩短，呈丛枝状。

病毒病防治可用盐酸吗啉胍或香菇多糖喷雾，使用药剂时加入适量锌肥可提高药效。

(七)灰霉病

灰霉病发病条件是低温高湿，主要症状为叶片正面出现斑点，背面为灰色霉层。果实的受害症状同样为灰色霉层，且霉层轻吹会出现烟雾。药剂防治可使用咯菌腈、啶酰菌胺、嘧霉胺或异菌脲等，也可使用腐霉利烟剂熏烟。

特别提示：不要摘除长出“灰毛”(病原菌)的病果，一定要在喷药后灰毛消失后再处置；喷药时用小喷壶或适宜喷头直接喷果。

(八)枯萎病

番茄枯萎病又称萎蔫病，多数在番茄开花结果期发生，局部受害，全株显病。发病初期，仅植株下部叶片变黄，但多数不脱落。随着病情的发展，病叶自下而上变黄、变褐，除顶端数片完好外，其余均坏死或焦枯。有时病株一侧叶片萎垂，另一侧叶片尚正常。定植前每亩撒施58%的甲霜灵锰锌一次，杀灭土壤中残留病菌；定植后，每隔15～20 d喷洒代森锰锌进行保护。发病初期用70%甲基硫菌灵或23%络氨铜灌根或喷洒植株，亦可用10亿活芽孢/克枯草芽孢杆菌可湿性粉剂喷雾或灌根。

(九)溃疡病

幼苗染病始于叶缘，由下部向上逐渐萎蔫，有的在胚轴或叶柄处产生溃疡状凹陷条斑，致病株矮化或枯死。成株染病，病菌在韧皮部及髓部迅速扩展，多雨或湿度大时菌脓从病茎或叶柄中溢出或附在其上，形成白色污状物，后期茎内变褐以至中空，最后全株枯死，上部顶叶呈青枯状。果实染病可见略隆起的白色圆点，中央为褐色木栓化突起，称为“鸟眼斑”。发现病株及时拔除，全田喷洒氢氧化铜、春雷王铜或72％农用硫酸链霉素可溶性粉剂。喷施时注意要全株上下打透，可加大水量使药液可以顺茎流下。

（十）叶霉病

叶霉病主要危害叶片，严重时也可以危害茎、花、果实等。叶片发病初期，叶面出现椭圆形或不规则淡黄色褪绿病斑，叶背面初生白霉层，而后霉层变为灰褐色至黑褐色绒毛状，是病菌的分生孢子梗和分生孢子；条件适宜时，病斑正面也可长出黑霉，随病情扩展；病斑多从下部叶片开始逐渐向上蔓延，严重时可引起全叶干枯卷曲，植株呈黄褐色干枯状。果实染病后，果蒂部附近形成圆形黑色病斑，并且硬化稍凹陷，造成果实大量脱落。嫩茎及果柄上的症状与叶片相似。可用苯醚·丙环唑、苯醚·嘧菌酯、春雷霉素、叶枯唑等喷雾防治。

第三章 瓜类蔬菜栽培技术

第一节 黄瓜栽培技术

黄瓜,原产于印度北部,古代分南北两路传入我国,各地普遍栽培,品种类型多,消费量大,是主要的设施栽培蔬菜之一。

一、生物学特性

(一)植物学特性

1. 根

黄瓜为浅根系,虽然主根入土深度可达 1 m 以上,但 80%以上的侧根主要分布于表土下 20~50 cm 的土层中,以水平分布为主,故被称为“串皮根”。根系好气性强、吸收水肥能力弱,故生产上要求土壤肥沃、疏松透气。根系维管束鞘容易发生木栓化,除幼嫩根外,断根后再生能力差,故黄瓜适宜直播,育苗移栽时应掌握宜早、宜小定植。

2. 茎

黄瓜茎横切面为无棱形、中空、具刚毛,由表皮、厚角组织、皮层、环管纤维、筛管、维管束和髓腔等组成。茎部皮层薄而髓腔大,机械组织不发达,故茎易折损,但输导性能良好。茎部叶节处除着生叶片外,还生有卷须、侧枝及雄花或雌花。

绝大多数黄瓜品种的茎为无限生长类型，具顶端优势。土壤水肥充足，植株长势强时，茎蔓较长、侧枝多；而水肥条件较差，植株长势弱时，茎蔓较短、侧枝少。同一品种不同生长时期的侧枝形成能力也有差异。一般植株坐瓜前，体内养分蓄积充足，易于形成侧枝，故生产上应注意整枝打杈，而结瓜后尤其是生长的中后期侧枝难以抽生。卷须一般自茎蔓的第三叶节处开始着生，以后每叶节均可出现卷须。

3. 叶

真叶掌状全缘、互生，两面被有稀疏刺毛，叶柄较长。叶片长宽一般在 10～30 cm，其大小与品种、着生节位和栽培条件有关。黄瓜叶片大而薄，蒸腾量大，再加上根系吸水能力差，因而黄瓜栽培过程中需水量大。

4. 花

黄瓜雌雄同株异花，为异花授粉。植株上第一雌花着生节位及雌花节比例是评价黄瓜品种的重要指标。第一雌花着生节位越低、雌花节比例越高，越有利于黄瓜早熟、丰产。目前的栽培品种绝大多数具有单性结实性。

5. 果实

果实为瓠果，是由子房、花托共同发育而形成的假果。表皮部分为花托的外皮，皮层由花托皮层和子房壁构成，花托部分较薄。果实的可食部位主要为果皮和胎座。果实通常为筒形或长棒形。嫩果颜色为绿色、深绿色、绿白色、白色等，果面光滑或具棱、瘤、刺。

6. 种子

种子扁平、长椭圆形、黄白色，由种皮、种胚及子叶等组成。种子无明显生理休眠期，发芽年限 4～5 年。千粒重 20～40 g。

（二）生长发育周期

黄瓜露地栽培的生长发育周期一般在90～120 d，而设施栽培下则相对较长。其生长发育历经发芽期、幼苗期、初花期和结果期4个阶段。

1. 发芽期

从播种至第一片真叶出现（破心）为发芽期，适宜条件下需5～8 d。幼苗生长所需养分主要靠种子供给，由于种胚本身所贮存的养分有限，故发芽时间越长，幼苗长势越差。因此，为苗床创造适宜的温度和湿度、促进尽快出苗是此期生产管理的主要目标。

2. 幼苗期

从真叶出现到四五片真叶展开（开始出现卷须），适宜条件下约需30 d。此期幼苗生长缓慢、绝对生长量较小，茎直立、节间短、叶片小，但生长点新叶分化和根系生长却较为迅速。花芽的分化和发育速度，是决定黄瓜前期雌雄花形成的关键育苗质量的好坏将影响黄瓜产量，尤其对前期产量影响较大。此期内生产管理的目标是“促”、“控”结合，培育壮苗，即采取适当措施促进各器官分化和发育，同时控制地上部生长、防止徒长。

3. 初花期

又称发棵期和伸蔓期，从四五片真叶展开到第一雌花坐住瓜（瓜长12 cm左右），适宜条件下20 d左右。此期内，生长中心逐渐由以营养生长为主转为营养生长和生殖生长并进阶段。栽培管理的主要任务是调节营养生长和生殖生长、地上部和地下部生长的关系，目的是防止徒长、促进坐瓜，既要促进根系生长，又要扩大叶面积，并保证继续分化的花芽质量和数量。

4. 结瓜期

由第一雌花坐住瓜到拉秧为止。此期所经历的时间因栽培方式、栽培条件和品种习性的不同有很大差别。露地生产一般可持续 30～100 d。此期生长的中心是果实，管理的中心是平衡秧果关系，延长结果期，以实现丰产的目的。

（三）对环境条件的要求

黄瓜起源于亚热带温湿地区，形成了喜温、喜湿、喜光，同时又耐阴的特点。

1. 温度

黄瓜为喜温作物，生长适温为 15～32℃，一般白天以 22～32℃、夜间以 15～18℃为宜。不同生育时期对于温度要求不同：发芽适温为 25～30℃，最低温度为 11.5℃，低于 15℃或高于 35℃发芽率显著降低；幼苗期和初花期适温为白天 25～30℃、夜间 15～18℃，其中开花适温为 18～21℃、花粉发芽适温为 17～25℃；结果期适温为白天 25～29℃、夜间 18～22℃。

黄瓜从播种至开始采收所需的有效积温为 800～1 000℃（最低有效温度为 14～15℃）。

黄瓜耐低温能力较差，温度低于 12℃常导致黄瓜生理活动失调、生长缓慢，10℃以下则停止生育。黄瓜根系对土壤温度变化反应较敏感。根系生长适温为 20～25℃，地温低于 20℃或高于 25℃根系生理活动能力明显下降，并可导致根系早衰，根毛发生的最低温度为 12～14℃，低于 12℃且持续时间较长时，常导致根系生理活动受阻而使叶片发黄或产生沤根等症状。因此，冬、春季节黄瓜育苗或生产时，地温的管理比气温管理更重要。

2. 光照

黄瓜喜光照充足。据研究，适宜温度下，光合作用的饱和光强为 79 klx，光补偿点为 2.8 klx，表明黄瓜对于光照强度要求较高。光照不足，光合速率下降，常造成植株生育不良，引起“化瓜”等症状。

3. 湿度

黄瓜属于浅根性作物，对于土壤深层水分吸收能力差，再加上地上部叶片多、叶片薄、叶面积大等，蒸腾量大，所以喜湿、不耐旱是黄瓜的显著特点之一。不同生育期黄瓜所要求的适宜土壤湿度不同：发芽期要求较高，便于种子吸水，水分不足则发芽缓慢且整齐度差，但土壤含水量过高又易造成烂种；幼苗期和根瓜坐瓜前土壤湿度一般应控制在田间最大持水量的 60%～70%，湿度过大易造成幼苗徒长；结果期黄瓜需水量最大，适宜的土壤湿度为田间最大持水量的 80%～90%，湿度过低易于引起植株早衰和产量降低且畸形瓜比例增加。

黄瓜要求较高的空气湿度，以 80%～90%为宜，可促进黄瓜的营养生长，白天空气相对湿度的高低与黄瓜总产量呈正相关。但如果空气湿度过高，尤其是日光温室越冬茬栽培的情况下，常易造成叶片表面结露，易引发多种病害。

4. 气体条件

据测定，适宜光照条件下，黄瓜光合作用 CO_2 补偿点为 69 μL/L、饱和点为 1 592 μL/L。设施栽培条件下适当增施 CO_2 对于促进光合作用、提高产量效果明显。黄瓜根系呼吸强度大，要求土壤氧供应充足。黄瓜适宜的土壤含氧量为 15%～20%。土壤中氧不足，将直接影响到黄瓜根系各种生理代谢活动，从而影响黄瓜产量和质量。黄瓜栽培要求土壤通透性好，因而生产上采取适当增施有机肥和加强中耕等措施对于黄瓜的生长发育都是非常有利的。

5. 土壤

黄瓜根系分布浅、好气性强，故以耕层深厚、疏松、透气性良好的壤土为好。黄瓜在土壤 pH5.5～7.6 时均能正常生长发育，但以 pH6.5 左右为最适宜。

二、育苗

(一)品种选择

1.接穗选择

日光温室越冬茬和冬春茬黄瓜栽培,选择的品种必须具备耐低温、高湿、弱光、长势强、不易早衰,抗病性强的品种。春茬黄瓜栽培由于温度逐渐升高,所以在品种选择上应着重选择抗病性强的品种。

2.砧木选择

砧木品种应选择嫁接亲和力、共生亲和力、耐低温能力强,生产出的瓜无异味,保持黄瓜品种的原有风味的砧木品种。目前普遍采用的是黑籽南瓜和白籽南瓜,黑籽南瓜的抗性较强,但易影响瓜条颜色和品质,因此白籽南瓜更适合作为砧木材料。

(二)播种及育苗

播种及育苗方法参考番茄育苗技术。一般白籽南瓜播种时间应较黄瓜晚 2～3 d,黑籽南瓜则应晚 6～7 d。

(三)嫁接

1.嫁接前的准备

将配好的基质装于 10 cm×10 cm 营养钵中,整齐摆放备用。嫁接夹用 70%代森锰锌溶液浸泡消毒 40 min,捞出晾干待用;准备适量刀片;育苗床提前一天浇足水,保证起苗时土质疏松少伤根;搭好嫁接操作台。

2.嫁接时秧苗标准

黄瓜子叶展平,真叶显露,茎粗 0.3～0.4 cm,株高 7～8 cm。南瓜子叶展平,第一真叶半展开时,茎粗 0.4～0.6 cm,株高 8～9 cm。

3. 嫁接方法

采用靠接法。去掉南瓜的生长点，用刀片在幼苗上部距生长点下 0.8～1 cm 处和子叶平行方向自上而下斜切一刀，角度 35°～40°，深度为茎粗的 1/2，刀口长 0.6～0.8 cm。在黄瓜苗距生长点 1.2～1.5 cm 处和子叶平行方向由下向上斜切一刀，角度 30°～35°，刀口长 0.6～0.8 cm，深度为茎粗的 2/3。将黄瓜舌形切口插入南瓜的切口中，使两者的切口相互衔接吻合，接后黄瓜和南瓜子叶平行，黄瓜在上南瓜在下，用夹子固定后，栽入营养钵内，浇足水分，扣上拱棚。

4. 嫁接后的管理

(1)温湿度管理　嫁接完毕前 3 d，白天保持 25～28℃，夜间 17～19℃，湿度 95％～98％，出现萎蔫时适量遮阴，在保证不萎蔫的前提下尽量多见光。嫁接后 4～6 d，白天温度降至 22～26℃，夜间 16～17℃，湿度 85％～90％，一般在 13 时前后给予遮阴 1～2 h，其他时间可充分见光。7 d 后进入正常管理，白天 22～28℃，夜间 12～14℃，逐步撤掉小拱，用 70％安泰生喷洒一次，以防苗期病害发生。结合喷药，加入少量叶面肥，确保嫁接苗健壮。

(2)断根　一般在嫁接后 12～13 d，在接口下 1 cm 处用小刀断掉黄瓜根。断根最好分两次完成，第一次先用扁口钳蘸 70％安泰生溶液在断根部位捏一下，挤出汁来，第二次于次日再彻底断掉。断根可以在营养钵中进行，也可以在定植完全缓苗后进行。要注意断根一定分两步进行，以免伤口染病。

(3)倒方，除掉南瓜侧芽　为改善光照条件，增加营养面积，需进行一次倒方。间距按 20 cm×20 cm 均匀摆开，结合倒方，将南瓜长出的侧芽及时去掉。

三、定植

（一）定植前准备

首次种植的温室可直接进行定植。如需进行连作，则应进行高温闷棚，在前茬作物清除后，将槽内基质翻动1次，补充有机肥后浇透水，用废旧地膜覆盖，将温室棚膜盖严，闷30 d左右。定植前3～5 d，将棚膜揭开，晾晒备用。底肥还需加入N∶P∶K=15∶15∶15的复合肥约150 kg，过磷酸钙50 kg。

（二）整地做畦

栽培畦做成畦高20 cm、畦宽80 cm，沟宽50 cm，将土壤耙细整平，做清除石块和大土块，畦面要整齐。

（三）定植密度

畦面双行定植，行距50 cm，株距45 cm。定植密度不宜过大，以免造成病虫害难控、通风透光不良的弊端。

（四）定植标准

秧苗3～4片叶，无病虫害壮苗，适于定植。

（五）定植

定植前2 d，幼苗喷少量防白粉病和灰霉病的药。定植前将土壤造墒，定植后立即浇缓苗水。定植后10～15 d，充分缓苗后，经2～3次中耕，覆上地膜。

①造墒方法：在做好的床面上开两条沟，浇透水，待水渗后及时将床面整平，避免长时间受阳光烤晒失水。

②应选择秧苗长势相近的壮苗进行定植，定植时将营养钵轻轻取下，保证根部土坨完整以免伤根。

③定植方法：测定好定植的距离及位置后，在床苗挖穴，穴大小应足够埋入秧苗自带的土坨，将秧苗坐入后浇水、覆土。

④覆地膜:覆膜时主要注意两点:第一是动作要轻,不要造成秧苗断头或其他损伤;第二是地膜开孔要尽量小,且要用细土将孔盖严。

四、田间管理

(一)温度管理

定植后,黄瓜生长的适宜温度见表 3-1。缓苗期至根瓜坐瓜期间,温度不能过高,否则易造成瓜秧徒长,导致营养生长过旺。判断温度高低的方法如下:如瓜秧叶片节间过长,叶片长度与叶柄长度的比例过大,则说明温度控制的过高;如叶片节间短缩,或叶片表面有皱缩、疙瘩,则说明温度尤其是夜温过低。

表 3-1　定植后温度管理

时期	适宜日温/℃	适宜夜温/℃
定植至缓苗	28～35	18～20
缓苗至根瓜坐瓜	20～22	12～16
盛瓜期	25～30	16～18

温度管理方法如下:

1. 风口开合

及时观察温室内温度,根据不同生长阶段及季节变化予以调整。温度超过生长适宜温度时应及时放风。放风分两步,首先将风口开小缝,温度上升至适温以上后再将风口加大。切忌一次将风口开得过大,避免温室内温度瞬间下降。同时要注意,3 月份以前不要放腰风,待天气转暖后再逐渐开放腰风。当温室内温度下降至适温下限以上 2～3℃时就应及时关闭风口。阴天如温室内空气湿度较大,超过 80%就应适当放风降低湿度,空气湿度控制在 60%左右即可。随植株生长蒸腾量增大,在早上棉被揭开之后就应进行适当小缝放风，降低湿度，待湿度下降后将风口关闭，然后按照上述温度管理方式进行开闭风口。

2.保温被覆盖

晴天时棉被揭开时间基本以阳光照射面积为80%左右为准，待遮阳面积在30%左右时将棉被放下，尽量延长光照时间。阴天也要将棉被揭开，争取散射光照。连阴乍晴后，要在中午将棉被放下一半，避免植株萎蔫。

基本原则：深冬季节及阴天应晚揭早盖，保证温室内温度。其他时间早揭晚盖，争取光照。

3.地温保证措施

定植前烤棚；阴天不浇水；浇水时采取滴灌方式，避免大水漫灌；在保证正常生长的前提下，延长光照时间，提高地温。

（二）水肥管理

浇好前三水。首先要浇足定植水，促进缓苗；在定植后10～15 d，浇足浇透缓苗水，采用滴灌方式浇灌；至根瓜采收，选择晴天上午浇第三水。

根瓜坐住后开始进行第一次追肥，以氮磷钾比例适当的冲施肥为宜。随着采瓜量的增加，及时补充养分，可配合使用氨基酸生物肥及其他水溶性生物菌肥，同时向叶面适当喷施钙肥及微量元素。最后一茬瓜采收前20 d停止追肥。

黄瓜根系较浅，需水量大但不耐涝，因此需要小水勤浇；喜肥不耐肥，因此每次施肥量也不宜过大，应“少食多餐”。天气骤晴后进行叶面追肥，以迅速补充养分和增加棚内湿度，若叶片出现严重萎蔫时，可适当进行临时回苫。

（三）植株调整

当植株长到6～7片叶后开始甩蔓时，及时拉线吊蔓。在栽培行上方的骨架上拉12#铁线，用聚丙烯捆扎绳吊蔓，上端拴在铁丝上，下端拴在秧苗的底蔓上。随着茎蔓的生长，要及时去除卷须，茎蔓往吊绳上缠绕，并注意随时摘除老叶和落蔓。

落蔓时两行瓜秧往中间畦面上落，可经常向落下的瓜秧上喷施杀菌剂，以免瓜秧沾地染病，并且应及时摘除雄花。

五、生理障碍

（一）化瓜

当瓜长 8～10 cm 时，瓜条不再伸长和膨大，且前端逐渐萎蔫、变黄，后整条瓜渐干枯。

成因：水肥供应不足；结瓜过多，采收不及时；植株长势差；光照不足；温度过低或过高；土壤理化性状差。

（二）畸形瓜

蜂腰、尖嘴、大肚、脐形等。

成因：栽培管理措施不当，即机械阻碍，水肥管理不适、长势衰弱，乙烯利处理不恰当等；环境条件不适，即温度过高或过低，授粉受精不完全，高温干旱、空气干燥、土壤缺钾时易产生蜂腰。

（三）苦味瓜

病因：管理措施不当，即偏施氮肥、浇水不足等；环境条件不适，即持续低温、光照过弱、土壤质地差等。

六、采收

根瓜要及时采收以免坠秧，其他瓜条要在商品性最好的时机采收，并及时摘除弯瓜和畸形瓜等。连阴天时及早采收瓜条，减少瓜条对养分的消耗。

第二节　西葫芦栽培技术

西葫芦，别名角瓜，原产于南美洲。食用途径广，栽培广泛，在瓜菜栽培中栽培规模仅次于黄瓜，也是设施栽培的主要蔬菜之一。

一、生物学特性

（一）植物学特性

1. 根

西葫芦根系发达，主要根群深度为 10～30 cm，侧根主要以水平生长为主，分布范围为 120～210 cm，吸水吸肥能力较强。对土壤条件要求不严格，在旱地或贫瘠的土壤中种植，也能正常生长，获得高产。但是，西葫芦的根系再生能力弱，育苗移栽需要进行根系保护。

2. 茎

西葫芦茎中空，五棱形，质地硬，生有刺毛和白色茸毛，分为蔓性和矮生两种。蔓性品种节间长，蔓长可达 1～4 m；矮性品种节间短，蔓长仅达 50 cm 左右。大棚栽培多采用矮生品种。矮生品种分枝性弱，节间短缩，但在温度高、湿度大时也易伸长，形成徒长蔓。

3. 叶

西葫芦叶片较大、五裂，裂刻深浅随品种不同而有差异。叶片和叶柄有较硬的刺毛，叶柄中空，无托叶。叶腋间着生雌雄花、侧枝及卷须。大棚栽培一般选择叶片小、裂刻深、叶柄较短的品种。

4. 花

西葫芦花为雌雄同株异花，雌雄花的性型像黄瓜一样具有可变性，在低夜温、日照时数较短、碳素水平较高、阳光充足的情况下，有利于雌花形成，反之则雄花较多；用乙烯利处理也有利于形成雌花。

5. 果实

果实形状、大小、颜色因品种不同差异较大。多数地区以长筒形浅绿色带深绿色条纹的花皮西葫芦深受消费者欢迎。果实形成一般要在受精后，单性结实性差，大棚温室生产必须进行人工授粉。

（二）生长发育周期

西葫芦生育周期大致可分为发芽期、幼苗期、初花期和结瓜期4个时期。不同时期有不同的生长发育特性。

1. 发芽期

从种子萌动到第一片真叶出现为发芽期。此时期内秧苗的生长主要是依靠种子中子叶贮藏的养分，在温度、水分等适宜条件下，需5～7 d。子叶展开后逐渐长大并进行光合作用，为幼苗的继续生长提供养分。当幼苗出土到第一片真叶显露前，若温度偏高、光照偏弱或幼苗过分密集，子叶下面的下胚轴很易伸长如豆芽菜一般，从而形成徒长苗。

2. 幼苗期

从第一片真叶显露到4～5片真叶长出是幼苗期，大约需25 d。这一时期幼苗生长比较快，植株的生长主要是幼苗叶的形成、主根的伸长及各器官（包括大量花芽分化）形成。管理上应适当降低温度、缩短日照，促进根系发育，扩大叶面积，确保花芽正常分化，适当控制茎的生长，防止徒长。培育健壮的幼苗是高产的关键，既要促进根系发育，又要以扩大叶面积和促进花芽分化为重点。只有前期分化大量的雌花芽，才能为西葫芦的前期产量奠定基础。

3. 初花期

从第一雌花出现、开放到第一条瓜(即根瓜)坐瓜为初花期。从幼苗定植、缓苗到第一雌花开花坐瓜一般需 20～25 d。缓苗后，长蔓型西葫芦品种的茎伸长加速，表现为甩枝；短蔓型西葫芦品种的茎间伸长不明显，但叶片数和叶面积发育加快。花芽继续形成，花数不断增加。在管理上要注意促根、壮根，并掌握好植株地上、地下部的协调生长。具体栽培措施上要适当进行肥水管理，控制温度，防止徒长，同时创造适宜条件，促进雌花数量和质量的提高，为多结瓜打下基础。

4. 结果期

从第一条瓜坐瓜到采收结束为结果期。结果期的长短是影响产量高低的关键因素。结瓜期的长短与品种、栽培环境、管理水平及采收次数等情况密切相关，一般为 40～60 d。在日光温室或现代化大温室中长季节栽培时，其结瓜期可长达 150～180 d。适宜的温度、光照和肥水条件，加上科学的栽培管理和病虫害防治，可达到延长采收期、高产、高收益的目的。

(三)对环境条件的要求

1. 温度

西葫芦对温度适应性强，其最适宜的生长温度为 22～25℃。种子发芽最低温度为 13℃，20℃以下发芽率低，发芽最适温度为 28～30℃。开花结果期要求温度在 16℃以上，高于 30℃或低于 15℃则受精不良，高于 32℃花器发育不正常；果实发育期最适宜温度为 20～23℃。西葫芦耐低温能力强，受精果实在 8～10℃的夜温下，也能和 16～20℃夜温下受精果实一样长成大瓜。温度高于 30℃时易感染病毒病并产生畸形瓜。

2. 光照

西葫芦对光照要求比较严格，但其适应能力也很强，既喜光，又较耐弱光，光照充足，花芽分化充实，果实发育良好。进入结果期后需较强光照，雌花受粉后若遇弱光，易引起化瓜。

3. 水分

西葫芦根系发达，有较强的吸水能力和抗旱力，但其叶片大而多，蒸腾作用旺盛，耗水量大，需要适时灌溉，方能获得高产。但水分过多又会引起地上部生理失调，特别在幼苗期水分过足会引起营养生长过盛，推迟结瓜；开花期水分过足也会因营养生长过盛造成化瓜。盛瓜期耗水量大，若缺水也会引起化瓜或形成尖嘴瓜。

4. 土壤与营养

西葫芦对土壤要求不太严格，但为获取高产仍需选择疏松透气、有机质含量高、保肥保水能力强的壤土。

西葫芦吸肥能力强，每生产 1 000 kg 果实，大约需消耗 N 为 3.92～5.47 kg、P_2O_5 为 2.13～2.22 kg、K_2O 为 4.09～7.29 kg、CaO 为 3.2 kg、MgO 为 0.6 kg。除钾的需要量低于黄瓜外，需氮、磷、钙的数量均高于黄瓜。

二、育苗

（一）育苗方法

参考番茄育苗技术。

（二）苗期管理

出芽前保持温度 25～28℃，出芽半数后降至 20℃，防治出现高脚苗。由于播种前已将育苗土一次性浇透，所以到出苗前不再浇水。当子叶平展后，若苗床出现缺水症状时，适量补水。一叶一心时苗床喷施 1 次普力克，预防猝倒病。

三、定植

(一)定植前准备

前茬作物清除后,铺好充分腐熟的有机肥,用量 15 t/667m^2,深翻 50 cm,浇透水后用废旧地膜覆盖,将温室棚膜盖严,闷 1 个月左右。定植前 3～5 d,将棚膜揭开,晾晒备用。

(二)整地作畦

栽培畦做成畦高 20 cm,畦宽 130 cm,沟宽 50 cm。

(三)定植密度

每亩定植 1 200 株,行距 80 cm,株距 70 cm。

(四)定植

定植前 2 d,幼苗喷少量防病毒病的药。定植前土壤造墒,定植后立即浇缓苗水。定植 10～15 d 充分缓苗后,经 2～3 次中耕,覆上地膜。定植后要及时搭架,方法是在距离根部 5 cm 处插入竹竿绑实,以防倒秧。

四、田间管理

(一)温度管理

从缓苗后到根瓜坐瓜阶段,重点是低温管理,蹲棵促根,防止徒长。此时维持日温 18～22℃,夜温 8～10℃。从瓜秧坐瓜开始,保持日温 20～22℃,夜温 10～12℃,同时应在入冬前进行低温炼棵,以防特殊天气造成生理伤害。1 月至 2 月这段低温时期,瓜秧生长受限,此时应以保温为主,日温 23～25℃,夜温 12～14℃,棉被晚拉早放。进入 2 月中旬以后,气温回升,管理上应加大通风,日温 23～25℃,夜温 12～14℃即可满足生长需求。4 月中旬以后,原则上可不再覆盖保温材料,关闭放风口,以降低夜温,控制徒长。

(二)肥水管理

定植后至根瓜坐住前,一般不浇肥水,瓜秧若有长势弱或徒长迹象时,可叶面喷施氨基酸液肥调节长势。从开始采瓜后至2月底,追肥应以腐殖酸、黄腐酸肥料以及生物肥料等热性肥料为主,每隔7～10 d喷一次叶面肥,深冬尽量浇小水,阴、雪、雨天禁止浇水施肥;进入3月份以后,追肥应以速效性钾、氮肥为主,并加大肥水量及肥水次数。

(三)结瓜管理

首先要及时疏除雄花和畸形瓜,避免耗费营养。用专用药剂进行抹瓜时,在瓜条两侧对称涂抹,药剂浓度要严格控制,切忌滴在瓜秧上造成药害。抹瓜一定要在晴天进行,一般选在下午,以抹瓜后温度逐渐下降为宜。

根瓜宜疏去或早收避免坠秧,其他瓜条也要及时采收,防止瓜大坠秧。在植株长势正常情况下,按月份,可采用3—2—2—3—4的单株留瓜模式合理留瓜,即12月份3条、1月和2月份2条、3月份3条、4月份以后4条。

第三节　甜瓜栽培技术

甜瓜,别名香瓜,主要起源于我国西南部和中亚地区,属葫芦科一年生蔬菜。

一、生物学特性

(一)植物学特性

1. 根

甜瓜根系分布深而广,主根深约1 m,侧根水平伸展2～3 m,

主要分布在 20～30 cm 的耕作层中。甜瓜根木质化程度高，育苗时需护根。

2. 茎

茎蔓生，具有较强的分枝能力，自然状态下主蔓生长不旺，侧蔓异常发达，长度常超过主蔓。茎圆形，有棱，具有短刚毛。卷须不分叉，主要靠子蔓和孙蔓结瓜。

3. 叶

叶片为近圆形或肾形，少数为心脏形、掌形。叶片不分裂或浅裂，厚皮甜瓜叶为浅绿色，薄皮甜瓜叶为深绿色。叶片正反面均长有茸毛，叶背面叶脉上长有短刚毛。叶缘呈锯齿状、波纹状或全缘状，叶脉为掌状网纹。

4. 花

花单性或两性，以雄花、两性花同株为主要的性型，雌花常为两性花，多着生在子蔓或孙蔓上。

5. 果实

果实由果皮和种子腔组成。果皮由外果皮、中果皮和内果皮构成，外果皮有不同程度的木质化，随着果实的生长和膨大，木质化多的表皮龟裂形成网纹；中果皮和内果皮无明显界限，均由富含水分和可溶性固形物的大型薄壁细胞组成，为甜瓜的主要可食部分。

6. 种子

薄皮甜瓜种子较小，千粒重 5～20 g；厚皮甜瓜种子较大，千粒重可达 30～80 g。甜瓜种子寿命 5～6 年。

(二)生长发育周期

1. 发芽期

种子萌动至子叶展平为发芽期。在 25～30℃的条件下，需要

10 d 左右。此期主要依靠种子贮藏的营养进行生长，地上部干重的增长量很小，胚轴是生长的中心，根系生长很快。栽培上要求光照充足、温度稍低和较小的湿度，以防下胚轴徒长，形成高脚苗。

2. 幼苗期

从子叶平展到 5～6 片真叶（团棵）展开为幼苗期，历时 30 d 左右。此期地下部根系迅速增长，次生根形成庞大的吸收根群，地上部干、鲜重及叶面积增长量小。幼苗的各叶腋间均有小叶、侧蔓、卷须和花芽的分化。

3. 伸蔓期

幼苗由团棵期到坐果节位雌花开放，需 20～25 d。幼苗节间迅速伸长，植株由直立生长转为匍匐生长，标志着植株进入旺盛生长时期。地上部营养器官进入快速旺盛生长阶段，主蔓开始迅速伸长，第一至第三叶腋开始萌发侧蔓，与主蔓同时生长。此期以营养生长为中心，栽培上要"促控"结合，在保证叶、蔓、根生长的基础上，及时转向开花结果。

4. 结果期

从雌花开放到果实生理成熟为结果期，需要 30～90 d。结果期又可划分：为坐果期，指坐果节位雌花开放至幼果坐住，约 7 d；盛果期，指果实旺盛生长开始到果实停止膨大为止，是果实生长中心，光合产物主要供应果实生长，无果侧蔓的光合产物更多地输入有果侧蔓；果实生长后期，指果实定个到生理成熟，此期果实的重量和体积增加不大，以果实内含物的转化为主，果皮呈现出本品种特有的颜色和花纹，果实内糖分增加，肉色转深而达到生理成熟，散发出各种香味，种子充分成熟并着色。

（三）对环境条件的要求

1. 温度

甜瓜喜温耐热，生育适温 25～35℃。种子发芽的适宜温度为

30～35℃，最低温度为15℃。幼苗期适温20～25℃，10℃时停止生长，7.4℃时发生冷害。茎叶生长适宜日温25～30℃，夜温16～18℃，长时间13℃以下或40℃以上生长发育不良。根系生长适温22～25℃，最低温度为8℃，根毛发生的最低温度为14℃。果实发育适温为28～30℃，昼夜温差13℃以上为宜。从种子萌发到果实成熟，全生育期所需大于15℃有效积温为：早熟品种1 500～1 750℃，中熟品种1 800～2 800℃，晚熟品种在2 900℃以上，其中结果期所需积温占全生育期40%以上。

2. 光照

甜瓜喜光，光饱和点为55～60 klx，光补偿点为4 klx。厚皮甜瓜喜强光，耐弱光能力差，而薄皮甜瓜则对光照强度的适应范围广。光照时数影响性型分化，每天光照12 h，植株分化的雌花最多；光照14～15 h，侧蔓发生早，植株生长快；光照不足8 h，生长发育受影响。甜瓜植株发育期对日照总数的要求因品种而异，早熟品种要求日照总时数1 100～1 300 h，中熟品种在1 300～1 500 h，晚熟品种在1 500 h以上。

3. 水分

甜瓜根系发达，吸收水分的能力强，叶片被有茸毛，耐旱能力强。因植株茎叶生长较快，果实硕大，需水量多。0～30 cm土层适宜的土壤含水量，苗期和伸蔓期为70%，开花结果期为80%～85%，果实成熟期为55%～60%。土壤含水量低于50%则植株受旱，尤其前期供水不足影响营养生长和花器的发育，雌花蕾小，影响坐果；而土壤过湿，则易发生营养生长过旺、推迟结果、沤根等现象。果实形成期需水最多，但土壤水分过多，延迟果实成熟和降低果实的含糖量、风味和耐贮性。甜瓜要求空气干燥，适宜的空气相对湿度为50%～60%。空气潮湿则生长势弱、坐果率低、品质差、病害重；空气湿度过低，则影响营养生长和花粉萌发，受精不正常，造成子房脱落。

4. 土壤与营养

甜瓜对土壤的适应性较广,但以 pH 7～7.5、土层深厚、排水良好、肥沃疏松的壤土或沙壤土为好。甜瓜的耐盐碱性较强,幼苗能在总盐碱量 1.2%的土壤中生长,但以土壤含盐碱量在 0.74%以下为宜,生长好,品质好。甜瓜忌连作,应实行 4～6 年的轮作。甜瓜的需肥量较大,每生产 1 000 kg 果实需氮 2.5～3.5 kg、磷 1.3～1.7 kg、钾 4.4～6.8 kg,磷肥可以促进根系生长和花芽分化,提高植株的耐寒性,钾肥可以提高植株的耐病性。甜瓜的各个生育期对营养元素的要求不同,应根据植株的生育期和生长状态追肥,基肥以磷肥和农家肥为主,苗期轻施氮肥,伸蔓期适当控制氮肥、增施磷肥,坐果后以速效氮肥、钾肥为主。

二、育苗

(一)播种时间

温室越冬一大茬,一般 10 月上旬～10 月下旬播种;温室冬春茬,11 月下旬～12 月上旬播种;加苫中棚春提前茬,1 月上旬播种;塑料大棚春提前茬,1 月中下旬播种;春季露地或地膜覆盖茬,3 月中下旬播种;塑料大棚秋延后茬,6 月上旬～7 月上中旬播种。

(二)育苗方法

参考黄瓜育苗技术,采取嫁接法育苗。

三、定植

(一)定植前准备

施肥整地:基肥以优质有机肥为主,每 667 m^2 施优质有机肥 5 000 kg+不含氯三元素复合肥(N∶P∶K=15∶15∶15)20 kg。

有机肥撒施，化肥沟施或撒施。保护地栽培(含日光温室、加苫中棚、塑料大棚，以下同)，按行距 80～100 cm，做高垄，垄高 20～25 cm，垄上覆地膜。露地栽培，可起高垄，方法同保护地，也可平垄栽培。

提早扣棚升温：保护地栽培的扣棚时间与定植时间要相距 30 d 以上。在定植前地温要达到 12℃以上，方能定植。

棚室消毒：定植前 5～7 d 进行棚室消毒。

水肥管理：保护地栽培，定植前 5～7 d 浇透水；露地栽培，定植前 2～3 d 浇透水。待水下渗，定植前做一次垄台找平。

(二)定植时间

温室越冬一大茬，定植时间 11 月上中旬～11 月下旬；加苫中棚春提前茬，定植时间次年 1 月下旬～2 月上旬；塑料大棚春提前茬，定植时间 2 月下旬～3 月上中旬；春季露地或地膜覆盖，定植时间 4 月中下旬；塑料大棚秋延后茬，定植时间在 7 月下旬～8 月上旬。

(三)定植密度

日光温室和加苫中棚栽培，每亩定植 2 800～3 200 株；塑料大棚栽培，每亩定植 2 200～2 500 株；露地栽培，每亩定植 1 400～1 600 株。

(四)定植方法

采用水稳苗的方法定植。在做好的垄背上开沟，摆苗坨，水下渗后封苗坨，封坨时土坨与垄面持平(嫁接苗的切口不能埋入土中)，在吊蔓前盖好地膜。也可以先将地膜覆盖好，后打孔，再定植。

四、田间管理

(一)温度管理

定植至缓苗：白天气温 30～35℃，夜间不低于 15℃。

缓苗后至瓜定个前：白天气温 25～30℃，夜间不低于 12℃。

定个至成熟：白天气温 25～35℃，夜间不低于 13℃。

（二）光照管理

1. 棚膜选择

日光温室选择透光率好、保温效果好的聚氯乙烯无滴膜，加苫中棚和塑料大棚膜选择保温、防老化、无滴效果好、透光率高的 EVA 薄膜，如果棚内吊 1～2 层内膜，则选择含有无滴剂超薄膜。

2. 增加光照时间及强度

在能够保持温室内温度的情况下，早揭晚盖草苫等保温覆盖设施。在保证棚内温度的条件下，要及时逐层撤掉棚内张挂的保温用的内膜。

（三）浇水

1. 保护地浇水

定植后 7 d，浇一次缓苗水，直到开花前不再浇水。当第一茬瓜 80％长至直径 4～6 cm 时，浇膨瓜水。从膨瓜到成熟应根据土壤墒情、植株长势，适量浇水，切忌忽干忽湿，采收前 7～10 d 停止浇水。第二茬和第三茬瓜依照第一茬瓜浇水。

2. 露地栽培浇水

在底墒好的情况下，苗期一般不浇水，开花前控制浇水，若遇天气干旱、土壤墒情不足时可浇一小水。结果期浇膨瓜水，果实成熟前 7～10 d 停止浇水。

（四）追肥

1. 保护地追肥

开花前，每 667 m^2 随水冲施不含氯三元素复合肥（N∶P∶K＝16∶6∶24）3 kg。当第一茬瓜 80％长至直径 4～6 cm 时，每

667 m² 施不含氯三元素复合肥(N∶P∶K=16∶6∶24)9 kg。从膨瓜到成熟应根据土壤墒情、植株长势,适量追肥,采收前 30 d 停止追肥。第二茬和第三茬瓜参照第一茬瓜施肥。结瓜期视长势情况,用 0.2%的磷酸二氢钾喷施 1~2 次。

2. 露地栽培追肥

在施足底肥的基础上,追肥 2 次。第一次是苗期的提苗肥,每 667 m² 穴施不含氯三元素复合肥(N∶P∶K=15∶15∶15)10 kg;第二次在坐瓜后,每 667 m² 行间沟施不含氯三元素复合肥(N∶P∶K=16∶6∶24)10 kg。

(五)植株管理

1. 保护地吊蔓与整枝

定植后 5~7 片真叶时,用胶丝绳将主蔓吊好,并随植株生长随时在吊线上缠绕。第 4 片叶以下长出的子蔓全部去掉。第一茬瓜从第 5~9 片真叶长出的子蔓上留瓜 4~5 个,瓜后茎叶摘除,主蔓长至 25~30 片真叶时去掉生长点;第二茬瓜从第 20 片叶节位以后的侧蔓上开始留 3~4 个,瓜后茎叶摘除;第三茬瓜在孙蔓上留 2~4 个,瓜后茎叶摘除。及时摘除病叶和老化叶。

2. 露地栽培吊蔓与整枝

单蔓整枝,用于极早熟品种,在主蔓 5~6 片叶时摘心,放任结瓜,在主蔓和子蔓上均可坐瓜;双蔓、三蔓整枝,在主蔓 3~5 片叶时摘心,选留 2~3 条生长健壮的子蔓,在子蔓或孙蔓上结瓜。子蔓、孙蔓瓜前留 2~3 片叶摘心。及时摘除病叶和老化叶。

3. 保花保瓜

用熊蜂授粉或用人工辅助授粉的方法保花保瓜,如雄花对雌花等。

4. 疏瓜

在膨瓜肥水后,当 80%瓜长至直径 4~6 cm 时,要根据植株长势和单株上下瓜胎大小的排列顺序、瓜胎生长正常程度，进行疏瓜。疏掉畸形瓜、裂瓜及个头过大或过小的幼瓜，保留个头大小一致、瓜型周正的幼瓜。第一茬瓜留 3～4 个，第二、三茬瓜留 2～3 个。

5. 除草

出苗后及结瓜后期结合植株管理，人工拔出杂草。

五、采收

在接近成熟期时，检测 1～2 个瓜，发现达到成熟度时，即可进行采收。

第四节　瓜类蔬菜病虫害防治技术

瓜类蔬菜病虫害防治坚持“预防为主，综合防治”的植保方针，根据有害生物综合治理的基本原则，采用以抗(耐)病虫品种为主，以栽培防治为重点，生物(生态)防治与物理、化学防治相结合的综合防治措施。

一、农业防治

选用抗病良种，培育无病壮苗，加强栽培管理，培育健壮植株，清洁田园。降低虫源数量，实行轮作、换茬，采用豆科—甜瓜、叶菜—甜瓜、甜瓜—茄科等轮作换茬，减少中间寄主或初浸染源，创造适宜的生育环境条件，妥善处理废弃物，降低病源和虫源数量。

二、物理防治

黄板：每 20 m^2 悬挂 20 cm×20 cm 黄板一块，诱杀蚜虫、白粉虱。

防虫网:温室放风口处铺设防虫网,规格为40目以上。

杀虫灯:每2 hm^2 挂设杀虫灯一盏。

三、生物防治

利用天敌诱杀害虫,每667 m^2 用30～50袋天敌捕食螨捕食红蜘蛛、蓟马等。

四、化学防治

主要虫害有蚜虫、红蜘蛛、潜叶蝇等,主要病害有白粉病、霜霉病、病毒病、炭疽病、细菌性角斑病等。防治方法如下:

(一)蚜虫

用70%吡虫啉可湿性粉剂喷雾,3%阿维菌素喷雾,20%复方浏阳霉素或3%除虫菊素微囊悬浮剂喷雾,同时应加入预防病毒病的药物。

(二)潜叶蝇

用潜叶蝇专用药剂灭蝇胺喷雾,喷施时间应选在午间温度较高的时间段。

(三)霜霉病

主要在叶片正面形成规则的黄色、多角形病斑,在病斑的背面产生白色或紫灰色霉层。目前市场上防治霜霉病的药物有很多种,效果较好的有烯酰吗啉、安泰生、甲霜锰锌等。

生产上可采用高温闷棚法防治霜霉病。在保证棚内湿度的情况下,选择晴天中午密闭温室或大棚,棚温上升至42℃,维持2 h,可以控制病情7～10 d。

(四)细菌性角斑病

角斑病的病斑受叶脉限制呈多角形,黄褐色,湿度大时,叶背面病斑上产生乳白色黏液或白色粉末状物，病斑后期质脆、易穿孔。注意：细菌性病害与真菌性病害的主要区别是有脓状物，严重时有特殊气味。药物防治时需采用细菌性杀菌剂，并且最好不与真菌性药剂混用，防治药物有噻菌铜、春雷·王铜、可杀得叁仟、农用链霉素等。

（五）白粉病

发病初期，叶片正面或背面产生白色近圆形的小粉斑，逐渐扩大成边缘不明显的大片白粉区，布满叶面，好像撒了层白粉。抹去白粉，可见叶面褪绿、枯黄变脆。白粉病侵染叶柄和嫩茎后，症状与叶片上的相似，只是病斑较小、粉状物也少。发病严重时，叶面布满白粉，变成灰白色，直至整个叶片枯死。一般进入4月份后易发白粉病，此时应控制棚内湿度，早放风、晚排风，排出棚内湿气。同时可叶面喷施益微、碧护或叶面肥，使植株健壮，减少病害发生。药剂防治可选用50％粉锈扫净、多抗霉素、硝苯菌酯、苦参碱等喷雾。

（六）灰霉病、病毒病

参考茄果类病虫害防治技术。

第四章　叶菜类蔬菜栽培技术

第一节　结球白菜栽培技术

结球白菜俗名大白菜、包心菜，属十字花科两年生蔬菜，起源于温带，喜冷凉气候，耐热性差。在阶段发育上要求低温通过春化阶段，长日照通过光照阶段。

一、生物学特性

（一）植物学特性

1. 根

结球白菜为浅根性直根系蔬菜，根系较发达，但多为水平生长，形成发达的网状根系，主要根群分布在距地表 30 cm 的耕作层中。

2. 茎

结球白菜营养生长时期，茎部短缩肥大，直径 4～7 cm。在春播和秋播条件下，短缩茎的长短与冬性强弱负相关，即短缩茎越长冬性越弱，而短缩茎的粗细与单株产量正相关，这可作为评价品种冬性强弱和个体产量的参考数据。进入生殖生长时期，短缩茎顶部抽生花茎，高 60～100 cm，下部分枝长，上部较短，使植株呈圆锥形。

3. 叶

结球白菜一生先后发生下列各类叶，且形态各异。①子叶两枚，对生，肾形或倒心形，有叶柄，叶面光滑；②基生叶(又称初生叶)，两枚，对生于茎基部子叶节以上，与子叶垂直成十字形，叶片为长椭圆形，有明显的叶柄，无叶翅；③中生叶，着生于短缩茎中部，包括幼苗叶和莲座叶，叶互生，叶片宽大，有明显叶翅，无明显叶柄；④顶生叶，着生在短缩茎顶端，互生，形成巨大的叶球，叶球抱合方式有褶抱、叠抱、拧抱 3 种；⑤茎生叶，进入生殖生长期后着生在花枝上，互生，叶腋间发生分枝。花茎基部叶片宽大，上部的叶片渐窄小，叶面光滑有蜡粉，具扁阔叶柄，基部抱合。

4. 花

总状花序，完全花。花萼、花瓣均为 4 枚，花黄色或淡黄色，十字形排列，属异花授粉作物。

5. 果实与种子

果为长角荚果。授粉受精后 30～40 d 种子成熟。种子球形而微扁，有纵凹纹，褐色或红褐色，千粒重 2.5～4.0 g。

(二)生长发育周期

1. 营养生长阶段

此阶段主要形成营养器官，后期开始孕育生殖器官的雏体。

(1)发芽期　从播种、出苗到第一片真叶显露，需 3～4 d，是种子胚长成幼芽的过程，种子吸水膨胀后 16 h，胚胎由珠孔伸出；24 h 后种皮开裂，子叶及胚轴外露；36 h 后子叶开始露出土面；48 h 后胚轴伸出土面。播种后 3 d 子叶完全张开，同时 2 个基生叶显露，俗称“破心”，这是发芽期结束的临界特征。发芽后 4 d 胚根长达 10 cm，但只有根毛没有侧根。

(2)幼苗期　从真叶显露至“团棵”。播种 7～8 d，基生叶生长到与子叶相同大小，并和子叶互相垂直排列成十字形，这一现象称为“拉十字”。接着是植株地上部生长中生叶的第一个叶序而长成幼苗，幼苗叶数因品种而异，或5片或8片。幼苗叶按一定的开展角度规则地排列成圆盘状，俗称“开小盘”或“团棵”，这是幼苗期结束的临界特征。进入幼苗期后根系发展很快。

（3）莲座期　从团棵到完成莲座叶生长，即长成中生叶第二或第三叶环的叶子。早熟品种为18～20 d，晚熟品种需25～28 d。莲座后期发生新的叶原基并长成幼小的球叶。莲座叶全部长大时，幼小的球叶按褶抱、叠抱或拧抱的方式抱合而出现卷心的现象。这是莲座期结束的临界特征。莲座叶发达与否是能否形成硕大叶球的关键。此期根系发展较快，卷心时土面下6～32 cm侧根发达。

（4）结球期　从开始结球到收获，早熟品种25～35 d，晚熟品种40～55 d。此期顶生叶形成叶球，可分为：前期——叶球外层的叶子先迅速生长而构成叶球的轮廓，叶球的外貌已形成，农民俗称“抽桶”或“长框”，这是前期结束的临界特征；中期——“充实型”的类型叶球内的叶子迅速生长而充实内部，俗称“灌心”，直筒类型的内叶不断长出形成叶球；后期——叶球的体积不再增大，只是继续充实内部，这时外叶逐渐衰老，叶缘出现黄色。结球前期根系继续扩大，中、后期停止发展。“抽筒”前在浅土层（20 cm以上）发生大量侧根和分根，出现所谓的“翻根”现象。

（5）休眠期　结球白菜遇到低温时处于被迫休眠状态，依靠叶球贮存的养分和水分生活。在休眠期内继续形成幼小花蕾，为转入生殖生长进行准备。

2. 生殖生长阶段

此阶段生长花茎、花枝、花、果实和种子，繁殖后代。

（1）抽薹期　从返青至开花。经过休眠的种株次年春初开始生长，花薹开始伸长而进入抽薹期。抽薹前期，花薹伸长缓慢，花薹和花蕾变为绿色，俗称“返青”。返青后花薹伸长迅速，同时花薹上生长茎生叶，由叶腋中发生花枝、花茎和花枝顶端的花蕾同时长大。

(2)开花期　结球白菜始花后进入开花期，全株花先后开放。同时花枝生长迅速，逐步形成1次、2次和3次分枝而扩大开花结实的株体。

(3)结荚期　谢花后进入结荚期。这一时期花薹、花枝停止生长，果荚和种子旺盛生长，到果荚枯黄、种子成熟为止。

(三)对环境条件的要求

1. 温度

结球白菜属半耐寒蔬菜，生长适宜的日平均温度为12～22℃，5℃以下停止生长，能耐短期－2℃的低温，－5℃以下则受冻害。有一定的耐热性，耐热能力因品种而异，有些耐热品种可在夏季栽培，光合适温25℃。不同变种或类型对温度的要求不同，散叶变种耐寒和耐热性较强，半结球变种耐寒性强，花心变种则耐热能力较强。

不同生育期对温度有不同的要求。发芽期：要求较高的温度，种子在20～25℃时发芽迅速而强健，为发芽适温。幼苗期：对温度的适应性较强，既可耐一定的低温，又可耐高温，但高温下生长不良，易发生病毒病。莲座期：是形成光合器官的主要时期，以17～22℃为宜，莲座叶生长迅速强健，温度过高莲座叶徒长孱弱，易发生病害，温度过低则生长缓慢而延迟结球。结球期：是产品形成期，适宜温度为12～22℃，一定的温差有利于养分积累和产量的提高。休眠期：为使呼吸作用及蒸腾作用降低到最小限度，以减少养分和水分的消耗，以0～2℃为最适宜，低于－2℃发生冻害，5℃以上容易腐烂。抽薹期、开花期和结荚期：月均温17～20℃为宜，15℃以下不能正常开花和授粉、受精，30℃以上的高温使植株迅速衰老，不能充分长成种子，在高温时还可能出现畸形花，不能结实。总之，结球白菜在营养生长时期温度宜由高到低，而生殖生长时期宜由低到高。

结球白菜属萌动种子春化型，所需低温程度及其持续时间因品种而异，一般在 3℃条件下 15～20 天就可以通过春化阶段。

2. 光照

结球白菜是要求中等光强的作物，光补偿点约为 1.4 klx，饱和光强为 53 klx。结球白菜属长日植物，低温通过春化阶段后，需要在较长的日照条件下通过光照阶段，进而抽薹、开花、结实，完成世代交替。

3. 矿质营养

结球白菜以叶球为产品，需氮肥较多，氮素供应充足时光合速率提高，可促进生长、提高产量。但是，氮素过多而磷、钾不足时植株徒长，叶大而薄，结球不紧，且含水量多，品质与抗病力下降。磷能促进叶原基的分化，使叶数增多，从而增加叶球产量。钾促进光合产物向叶球运输，钾肥供给充足时，叶球充实，增加产量，提高品质。据试验，每生产 1 000 kg 鲜菜约吸收氮 1.861 kg、磷 0.362 kg、钾2.83 kg、钙 1.61 kg、镁 0.214 kg，其比例为 5：1：7.8：4.5：0.6。微量元素中需铁最多。结球初期功能莲座叶内氮、磷、钾含量与结球白菜的产量由显著的正相关关系，即莲座叶内的氮、磷、钾含量越高，其产量就越高。

结球白菜生长前期需氮较多，后期需磷、钾相对较多，生产上要依据这一规律进行合理施肥。生长期间缺氮时全株叶片淡绿色，严重时叶黄绿色，植株停止生长。缺磷时植株叶色变深，叶小而厚，毛刺变硬，其后叶色变黄，植株变小。缺钾时外叶边缘先出现黄色，渐向内发展，然后叶缘枯脆易碎，这种现象在结球中后期发生最多。缺铁时新叶显著变黄，株形变小，根系生长受阻。缺钙时新叶边缘不均匀地褪绿，逐渐变黄、变褐直至干边，称为“干烧心”。在生长盛期缺硼常在叶柄内侧出现木栓化组织，有褐色变为黑褐色，叶片周边枯死，结球不良。

4. 水分

结球白菜叶面积大，角质层薄，蒸腾量大。水分对光合作用、矿质元素吸收、叶片水势、叶面积、植株重量的影响很大，生长期间如果供水不足会使产量和品质大幅度下降。不同生育期对土壤水分的要求不同，幼苗期因气温和地表温度较高，要求土壤相对含水量90%以上，以降低地温，莲座期要求80%，而结球期则以60%～80%为宜，只有满足各期的水分要求才能获得高产。

5. 土壤

结球白菜对土壤的适应性较强，但以肥沃、疏松、保水、保肥、透气的沙壤、壤土及轻黏土为宜。在轻沙土及沙壤土中根系发展快，幼苗及莲座期生长迅速，但因保肥和保水力弱，到结球期需要大量的养分和水分，如不能保证，会导致生长不良、结球不坚实、产量低。在黏重的土壤中根系发展缓慢，幼苗及莲座叶生长较慢，但到结球期因土壤肥沃及保水肥力强，容易获得高产，不过产品的含水量大、品质较差，软腐病较重。

二、茬口安排

不同的栽培方式，其茬口安排见表4-1。

表4-1　结球白菜茬口按排

栽培方式	播种期(月/旬)	定植期(月/旬)	收获期(月/旬)
春季露地	3/中下～4/上	4/中下	5/下～6/上
	4/中下	—	6/上中
夏季露地	5/上～6/上	5/下～6/下	7～8
秋季露地(早熟)	7/中下～8/上	—	9/下～10/下
	7/中下～8/上	8/中下	9/下～10/下
秋季露地(晚熟)	8/上	—	11/上
	8/上	8/下	11/上

三、播种与育苗

(一)品种选择

选择优质、高产、抗病一代杂种,同时应根据不同栽培季节选择相适宜的品种。春播选择晚抽薹的一代杂种,如京春王、京春绿、京春旺、春绿1号等。夏播选择耐热的一代杂种,如京夏王、京夏56号、津夏2号等。秋季早熟栽培选择中白65、中白76、京秋56号、京翠55号。秋季晚熟栽培选择耐贮的一代杂种,如中白85、中白114、北京新3号、秋绿80、多抗3号等。

(二)整地、施肥、做畦

将前茬作物清理干净,每亩施入腐熟有机肥5 000 kg,过磷酸钙20～30 kg,草木灰100 kg。深翻整平后,做成距离为55 cm、高15 cm的高垄。

(三)种植方式

1. 直播

采用条播方式,按预定的行距开1.5 cm深的浅沟,将种子均匀撒在沟内,然后覆土镇压,每667 m^2用种子250 g左右。

2. 育苗移栽

育苗床土可直接使用成品基质,也可自制育苗土。自制育苗土配制方式如下:选用园土或大田土,与充分腐熟的优质有机肥按4∶6的比例充分混匀,床土加氮磷钾比例为15∶15∶15的复合肥1.5 kg/m^3,加安泰生100 g或益维菌剂150 g,与床土混匀后盖上薄膜闷5～7 d,揭膜后晾3～5 d可安全播种。育苗畦做成1.5 m宽的平畦。

3. 播种、间苗

育苗畦采用撒播方式,将种子均匀撒在畦面上,然后覆土镇压，出苗后立即间苗，以防止拥挤徒长。第一次间苗在子叶长足时，第二次间苗在具2～3片真叶时，按每6～7 cm见方留苗1株，以便移栽时切坨。育苗播种时间应比直播早3～4 d。

4. 移栽

移栽幼苗不宜过大，在5～6片叶时进行移栽，移栽前一天应先在育苗畦内浇水，第二天起苗，挖苗时要带6～7 cm见方的土坨，以减少根部损伤。定植时先用花铲在定植畦内按规定株距挖穴，把幼苗栽在穴内，随即覆土封穴，栽后立即浇水，隔天再浇一水，以利缓苗，待土壤适耕时及时中耕松土。

四、田间管理

（一）间苗、补苗、定苗

为防止幼苗拥挤徒长，直播结球白菜要及时间苗，分别在拉十字和长有2～3片叶、5～6片叶时进行。当幼苗生长到16～20 d达到团棵阶段时，按预定株距定苗。株距依品种、水肥条件而定，大约50 cm，大型种大一些，小型种小一些。发现缺株要补苗，补苗要趁浇水或下雨之机。

（二）中耕、培土、除草

这几项工作要结合间苗进行。中耕分别在第二次间苗、定苗和莲座中期，按照“头锄浅、二锄深、三锄不伤根”的原则进行，高垄栽培的要遵循“深榜沟、浅榜背”要求。结合中耕除草，要进行培土，培土就是将锄松的沟土培于垄侧或垄面，以保护根系，使垄沟畅通。

（三）水肥管理

1. 发芽期

要做到“三水齐苗”。所谓“三水齐苗”，是指播种当天浇一水，顶土浇二水，出齐浇三水。倘若播后遇阴雨天，也可以少浇或不浇。三水的目的一为种子出土，二为降温防病。

2. 幼苗期

幼苗期从真叶出现到8片新叶形成止，17～20 d。需根据气候变化，及时供给足够的水分和养分。在间苗和定苗后浇第四、五次水。浇水次数应根据气候和土壤墒情而定，旱年还需多浇几次水。结合浇水追施提苗肥，每667 m^2 追施尿素10 kg。化肥应在距根5 cm远的地方挖沟埋施，施后立即浇水。

3. 莲座期

莲座期从第9片叶出现到第24片叶形成止，25～27 d。浇水要适当控制，尽量做到土壤“见干见湿”。莲座中期可浇一次大水，然后深中耕（第三次中耕），再控水蹲苗15 d。莲座期每667 m^2 可追施复合肥15 kg。

4. 结球期

结球白菜结球期长达45 d左右，该期又分为前、中、后三期。前期外层球叶生长构成叶球轮廓，称为“抽桶”或“长框”，约15 d；中期内层球叶生长以充实叶球，称为“灌心”，约15 d；后期外叶养分向球叶转移，叶球体积不再扩大，继续充实叶球内部，约15 d。结球白菜全部产量的三分之二是在该期形成的。

5. 浇水

重点在结球前期和中期，即所谓“抽桶”和“灌心”阶段。当植株进入结球前期时，要结束蹲苗，先浇一次小水，称为缓冲水，过3～4 d再灌一次大水。及时浇第二次水就可避免表土龟裂，拉断根系。以后每隔7～8 d浇一次水，结球后期天气渐凉，可10 d浇一次水，砍菜前4～5 d停止浇水。结球期浇水量要大，顺垄沟浇，均匀一致，不可大水漫灌。

6. 追肥

在蹲苗结束进入结球前期，每 667m^2 追施生物菌肥 5 kg，之后每次随水冲施氨基酸生物肥 200 g，并结合叶面喷施 300 倍氨基酸液肥。

五、采收、包装、贮运

及时采收，夏季栽培要防治抽薹，秋季晚熟栽培要防止发生冻害。包装及贮藏运输符合通用准则。

第二节　甘蓝栽培技术

一、生物学特性

（一）植物学特性

1. 根

圆锥根系，主根基部肥大，能生成许多侧根，在主、侧根上常发生须根，形成较密集的吸收根群，其主要根群分布在 30 cm 的耕层中，横向伸展半径 80 cm。抗旱能力不强，适宜育苗移栽。

2. 茎

茎可分为营养生长期的短缩茎和生殖生长期的花茎。短缩茎有在叶球外着生外叶的外短缩茎和叶球内着生球叶的内短缩茎之分。内短缩茎越短，叶球抱合越紧密，冬性也较强。植株通过春化后抽生花茎，花茎高大，可生分枝，主侧枝上形成花序。

3. 叶

甘蓝的叶片在不同时期形态不同：基生叶和幼苗叶具有明显叶柄；莲座叶叶柄逐渐变短，甚至无叶柄，开始结球。初生叶较小，倒卵圆形，中晚熟品种的叶柄明显，叶缘有缺刻，随着生长，逐渐长出较大的中生叶，即莲座叶，是主要的同化器官。根据叶的形态可判断出品种特征、生长进程，一般在莲座末期出现结球姿态。叶色由黄绿、深绿至蓝绿。叶面光滑，叶肉厚，覆有灰白色蜡粉，可减少水分蒸腾，抗旱和耐热能力较强。

4. 花

花为淡黄色，复总状花序，完全花，萼片、花瓣为 4 瓣，花粉及柱头的活力以开花当天最强。柱头在开花前 6 d 和开花后 2～3 d 有受精能力，花粉在开花前 2 d 和开花后 1 d 均有活力。异花授粉作物，自然杂交率可达 70%，自交常产生不亲和现象。

5. 果实和种子

果实为长角果，圆柱形，表面光滑，内有隔膜，种子着生在隔膜两侧。授粉后 40～55 d 种子成熟，成熟种子为红褐色或黑褐色，圆球形，无光泽，千粒重 3.3～4.5 g，在自然条件下，北方干燥地区种子使用年限为 2～3 年。

（二）生长发育周期

结球甘蓝为 2 年生植物。第一年形成叶球，完成营养生长。经过冬季强制休眠后，第二年春、夏季开花结实，完成生育周期。

1. 发芽期

从播种到第一对基生叶展开形成十字形为发芽期。发芽期长短因季节而异，夏、秋季 10～15 d，冬、春季 15～20 d。

2. 幼苗期

从基生叶展开到第一叶环形成并达到团棵，即早熟品种 5 片叶、中晚熟品种 8 片叶展平。夏、秋季育苗需 25～30 d，冬、春季育苗需 40～60 d。

3. 莲座期

形成第二叶和第三叶环，到开始结球。所需天数因品种而异，早熟品种约 25 d，晚熟品种约 35 d。

4. 结球期

从心叶开始包心到叶球形成，早熟品种约需 25 d，晚熟品种需 35～45 d。在正常条下，叶球经过冬贮休眠，翌春转入生殖生长期，依次进入抽薹期、开花期和结荚期，各期分别历时 20～40 d、30～35 d 和 30～40 d。

（三）对环境条件的要求

1. 温度

结球甘蓝喜温和冷凉气候，但对寒冷和高温也有一定的忍耐力。种子在 2～3℃时开始发芽，但极为缓慢，地温升高到 8℃以上幼芽才能出土，18～25℃时 2～3 d 就能出苗。幼苗的耐寒力随苗龄增加而提高，刚出土的幼苗耐寒力弱，具有 6～8 片叶的健壮幼苗能耐较长时间－2～－1℃及较短期－5～－3℃的低温，经低温锻炼的幼苗可耐极短期－10～－8℃的严寒；幼苗也能适应 25～30℃高温。莲座叶可在 7～25℃生长，温度超过 25℃且土壤潮湿时莲座叶易徒长而推迟结球。高温干旱时，叶形狭长，叶片变小，中肋突出，呈现船底形，影响结球。结球期适温为 15～20℃，中熟品种在 22℃也能结球，温度过高，呼吸消耗增加，物质积累减少，致使叶片生长不良，不易结球或叶球松散。较大的昼夜温差有利养分积累和叶球充实。球叶生长适温为 13～18℃，10℃左右仍可缓慢生长，成熟叶球有一定的耐寒力，早熟品种可耐短期－5～－3℃，中晚熟品种能耐短期－8～－5℃的低温。抽薹开花期的抗寒力很弱，10℃以下影响正常结实，花薹遇－3～－1℃的低温受冻。

2. 水分

结球甘蓝的根系分布浅，且叶片大，而蒸腾量大，因此要求较湿润的栽培环境，对土壤湿度要求比较严格。在80%～90%的相对空气湿度和田间最大持水量的70%～80%时生长良好。空气干燥、土壤水分不足时，植株生长缓慢，包心延迟，加之温度高时易引起基部老叶干枯脱落，茎秃露，叶球小而疏松，严重时不能结球。结球期需水量更大，根系吸水量大，向上运送水分也快。但是如果雨水过多，土壤排水不良，往往使根系因渍水而变褐死亡。

3. 光照

甘蓝为长日照植物，在通过春化前，长日照有利于植株生长。甘蓝光照适应范围较广，光饱和点为80 klx，光补偿点为2.6 klx。所以在阴雨天多、光照弱的南方和光照充足的北方都能生长良好。在高温季节，与玉米等高秆作物间作可适当遮阴降温，可使夏季甘蓝生长良好，比单作提高产量20%～30%。

4. 土壤

结球甘蓝对土壤适应性较强，从沙壤土到黏壤土都能种植。中性到微酸性(pH5.5～5.6)的土壤上生长良好。甘蓝是喜肥蔬菜，对土壤营养元素的吸收量比一般蔬菜多，其吸收比例为$N:P_2O_5:K_2O=3:1:4$。幼苗期和莲座期需氮较多，磷、钾次之；结球期需磷、钾相对增多。营养不足时，植株生长差，外叶光合作用减弱，叶球发育不良，甚至不能结球。氮肥充足，磷、钾配比适当，则净菜率较高；而偏施氮肥，则净菜率较低。此外，钙、镁、硫也是甘蓝生长和叶球发育的必需营养元素，缺钙易引起球叶边缘枯萎而成干烧心。

二、茬口安排

甘蓝属半耐寒且要求中等光照强度的蔬菜，其耐寒性、耐热性、耐旱性、抗病性均比结球白菜强，华北地区春、夏、秋三季均可露地栽培，利用保护措施，也可进行春提前、秋延后栽培。具体栽培茬口见表 4-2。

表 4-2 甘蓝茬口安排

栽培方式	播种期(月/旬)	定植期(月/旬)	收获期(月/旬)
春季露地或地膜覆盖(早熟)	1/上～2/上	3/中下	5/中下
春季露地(中熟)	1/中～2/中	3/下～4/上	6/中下
夏秋季露地	4/上～4/下	5/下～6/上	8/上～9/上
秋季露地	6/中下	7/下～8/上	10/下～11/中

三、甘蓝春季露地栽培

(一)育苗

1. 播期确定

华北地区多行冬季或早春播种。由于春甘蓝幼苗遇长期低温,定植后抽薹率高,影响产量和品质,因此,除选用冬性强的一代杂种外,还应注意安排好播种期,通过播期来控制幼苗在一定大小时越冬。播种过早,越冬幼苗较大,容易通过春化而引起未熟抽薹;播种过晚,虽可避免未熟抽薹,但耐寒性差,成熟也晚。塑料薄膜拱棚育苗约在 1 月上旬,温室育苗推迟到 2 月上旬。

2. 品种选择

选择冬性强,具有早熟丰产特性的一代杂种,如 8389、中甘 11、春甘 2 号等,为了延长春甘蓝供应期,亦可选用部分中熟一代杂种,如庆丰、京丰一号等。

3. 浸种催芽与播种

播前先将种子用 20℃左右温水浸泡 2～3 h,捞出并沥去水分,用干净纱布包好,放在 20～25℃条件下催芽,待种芽露白时播种。播前要准备好育苗畦,每畦施入腐熟的有机肥 100 kg,土肥混匀，整平畦面，然后上底水。水渗后在畦面撒一层过筛细潮土，将催过芽的种子均匀撒播在畦面上，再覆 0.5 cm 厚细潮土，也可播干籽。每 667 m^2 约需种子 50 g。

4. 播后管理

播后要注意苗床保温保湿，以利出苗。为此，苗床上宜覆一层薄膜，出苗后及时放风降温。

冬季播种的，前期应采取控制生长的措施，如苗床保持较低温度，白天 10～15℃，夜间 5℃。控制施肥、浇水，对幼苗进行移植等，避免大苗越冬。当幼苗长至 2～3 片真叶时进行分苗。早春气温转暖时提高床温至 15～20℃，并适当浇水、追肥，促进幼苗生长。即实施"先控后促"的管理措施。

早春播种的，要保持较高床温，白天 15～20℃，夜间 6℃左右，同时要有较好的肥水条件，以促进幼苗生长。2～3 片真叶时，进行分苗。

分苗时采用平畦分苗浇明水或开沟贴苗浇暗水的方法。

无论何时育的苗，定植前都要进行低温锻炼，在不受冻害的情况下，尽量降低温度，以适应定植后春季露地环境。定植前适度囤苗，即在定植前 4～5 d 苗畦浇水，然后带坨挖起，重新码于苗畦内，周围用土弥缝，待定植地整地作畦后，选择无风晴朗天气定植。

（二）定植及定植后管理

1. 定植

（1）定植时期　结球甘蓝根系在地温 5℃时开始活动，而地上部在气温 10℃左右时才开始生长。因此适当提早定植，有利于根系生长。但定植过早，外界气温尚低，缓苗期长，植株在较长低温条件下容易通过春化而抽薹；晚定植虽可减少未熟抽薹，但影响早熟和产值，故以日均温 6℃左右时为定植适期。定植前每 667 m^2 施用腐熟有机肥 4 000 kg。

(2)定植密度　早熟品种 35～40 cm 见方，每 667 m^2 约栽 4 000～5 000 株；中熟品种 50 cm 见方，每 667 m^2 栽 2 500～3 000 株。

2. 定植后管理

(1)缓苗期　定植后，不但气温低，还可能出现晚霜冻害，因此定植后应立即浇水，防止冻害。在施基肥的基础上，随定植水追施少量氮肥，每 667 m^2 施入尿素 10 kg。浇水后要进行中耕，以提高地温加速缓苗。定植初期，会出现紫苗现象，它与早春低温、定植伤根、吸收能力降低有关，紫苗转绿，标志着苗已缓好。

(2)莲座期　此期是外叶生长旺盛时期，需 20～25 d。莲座期根系已完全恢复，吸收能力强，同化面积扩大，心叶分化加快。为使莲座叶壮而不过旺，并加速球叶分化，莲座中期应浇水中耕，蹲苗 10 天左右，当植株叶片蜡粉明显变厚、心叶开始抱合时，结束蹲苗。

(3)结球期　此期需 30～40 d，其生长量约占整个营养生长期的 70%～80%，所以也是需肥水最多的时期。早熟品种在结束蹲苗后结合浇水追施化肥，每 667 m^2 追施复合肥 15 kg，结球中期再追施尿素 10 kg。中、晚熟品种应追施 3 次，总量在 30 kg 左右。同时也可交替追施腐熟的人、畜、禽粪尿，每次每 667 m^2 追施 2 500 kg 左右。

四、甘蓝秋季露地栽培

(一)育苗

1. 播期确定

因结球期常出现阴天或降温天气，影响正常结球，播种期宁可提前，不可错后。一般早熟品种宜在霜冻前 90～100 d 播种，中熟品种则需提前 100～120 d，晚熟品种要提前 120～150 d。

2. 秋甘蓝品种选择

主要选用早中熟一代杂种品种，如8398、中甘8号、秋甘2号等。无霜期较短地区则选用晚熟一代杂种，如晚丰等。

3. 播种及播后管理

(1)播种　秋甘蓝一般露地育苗，育苗期间正值夏季高温多雨季节，因此育苗床应选择通风凉爽、土壤肥沃、排水良好地段。前作收获后及时清除杂草，翻耕细耙，然后作畦。每畦内撒入100 kg有机肥，土肥混匀，搂平浇水。水渗后在畦面撒0.2 cm厚过筛细潮土，然后撒播种子，播后再覆盖0.5 cm厚过筛细潮土。

(2)播后管理　为防止阳光直射和暴雨冲刷，播后应在畦面上搭荫棚。如畦面干旱，在早晚浇水。当幼苗具2～4片真叶后，撤去荫棚。秋甘蓝多采用子母苗直接定植，因此苗出齐后，要进行间苗，苗距6～7 cm。

(二)定植及定植后管理

1. 定植

播后30～40 d，幼苗具6～8片真叶时定植。定植时正值高温季节，土壤水分蒸发量大，选阴天或傍晚进行。定植前一天，苗床要浇透水，挖苗时力求土坨完整，避免过多伤根。因为定植后地温、气温逐渐下降，植株地上、地下生长受到影响，地上部开展度小，比春季定植同品种甘蓝多用10%～20%的苗。

2. 定植后管理

(1)施肥　秋甘蓝生长期的温度由高向低逐渐过渡，幼苗期、莲座期处在高温条件下，结球期则处在温和冷凉气候下，适宜叶球生长，对肥水条件要求也高。定植前要施足有机肥，每667 m^2施肥量应不少于3 000～4 000 kg。此外，在莲座期和结球前中期还要分次追肥，追肥可分以下四个时期进行：第一次在幼苗定植后施提苗肥，每667 m² 施尿素5 kg左右；第二次在莲座中期，每667 m² 施复合肥10 kg；第三、四次分别在结球前、中期，每667 m² 施尿素10 kg左右。进入结球期后天气已凉，也可追施腐熟的人、畜、禽粪尿，与化肥交替使用。

(2)浇水　定植后立即灌水，浇足定植水，早浇缓苗水。当肥大的莲座叶形成后要及时蹲苗，控制莲座叶过旺生长，促使球叶分化，及早结球。结球前、中期，配合追肥，适时浇水；结球后期，天气渐凉，要控制浇水。叶球生长完成后，停止浇水，防止叶球开裂。

五、采收、包装

当结球甘蓝形成坚实叶球后及时采收，防止叶球开裂，影响品质。生长期施过化学合成农药的甘蓝，采收前1～2 d必须进行农药残留生物检测，合格后及时采收，分级包装上市。

第三节　韭菜栽培技术

一、生物学特征

(一)植物学特征

1. 根

韭菜根是弦线状肉质须根，着生于短缩茎的基部或边缘，没有主侧根之别。韭菜根除有吸收水分和养分功能外，还具有贮藏养分的作用。根系平均生理寿命为1.5年。多年生植株老根系逐渐衰老死亡，新的分蘖不断形成并发生新根，进行新老根系的更替。随着根茎的上移，新老根系不断更新，俗称“跳根”。因此，在栽培上要注意培土，以防根茎露出地面。

2. 茎

韭菜茎分为营养茎和花茎两种。营养茎位于地下，花茎生于地上。一二年生的韭菜营养茎成扁圆锥体，称为“茎盘”。茎盘顶端中心着生顶芽，周围为叶鞘，下部生根。随着植株年龄的增长和逐年分蘖，营养茎形成杈状分枝，称为“根状茎”。根状茎不断地向地表延伸，分蘖后的根茎成为杈状。2～3 年生的老根茎丧失生理机能，大部分解体烂掉。当株体长到一定大小，具有一定的营养生长基础，经过低温和长日照后，通过阶段发育，顶芽便可分化出花芽而抽生出花茎，花茎顶端着生伞花序而开花结实。韭菜分蘖属于营养生长范畴，是更新复壮的主要形式。最初在靠近生长点的上位叶腋生成蘖芽，蘖芽初期和原植株在同一叶鞘中，由于蘖芽随植株的生长而增粗，从而胀破原叶鞘成为独立的植株。多数品种在播种后 3～4 个月长出 5～6 片叶时开始分蘖。分蘖的多少和早晚，与品种、植株长势的强弱以及栽培密度等有关。

3. 叶

韭菜叶分为叶片和叶鞘两部分。叶片为条形，呈扁平状，一般为长 30～35 cm、宽 0.4～0.7 cm，深绿色或浅绿色。叶鞘互相合成为茎状，称为“假茎”，长约 6～10 cm。韭菜成株叶片有 10～11 片，叶生长在茎盘上，高温、强光、干旱及氮肥缺少情况下韭菜叶片纤维硬化，组织粗糙，品质低下；温度合适、光照较弱、肥水供应充足时，韭菜鲜嫩，品质较好。

4. 花

2 年生韭菜进入生殖生长阶段，顶芽发育成花芽，每年可抽生花薹。花薹呈绿色，是食用器官之一。花薹顶端着生 1 个锥形花苞，苞内为伞形花序，花序上着生小花 20～30 朵，属两性花，花冠白色。异花授粉，虫媒花。

5. 果实和种子

果实为蒴果，分成 3 室，每室有种子两粒，成熟时易脱落。种子盾形，表皮黑色而有细密的皱纹，韭菜种颗粒较小，千粒重多为 4～6 g，寿命 1～2 年，生产上主要用当年的新种子。

（二）生长发育周期

韭菜属多年生宿根性蔬菜，可分为营养生长和生殖生长两个发育周期，2 年生以上的韭菜，营养生长与生殖生长交替进行，并表现一定的重叠性。

1. 营养生长时期

（1）发芽期　从种子萌发到第一片真叶长出为韭菜发芽期，这一时期需 10～20 d。根据发芽期长和弓形出土的特点，育苗地应精耕细耙，适当浅播，覆盖细土并尽量保持发芽的适宜温度、湿度等条件，以达到苗全、苗壮的目的。这一时期子叶是依靠种子本身贮藏的营养来维持。

（2）幼苗期　从第一真叶显露到长出第五片真叶，这一时期大部分品种需要 70～80 d 时间，生长速度快的品种只需要 60 d 左右。幼苗期由茎盘基部陆续长出须根，构成须根系，根系生长占优势，地上部生长较为缓慢。该期管理重点是除草，并结合灌水追肥 2～3 次，促进育苗茁壮生长。

（3）营养生长盛期　从长出第五片真叶到花芽分化。若是育苗移栽，经过短期缓苗，植株相继发生新根、新叶，并形成分蘖，叶片迅速生长，生长量增加。自五六叶期开始，腋芽开始萌动形成分蘖，植株经过分蘖，群体数量增多。加强肥水管理是促进分蘖、加大群体、增加植株物质积累、增强越冬能力的关键措施。

（4）越冬休眠期　初冬当月平均气温降到 2℃以下时，叶片和叶鞘中的营养物质开始回流，贮存到叶鞘基部、根状茎和根系中，叶片逐渐枯萎，植株进入休眠状态。休眠期的长短因品种不同而异，一般15～20 d，且北方品种的休眠期稍长。为保证安全越冬和翌年高产，在越冬前应促进植株养分积累，并浇足冻水，确保根株在土壤保护下越冬。

2. 生殖生长期

韭菜属绿体春花作物，当植株长到一定大小积累一定量的营养物质后，才能感受低温通过春化后，进入生殖生长阶段，开始花芽分化、抽薹、开花。

(1)抽薹开花期　从花芽分化到整个花序开花结束为抽薹开花期。韭菜经阶段发育后于夏季进行花芽分化，一般7月下旬～9月份抽薹。韭菜开始抽薹后，营养集中于花薹生长，植株暂停分蘖。生长不良的瘦弱植株不能抽薹，抽薹的韭菜营养生长基本停止。因此对温室生产的韭菜应以养根为主，要及早掐去花薹，减少养分消耗，有利于集中养分养根，保证冬季温室外生产有充足的养分供韭菜生长。韭菜花期较短，但植株间抽薹时间有差异，成片韭菜整体花期可维持月余。

(2)种子成熟期　从开花结束到全花序种子成熟为种子成熟期。种子成熟证明韭菜一个生育周期的结束，这一时期约30 d左右。

(三)对环境条件的要求

1. 温度

韭菜属于耐寒宿根性蔬菜，对温度适应的范围比较广。不同的生育阶段对温度的要求有差异。发芽适温15～18℃，最低温为2～3℃，在低温下发芽速度缓慢。幼苗期生长适温12～18℃，超过25℃时生长缓慢。产品器官形成期适温范围为12～24℃，高于这个温度范围上限，生长逐渐缓慢，品质下降。但在保护地生长因光照较弱，湿度大，白天温度可高达26℃，夜间不低于7℃，叶片能耐－5～－4℃的低温，在－7～－6℃低温环境下叶片开始枯死。

2. 光照

韭菜属于长日照植物，诱导花芽分化、抽薹、开花要求长日照。生长发育期间要求中等强度的光照，具有较强的耐阴性。如果光照过强，生长受到抑制，叶片纤维含量增加，品质下降。如果光照过弱，叶片同化作用减弱，叶片发黄、瘦小、分蘖减少，产量降低。

3. 水分

喜湿的根系和耐旱的叶型决定了韭菜生育期间要求较低的空气湿度和较高的土壤湿度。适宜的空气相对湿度为 60%～70%，土壤湿度为田间最大持水量的 80%～90%。

韭菜种子吸水缓慢，发芽期要求较高的土壤湿度。幼苗期生长缓慢，需水较少。韭菜以嫩叶为产品，水分是决定产量和品质的主要因素，所以在旺盛生长期，尤其是收割期应保证充足的水分，水分不足不仅长势减弱而减产，而且使叶肉纤维增加而影响品质。

4. 土壤和营养

韭菜对土壤的适应性强，无论砂壤土、壤土或黏土均可栽培，但以土壤疏松肥沃、含有机质多、保水保肥能力强的壤土和偏黏土为好。韭菜生长适宜中性土壤，对盐碱性土壤适应性较强，在 0.2%含盐量的土壤中能够正常生长。在酸性土壤中则易出现危害，植株发育不良，叶片生长缓慢而瘦弱，外部叶片枯黄。韭菜对肥料的要求以氮肥为主，配合适量的磷、钾肥。充足的氮肥可使叶片肥大柔嫩，假茎粗壮，叶色鲜绿。钾肥可促进细胞的分裂和膨大，加速糖分的合成与运转。磷肥可促进植株对氮肥的吸收，提高产量和品质。韭菜应注意有机肥的使用，可改良土壤结构，提高土壤透性，促进根系生长，但有机肥必须充分腐熟，以免引发根蛆。

韭菜耐肥力强，对贫瘠土壤也有一定的适应性。1 年生韭菜植株小，耗肥量少；2～4 年生韭菜分蘖力最强，是产量最高峰，应根据收获茬次和产量增施肥料；5 年生以上韭菜，为防止早衰和促进更新复壮，也应加强肥水管理。

二、品种选择

在日光温室韭菜生产中，选择良好韭菜品种至关重要。总体上宜选择产量高、品质好、叶子宽、叶丛直立、回根晚、休眠期短、生长快、抗病、耐低温的品种，主要栽培品种为冬北雪韭、冬韭王、平韭2号等。

三、育苗

（一）种子处理

用50℃的温水浸种12 h，将种子的黏液洗去，16～20℃条件下催芽，每天冲洗1～2次，60％种子露白即可播种。

（二）育苗地块选择

苗床应排水良好，灌溉便利，宜选用壤土和沙壤土，土壤pH在7.5以下。

（三）整地与施肥

深翻整地，每667 m^2 施充分腐熟有机肥7 000 kg。

（四）播种

韭菜春播时间以4月上中旬为宜，要适时早播，播种前开沟，沟宽12 cm，行距15 cm，沟深3 cm，播种时将沟普踩一遍，顺沟浇水，水渗后，将催芽种子混2～3倍沙子撒在沟内，每667 m^2 播种4 kg左右，覆盖细土1.5 cm。种完后盖地膜。

（五）水肥管理

播后15 d左右，韭菜开始出土，约10 d左右可出齐苗，齐苗后揭去地膜，拔出杂草。在幼苗长到4～6片叶，株高10～15 cm时，浇头水。待地干后进行中耕除草，以后每隔10 d左右浇一次水，以土壤见干见湿为宜,中耕松土 2~3 次,以利于根系生长。60 d 左右时,韭菜即可封垄,此时每 667 m^2 施入腐熟农家肥 1 000 kg,在幼苗生长期,应喷施植物农药苦参碱,以防韭蛆发生。

四、定植

(一)定植前准备

温室地块平整及施足底肥。定植前每 667 m^2 温室施优质有机肥5 000~6 000 kg,复合肥 30 kg 作为底肥进行撒施,随后深翻,并将地整平,浇水。定植要安排在凉爽的季节,一般在 9 月上中旬。起苗后,剪去须根,留 2~3 cm,再将叶子先端剪去一段,以减少叶面的蒸腾失水,每 20 株秧苗为一束,按株行距 24 cm×24 cm、深约 3 cm 定植,以叶鞘埋入土中为度。

(二)扣棚及管理

温室栽培于 10 月底前,浇足秋水,待韭菜叶全部枯死后,耧出枯叶,每 667 m^2 施入腐熟农家肥 1 000 kg,然后将地耧平。11 月底到 12 月初,土地封冻 15 cm 左右时开始扣膜,盖一层棉被。扣膜 30~35 d,收割第一茬;进入 1 月份,保持温度在 15℃左右,以利于韭菜正常生长,在春节前后收割第二茬。移栽第一年要以培根壮苗为主,做到夏秋养根,冬春生产,不能过度收割。同时为了避开夏季病虫害易发生的弊端,不生产第三茬。第二茬收割后,停止浇水。加强水肥管理,主要以氮肥为主。韭菜性喜冷凉,生长的适宜温度为 12~24℃。在温室中,由于湿度大、光照弱,会导致韭菜生长过快、叶片细嫩、抗病性下降,因此在生产季内温度过高时要适当进行放风,温棚内要有通风设施。

五、采收

植株高 20~25 cm 时收割,清晨收割,以刚割到鳞茎上 3~

4 cm 黄色叶鞘为好，每 667 m^2 产 1 500 kg 左右。

第四节 芹菜栽培技术

芹菜，别名旱芹，伞形科二年生蔬菜，原产于地中海沿岸的沼泽地带。

一、生物学特征

（一）植物学特征

1. 根

芹菜为浅根性蔬菜，主要根群分布在 10～20 cm 耕层中，横向分布直径为 30 cm 左右。直播芹菜主根较发达，主根受伤后能迅速发生大量侧根，侧根上发生须根，适于育苗移栽。由于芹菜根系浅，吸收面积小，所以既不耐旱又不耐涝，栽培时应注意肥水供应。

2. 茎

芹菜的茎在营养生长阶段呈短缩状，叶片就着生在短缩茎盘上，当茎端生长点分化花芽后，向上延伸形成花薹，花薹上发生多次分枝，每一分枝的顶端形成花序。在栽培中要控制花薹的抽生数量，才能获得品质优良的芹菜。

3. 叶

芹菜的叶为二回奇数羽状复叶，着生在短缩茎上。每株约有叶 7～10 片。叶柄长而肥大，多为 30～100 cm，为主要食用部分。由于品种不同，叶柄颜色呈绿、黄绿、白等颜色，柄心分空、半空和实心等。

4. 花、果实和种子

芹菜的花序为复伞形花序。花白色、较小，虫媒花。果实为双悬果，棕褐色，成熟后裂为两半，果为扁圆形，内含一粒种子，暗褐色，表面有纵纹，果实内含有挥发油，外皮革质，透水性差，发芽慢。种子很小，千粒重仅 0.4～0.5 g，休眠期 5～6 个月，在超过 30℃的条件下种子不易发芽。

(二)生长发育周期

1. 营养生长期

(1)发芽期　从种子萌动到第一片真叶显露。在正常环境条件下，芹菜完成发芽期需 10～15 d。此期主要靠种子贮藏养分生长,但由于种子小,外皮革质,发芽困难,因此保证适宜的温度、水分、空气湿度十分重要。

(2)幼苗期　从第一片真叶出现到四、五片真叶展开。此期约持续 40～50 d。芹菜幼苗生长量小,生长速度慢,尤其根系浅,幼苗极不耐旱,故而需保持土壤湿润,并及时除草。

(3)外叶生长期(叶丛生长期)　从四、五片真叶幼苗移栽到“立心”。这一时期一般需经过 25～40 d,主要以根系的生长及叶片分化为主。芹菜移栽后根系受伤,老叶黄化 1～2 片,由于移栽后营养面积扩大,新生叶片呈斜生状态。随着外叶生长,叶面积增加，群体扩大,心叶开始直立生长,表现为“立心”。此期主要以根系生长及叶片分化为主,促进缓苗是管理的重点,主要以保持土壤湿润为主,但缓苗后应适当控水蹲苗,划锄除草。

(4)心叶肥大期　从心叶开始直立生长到产品收获。高温季节需 30～60 d,冬春季节约 50 d。此期叶面积进一步扩大，叶柄伸长迅速。栽培管理以追肥、浇水为主。

(5)休眠期　收获后在 2～3℃的低温条件下贮藏。强制休眠，通过春化作用，开始转化为生殖生长。

2. 生殖生长期

贮藏芹菜翌春定植（3 月中旬），在 15～20℃和长日照条件下抽薹、开花、结实。

(三)对环境条件的要求

1. 温度

芹菜为耐寒性蔬菜，喜冷凉温和的气候，怕热。最适生长温度为15～20℃。10℃以下生长缓慢，3℃左右时停止生长，0℃以下发生冻害，但幼苗可耐－5～－4℃的低温。种子发芽适温为15～20℃，7～10 d出芽，4℃以下或25℃以上温度对发芽不利。高温对芹菜生长不利，超过22℃生长不良、品质下降，超过30℃叶片黄化，尤其是夜间高温对芹菜生长更不利。昼夜温差5℃利于芹菜生长。芹菜属绿体春化型，幼苗长到3～4片叶后，经10℃以下的低温10～15 d通过春化，然后在长日照条件才能抽薹开花。所以春播芹菜，其育苗播种不能过早。

2. 光照

芹菜属长日照作物，怕强光，能耐荫。中等光照、日照时间短，芹菜生长良好、叶柄长、质地鲜嫩；光照过弱则生长细弱、叶片黄化，影响品质。种子发芽需弱光，在黑暗条件下发芽不良。炎热强光照下育苗，往往出苗差或成苗率很低，须采取遮荫降温措施。

3. 水分

芹菜喜湿润，怕干燥。由于根系浅，吸收能力弱，加之栽培密度大，叶片蒸腾面积大，因而整个生育期对空气湿度和土壤湿度要求较高，心叶肥大期适宜的土壤相对湿度为80%～90%。如遇干旱或浇水不及时，不仅生长受抑制，而且品质明显变劣。

4. 土壤营养

芹菜喜肥，适宜在富含有机质、疏松肥沃、保水保肥能力强的壤土或粘质壤土中生长。芹菜是高产蔬菜，种植密度大，植株生长快而高大，劈收的芹菜又可多次收获，故需大量的养分，每生产 1 000 kg 芹菜，吸收氮 400 g，磷 400 g，钾 400 g。前期缺磷、后期缺钾，也会影响植株生长，严重影响产量，因此要全面施肥。芹菜对微量元素硼的需求较多，缺硼易使叶柄发生“劈裂”现象。

二、茬口安排

芹菜适应性广，华北地区春、夏、秋三季均可露地栽培，冬季可在保护地生产，基本做到了全年供应。按其生产季节分为春芹菜、夏芹菜、秋芹菜及越冬芹菜四种，具体栽培茬口见表 4-3。

表 4-3　芹菜茬口安排表

栽培方式	播种期(月/旬)	定植期(月/旬)	收获期(月/旬)
塑料大棚越冬根茬	7/上～7/下	9/上～9/下	12/下～4/上
日光温室越冬根茬	7/上～7/中	9/上	11/中～12/中
春季露地	2/上～3/上	3/下～4/下	5/下～6/下
夏季露地	4/下～5/下	6/中～7/中	8/上～9/中下
秋季露地	6/中下	8/上中	10/下～11/上

三、育苗

(一)播种方法

参考番茄育苗技术。

(二)苗期管理

播种覆土后及时在畦面上盖遮阳网、草帘或搭建塑料薄膜拱棚，防止阳光直射及雨水冲刷。浇水宜早晚进行，雨后要浇过堂水，以降低畦温并补充氧气，同时要防止畦面积水。苗出齐后，在早晚逐步撤去遮阳材料，防止白天突然撤除覆盖物晒伤幼苗。以后仍需经常保持土壤湿润，但浇水要有所控制，以防幼苗徒长和烂秧，并及时防除杂草和蚜虫。间苗 1～2 次，苗距 3 cm。幼苗长到

2～3 片真叶时追施少量化肥，每 667 m^2 苗床面积追施尿素 5 kg；5～6 片真叶时，苗龄已达 50 d，再追肥一次，每 667 m^2 苗床面积追施尿素 10 kg，同时浇水并准备起苗。西芹在 3～4 片真叶时分苗，6～8 片真叶时定植。

四、定植

（一）整地、施基肥、作畦

前茬收获后要及时整地。芹菜生长期长、栽植密度大，必须施足基肥。每 667 m^2 施入 5 000 kg 腐熟有机肥、30 kg 复合肥，然后做成平畦或沟畦。芹菜对硼肥的反应很敏感，每 667 m^2 可施入 0.5 kg 硼砂。

（二）定植密度

按 10 cm 见方单株定植。西芹由于植株大，单株定植密度应在 20 cm 见方。

（三）田间管理

1. 缓苗期

从定植到缓苗需 15～20 d，其间要勤浇小水，保持土壤湿润并降低地温。

2. 蹲苗期

缓苗后气温降低，植株开始缓慢生长，应控制浇水，促进发根，防止徒长，抑制发病。缓苗后浇一稍大水，然后中耕蹲苗。此期需 15～20 d。

3. 叶生长盛期

蹲苗结束后，株高达 15 cm 左右，植株生长加速，为保证充足的水肥供应，应追施尿素 10 kg 及氨基酸生物肥，一般 10 d 左右追一次肥。浇水与追肥相结合，开始每隔 4～5 d 浇一次水，随着气候变化,逐步减少浇水次数,收获前 7～10 d 停水。此期需要 50～60 d。

4. 培土软化

秋季栽培的芹菜,株高达 75 cm 左右,天气凉时进行培土,过早培土易使植株腐烂。因培土后不再浇水,所以培土前要顺沟浇 2～3 次大水。培土宜选择晴天下午进行,上午因有露水易使植株腐烂。所培之土要细碎,没有坷垃。每隔 2～3 d 培土一次,共计培土 4～5 次,每次培土以不埋住心叶为度,共厚 17～20 cm。经过培土软化的芹菜,叶柄洁白柔嫩。

五、采收

芹菜应适时采收,防止后期缺水造成糠心。

第五节　叶菜类病虫害防治技术

一、农业防治

选用抗病良种,培育无病壮苗,加强栽培管理,培育健壮植株,清洁田园。降低虫源数量,实行轮作、换茬,减少中间寄主或初浸染源,创造适宜的生育环境条件。

二、物理防治

黄板:每 20 m^2 悬挂 20 cm×20 cm 黄板一块,诱杀蚜虫、白粉虱。

防虫网:温室放风口处铺设防虫网,规格为 40 目以上。

地膜:铺设银灰色地膜驱避蚜虫。

三、化学防治

(一)主要虫害

菜青虫:幼虫3龄以前,8000IU苏云金杆菌可湿性粉剂喷雾,或5%天然除虫菊素乳油喷雾。

黄曲条跳甲:90%敌百虫晶体喷雾。

蚜虫:用70%吡虫啉可湿性粉剂喷雾,3%阿维菌素喷雾,20%复方浏阳霉素或3%除虫菊素微囊悬浮剂喷雾,同时应加入预防病毒病的药物。

甘蓝夜蛾:糖醋盆诱杀成虫,或25%灭幼脲3号悬浮剂喷雾。

根蛆:成虫盛发期,用40%辛硫磷乳油稀释后进行地面喷施,或0.6%苦参碱水剂稀释灌根。

(二)主要病害

1.结球白菜主要病害

(1)病毒病　幼苗心叶初现明脉及沿脉失绿,继而呈花叶及皱缩。成株病害轻重不同,除病株矮缩,叶片呈浓、淡绿色或黄、绿色相间的斑驳外,重病株叶片皱缩成团,叶硬脆,叶面密生褐色斑点,叶背叶脉上亦有褐色坏死条斑,并出现裂痕,严重矮化、畸形,不结球;轻病株畸形、矮化较轻,有时叶片半边皱缩,能部分结球,球内叶片上常有许多灰色斑点。重病株的根多不发达,须很少,病根切面黄褐色。采种株病害严重的,花梗未抽出即死亡;发病轻的,花梗弯曲畸形,高度不及正常的一半,花梗上有纵横裂口;花早衰,很少结实,或果荚细小,籽粒不饱满,发芽率低,发芽势劣。可用3%菌毒毙水剂或70%特治可湿性粉剂喷雾,或20%盐酸吗啉胍可湿性粉剂喷雾。

(2)霜霉病　白菜霜霉病是在白菜种植期间常见的真菌病害。子叶期发病时,叶背出现白色霉层,在高温条件下病部常出现近圆形枯斑，严重时茎及叶柄上也产生白霉，苗、叶枯死。成株期发病时，叶正面出现淡绿至淡黄色的小斑点，扩大后呈黄褐色，病斑受叶脉限制呈多角形，潮湿时叶背面病斑上生出白色霉层；白菜进入包心期，条件适宜时，叶片上病斑增多并联片，叶片枯黄，病叶由外叶向内叶发展，严重时植株不能包心。种株受害时，叶、花梗、花器、种荚上都可长出白霉，花梗、花器肥大畸形，花瓣绿色，种荚淡黄色，瘦瘪。可用50%烯酰吗啉可湿性粉剂 20 g/667 m^2 喷雾，或70%安泰生可湿性粉剂 150 g/667 m^2 喷雾，80%代森锰锌可湿性粉剂 40 g/667 m^2 喷雾，或 72%霜脲锰锌可湿性粉剂 800 倍液喷雾。

(3)软腐病　最初发病于接触地面的叶柄和根尖部，叶柄发病部位呈水渍状，外叶失去水分而萎蔫，最后整个植株枯死。生长后期发病时，首先出现水渍状小斑点，叶片半透明，呈油纸状，最后整株软化、腐烂，散发出特殊的恶臭。黄条跳甲、甘蔗黑蟋蟀等虫害严重时，病菌从伤口处大量侵入，导致病害加重。有水淹时病害加重，因此应采取高垄栽培。发现病株后及时连土坨挖出，撒上生石灰或用 72%农用链霉素灌根，也可用 3%中生霉素可湿性粉剂喷雾，或 50%琥胶肥酸铜可湿性粉剂喷雾，或 72%农用链霉素可溶性粉剂喷雾，或 77%氢氧化铜可湿性粉剂喷雾。

2. 甘蓝主要病害

(1)黑腐病　叶片上产生“V”字形黄褐色病斑，导管(又叫维管束)变黑色，叶片腐烂时，不发生臭味，可区别于软腐病。发病初期喷洒新植霉素，每 6～7 d 喷 1 次，连喷 2～3 次。

(2)灰霉病　苗期、成株期均可发病。苗期染病，幼苗呈水渍状腐烂，上生灰色霉层。成株期染病多从距地面较近的叶片始发，初为水浸状，湿度大时，病部迅速扩大，呈褐色至红褐色，病株茎基部腐烂后，引致上部茎叶凋萎，且从下向上扩展，或从外叶延至内层叶，致结球叶片腐烂，其上常产生黑色小菌核。贮藏期易染病，引起水浸状软腐，病部遍生灰霉，后产生小的近圆形黑色菌核。发病初期喷洒50%异菌脲可湿性粉剂，或50%农利灵可湿性粉剂，或65%甲霉灵(乙霉威·硫菌灵)可湿性粉剂。

(3)黑胫病　结球甘蓝黑胫病又叫朽根病，主要为害幼苗子叶及幼茎，形成灰白色圆形或椭圆形病斑，上散生很多黑色小粒点，严重时造成死苗。轻病苗定植后，主侧根生紫黑色条形斑或引起主、侧根腐朽，致地上部枯萎或死亡。该病有时侵染老叶形成带有黑色粒点的病斑。发病初期喷洒75%百菌清可湿性粉剂，或40%多·硫(多菌灵·硫黄)悬浮剂。

3.芹菜主要病害

(1)早疫病　主要为害叶片、叶柄和茎。发病初期，叶片上出现黄绿色水浸状病斑，扩大后为圆形或不规则形，褐色，内部病组织多成薄纸状，周缘深褐色，稍隆起，外围有黄色晕圈，严重时病斑扩大汇合成斑块，终致叶片枯死。茎或叶柄上病斑椭圆形，暗褐色，稍凹陷。发病严重的全株倒伏。发病初期喷洒50%异菌脲可湿性粉剂，或80%代森锰锌可湿性粉剂。

(2)晚疫病　发病症状主要为害叶片，也能为害叶柄和茎。叶片产生大斑型和小斑型两种病斑。一开始是出现圆形或近圆形淡褐色油渍状小斑点，之后常相互联合成不规则形斑块且边缘明显，中间黄白色或灰白色，边缘密生许多黑色小点。通常老叶先发病，渐渐向新叶发展。叶柄和茎被害，产生油渍状呈长圆形、暗褐色、稍凹陷的病斑，边缘密生黑色的小粒点。病斑外常有一个黄色晕圈，严重时叶片干枯，叶柄腐烂，株高仅为正常植株的一半。可用75%百菌清可湿性粉剂喷雾，或40%多·硫(多菌灵·硫黄)可湿性粉剂喷雾。保护地可用45%或30%百菌清烟熏剂，或15%霜疫清烟剂，每667 m^2 每次用200～250 g，分5～6点放置，傍晚日落之后进行，冒烟后密闭烟熏4～6 h。

(3)斑枯病　我国华南地区主要是大斑型，东北、华北则以小斑型为主。主要以菌丝体在种皮内或病残体上越冬,且存活 1 年以上。在叶片上,两型病害早期症状相似,病斑初为淡褐色油渍状小斑点,逐渐扩大后中心开始坏死。后期症状则不相同,具体表现为:大斑型病斑可继续扩大到 3～10 mm,多散生,边缘明显,病斑外缘深红褐色,中间褐色,在中央部分散生少量黑色小点;小型病斑很少超过 3 mm,一般大小为 0.5～2 mm,常常数个病斑联合(此时可超过 3 mm),边缘也明显,病斑外缘黄褐色,中间为黄白色至灰白色,在其边缘聚生有许多黑色小粒点,病斑外常有一圈黄色晕圈。叶柄和茎上两型病斑均为长圆形,稍凹陷,不易区别。发病初期喷洒 40％斑枯宁可湿性粉剂喷雾,或 80％代森锰锌可湿性粉剂喷雾。也可使用 45％百菌清烟剂熏烟,每 667 m^2 次 200～250 g。

第五章　地下采收器官类蔬菜栽培技术

第一节　马铃薯栽培技术

马铃薯，别名土豆、洋芋，原产于南美洲，茄科蔬菜。

一、生物学特性

（一）植物学特性

1. 根

在块茎萌发后，芽长 3～4 cm 时，从芽的基部发生出来的根系构成主要吸收根系，称初生根或芽眼根。以后随着芽的伸长，在芽的叶节上与发生匍匐茎的同时，围绕着匍匐茎发生 3～5 条根，长 20 cm 左右，称匍匐根。初生根先水平生长约 30 cm，然后垂直向下生长，深达 6～70 cm；匍匐根则主要是水平生长。

2. 茎

茎分地上和地下两部分。地上茎绿色或附有紫色素，主茎以花芽封顶而结束，代之而起的为花下 2 个侧枝，形成双叉式分枝。

地下茎包括主茎的地下部分、匍匐茎和块茎。主茎地下部分可明显见到 8 个节，成熟品种具 6 个节。节上着生退化鳞片叶，叶腋中形成匍匐茎。匍匐茎尖端的 12 或 16 个节间短缩膨大而形成块茎。块茎具有茎的各种特性，表面分布着很多芽眼，每个芽眼里有 1 个主芽和 2 个副芽。副芽一般保持休眠状态，只有当主芽受到伤害才萌发。薯顶芽眼分布较密，发芽势较强，这种现象叫芽顶优势。生产上可利用整薯播种，以及切块时采用从薯顶至薯尾的纵切法，可以充分发挥顶芽优势的作用。顶芽优势因品种不同而有强弱之分，随着种薯长期贮藏可以消失，利用这一特点，可以进行育芽分栽。

块茎由周皮和薯肉两部分组成。周皮由 10 层左右矩形木栓化细胞组成，隔水、隔气、隔热，保护着薯肉。薯肉依次由皮层、维管束环和髓部的薄壁细胞组成，内含大量淀粉和蛋白质颗粒。

3. 叶

马铃薯最先出土的叶为单叶，以后发生的叶为奇数羽状复叶。大部分品种主茎叶由 2 个叶环即 16 片复叶组成，加顶部 2 个侧枝上的复叶，构成马铃薯主要同化器官，早、中熟品种的产量大部分靠它们形成。

叶片表面密生茸毛，茸毛有收集空气中水汽的效应，有些品种的茸毛还具有抗害虫的作用。复叶叶柄基部与主茎相连处着生的裂片叶叫托叶，具小叶形、镰刀形和中间形，可作为识别品种的特征。

4. 花

花序着生枝顶，伞形或聚伞形花序。早熟品种第一花序盛开；中晚熟品种花序开放，恰与地下块茎开始旺盛膨大吻合，是结薯期的重要形态指标。大多数花华而不实，少数品种则果实累累，为减少对块茎产量的影响，应在蕾期摘除。

5. 果实和种子

果为浆果，球形或椭圆形。种子细小肾形。在中国西南山区或高纬度地区，马铃薯的生育期达 150 d 以上，可以利用种子繁殖种薯或将种薯直接投入生产。种子一般不带病毒，但种子后代遗传不稳，性状分离大，特别是结薯期的分离，影响种子的利用。

（二）生长发育周期

马铃薯在生长过程中经过五个时期的规律性生长变化，围绕这一生长规律采取合理的技术措施。

1. 发芽期

种薯播种后，芽眼处开始萌芽，抽出芽条，直至幼苗出土为发芽期。但这个时期的生长中心是芽轴的伸长和根系的生长，所需要的营养和水分主要靠种薯供给。管理的关键是促进早发芽、多发根。

2. 幼苗期

从出苗到主茎第一叶序环的叶片生长完全为幼苗期，此期根系继续扩展，匍匐茎先端开始膨大，块茎雏形初具。与此同时，茎叶继续分化生长，顶端第一花序开始孕育花蕾，其下侧枝叶开始发生。但生长中心主要在茎叶与块茎。

3. 发棵期

此期共经历 30 d 左右，生长中心从茎叶转到块茎生长。此阶段存在制造养分、消耗养分和积累养分三个相互联系、相互促进和制约的过程。这个时期应采取以肥水促进茎叶生长形成强大同化体系，继而进行深中耕并结合大培土的控秧、促根措施，使上述三个过程协调进行。

4. 结薯期

结薯初期茎叶缓慢生长，叶面积逐渐达到最大值。继植株叶片开始从基部向上逐渐枯黄，甚至脱落，叶面积迅速下降。但块茎的体积和重量迅速增长趋势，直至收获。此时期块茎是植株养分的分配中心，所以关键的农艺措施在于尽力保持根、茎、叶不衰，有强盛的同化力，以及加速同化产物向块茎运输和积累。

结薯期长短因品种、气候条件、栽培季节、病虫害和农艺措施等而变化很大，30～50 d不等，最终产量的80%左右是在此期形成的。

5. 休眠期

休眠期从收获到芽眼萌发幼芽，时间长短因温度和品种而异。马铃薯块茎的休眠属生理性自然休眠，此期即使给予块茎适宜的温度、湿度条件也不能发芽。

（三）对环境条件的要求

1. 温度

块茎解除休眠后，5℃以下发芽极为缓慢，发芽适温为13～18℃，在27℃下发芽最快，但芽条细弱，发根少。茎的生长以18℃最适，6～9℃时生长极为缓慢，高温易引起徒长。叶片生长适温为16℃，扩展的下限温度是7℃，低温较高温下叶数少，但叶大而平展。对花器官的影响主要是夜温，18℃大量开花，12℃形成花芽但不开花。最适宜的块茎生长的地温为15～18℃，但夜间低气温比地温对块茎的影响更为重要。相同地温条件时，在低温下较高温下较易形成块茎，如在地温20～30℃时，夜间气温12℃形成块茎，而夜温23℃则无块茎。

2. 光照

第一阶段要求黑暗，光照能抑制芽的伸长，使组织硬化和产生色素。但在第二阶段和第三阶段生长期较强光照会使植株维持较高的光合能力，有利于器官的建成和产量形成。

日照长短不影响匍匐茎的发生，但显著影响块茎的形成和生长。短日照明显促进块茎的形成。但日照长短与温度有互作影响。高温不利块茎形成，但能被短日照所逆转。高温、短日照下块茎产量往往比高温、长日照下为高。高温、弱光和长日照则使茎叶徒长，块茎几乎不能形成。短日照下花芽分化较早，但在开花前败育,继续形成则需要长日照。开花则需强光、长日和适当高温。由于花在短日下分化较早,因此其株高要比长日下的植株约矮一般,但叶/茎较大。因此,马铃薯幼苗期短日照、强光和适当高温,有利于促根壮苗和提早结薯;发棵期长日照、强光和适当高温,有利于建立强大的同化系统;结薯期短日照、强光与较大的昼夜温差,有利于同化产物向块茎的运转,促使块茎高产。

3. 水分

不同生长时期对水分的要求不同。发芽期仅凭块茎内贮备的水分便能正常生长,待芽条发生根系从土壤中吸收水分后才能正常出苗,此期土壤相对含水量不低于 40%～50%。幼苗期适宜的土壤相对含水量为 50%～60%,低于 40%则茎叶生长不良。发棵前期为 80%,后期缓降到 60%,适当控制茎叶生长以利于适时进入结薯期。结薯期对水分亏缺最为敏感,尤其是结薯前期,若停止供水,直到土壤相对含水量降至 30%时再供水,则减产达 50%。结薯期最适宜的土壤相对含水量为 80%～85%,接近收获时缓降到 50%～60%,以促进块茎周皮老化而利于收获。

4. 矿质养分

马铃薯喜有机肥,追肥只用于提苗与发棵。吸收最多的矿物养分为氮、磷、钾,其次是少量的钙、镁、硫和微量的铁、硼、钼、锌、锰等。各生长时期对氮、磷、钾的分配量不同:幼苗期较少,仅分别占全生育期总量的 19%、17.5%和 17%,几乎全部分配到茎叶;发棵期猛增,分别占总量的 56%、48.5%和 49%,主要分配到茎叶(占 67%),其次是块茎(占 33%);结薯期分配量分别占总量的 25%、34%和 34%,以块茎为主(占 72%),而茎叶只占 28%。马铃薯对钙、镁、硫的吸收动态、分配状况与氮、磷、钾的趋势相同,不同的是分配方向主要是茎、叶、根,块茎分配比例较少。每生产 1t 块茎,吸收的氧化钙和氧化镁分别为 68 kg 和 32 kg。马铃薯对微量元素的吸收很少，每生产 20 t 块茎，吸收铜 44 g、锰 42 g、钼 0.74 g、锌 99 g。

5. 土壤

马铃薯喜 pH5.6～6 的微酸性疏松、透气的沙壤土。

二、播种期与品种选择

（一）播种期

冀北露天马铃薯栽培的安全播种期为 4 月上旬至谷雨前后。山区气温低播种期相对推迟。

（二）品种选择

经近几年的试验示范推广，适宜的菜用薯品种有克新一号、荷 15、早大白，适宜炸条炸片加工的品种有夏坡蒂、大西洋，一般选用一级脱毒种薯。

三、切芽块

（一）种薯选择

播种前 15 d，挑选具有本品种特征，表皮色泽新鲜、没有龟裂、没有病斑的块茎作为种薯。

（二）切块方法

为了保证马铃薯出苗整齐，必须打破顶端优势，方法为：以薯块顶芽为中心点，纵劈一刀切成两块，然后再分切。

（三）场地消毒

切芽块的场地和装芽块的工具，要用 2％的硫酸铜溶液喷雾，也可以用草木灰消毒，以减少芽块被感染病菌和病毒的机会。

（四）切刀消毒

马铃薯晚疫病、环腐病等病原菌在种薯上越冬，尤其是环腐病，目前尚无治疗和控制病情的特效药。切刀是病原菌的主要传播工具，因此要防止病原菌通过切刀传播，必须对切刀彻底消毒。具体做法是：准备一个瓷盆，盆内盛有一定量的75%酒精或0.3%的高锰酸钾溶液，将3把切刀放入上述溶液中浸泡消毒，这些切刀轮流使用，用后随即放入盆内消毒；也可将刀在火苗上烧烤20～30 s然后继续使用。这样可以有效防止环腐病、黑胫病等通过切刀传染。

(五)切芽块的要求

芽块不宜太小，每个芽块重量不能小于30 g，大芽块能增强抗旱性，并能延长离乳期，每个芽块至少要有1个芽眼。切好的薯块用草木灰拌种，既有种肥作用，又有防病作用。

四、整地、施肥、播种

(一)选择地块

马铃薯种植地要土质疏松、通透性好，有机质含量丰富，地势平坦，靠近水源，排灌方便。

(二)合理轮作

马铃薯不宜连作，因为连作能使土传性病虫害加重，容易造成土壤中某些元素严重缺乏，破坏土壤微生物的自然平衡，使根系分泌的有害物质积累增加，影响马铃薯的产量和品质。前茬作物可以是水稻、玉米、葱蒜、瓜类等。

(三)合理施肥

施肥最好采用平衡施肥(配方施肥)法，按马铃薯的需肥规律施肥，试验证明，每667 m^2 产块茎1 000 kg时，需要从土壤中吸收氮5.6 kg、磷2.2 kg、钾10.2 kg。马铃薯对肥料三要素的需要以钾最多，氮次之，磷较少，氮、磷、钾的比例为5∶2∶9。不具备平衡施肥条件的地方，中等地力每 667 m² 施农家肥 3 000 kg、含钾量高的三元复混肥 75～100 kg 或植物氨基酸调理剂 120 kg。

（四）播种

按照垄距为 50～60 cm 开沟，沟深 10 cm，在沟内施化肥，化肥上面施有机肥。在有机肥上面播芽块，尽量使芽块与化肥隔离开。按照马铃薯品种要求的密度播种，早熟品种株距为 20 cm，中熟品种株距为 25 cm，之后覆土 6～10 cm 厚。中等地力条件下保证每 667 m² 种植 5 000 穴以上。大田播种完成后，在地头、地边的垄沟里播一定量芽块，以备大田缺苗时补苗用。

五、田间管理

（一）幼苗期（出苗－现蕾）管理

1. 中耕培土

第一次中耕培土时间在苗高 6 cm 左右，此时地下匍匐茎尚未形成，可合理深锄；10 d 后进行第二次中耕培土，此时地下匍匐茎未大量形成，要合理深锄，达到层层高培土的目的；现蕾初期进行第三遍培土，此时地下匍匐茎已形成，而且匍匐茎顶端开始膨大，形成块茎，因此要合理浅耕，以免伤匍匐茎。苗期的 3 次中耕培土会增强土壤的通透性，为马铃薯根系发育和结薯创造良好的土壤条件。

2. 防治害虫

苗期乃至结薯期、长薯期的主要虫害是蚜虫、地老虎和红蜘蛛，田间发现个别虫害时，即可进行防治。防治药物要使用高效低毒低残留的农药。

3. 追肥

在土壤肥力好、底肥充足的条件下，一般不需要追肥。在有追肥必要时，可在六叶期追肥。追肥过早，起不到追肥作用；追肥过晚增产效果差，甚至贪青徒长，造成减产。每 10 d 喷施 300 倍植物氨基酸液肥 1 次。

（二）结薯期（现蕾—落花）管理

对于大量结实的品种，要摘除过多花蕾，节约养分，尤其节约光合产物，促进地下部结薯。摘除花蕾时，不要伤害旗叶。

此期是需水最多的时期，要避免干旱，遇干旱要浇水，使土壤含水量保持在田间最大持水量的 70％左右。同时，每 10 d 连续喷施 300 倍植物氨基酸液肥 1 次。

此期易发生、流行马铃薯晚疫病，可在发病前期，用甲霜灵锰锌、瑞毒霉、代森锰锌、百菌清、硫酸铜、敌菌特进行预防。

（三）结薯期（落花-块茎生理成熟）管理

此期根系逐渐衰老，吸收能力减弱，要注重防早衰。可在叶面喷施 300 倍植物氨基酸液肥一次或 0.5％～1％的磷酸二氢钾溶液，可有效地防早衰，使地下块茎达到生理成熟。

六、收获

大部分茎叶由绿转黄，继而达到枯黄，地下块茎即达到生理成熟状态，这时应该立即收获。

七、马铃薯地膜栽培技术

地膜覆盖栽培是用聚乙烯塑料薄膜作为覆盖物的一种栽培技术。我国 20 世纪 70 年代末从日本引进这项技术，先后在全国推广应用。试验表明，地膜覆盖栽培可使马铃薯增产 26.7％～29.5％。

（一）地膜覆盖增产原理

1. 提高地温，增加有效积温

有效积温不足是早春马铃薯高产的限制因子，覆膜可充分利用早春的光热资源，使表层土壤温度提高 3～5℃，促进马铃薯芽的生长，使其早出苗 10～15 d，增加马铃薯生长期内的积温，达到早结薯、实现高产的目的。

2. 保持墒情，稳定土壤水分

覆膜能减少地表水分的蒸发，保持土壤含水量相对稳定，有利于抗旱保墒。覆膜可防止浇水或雨水造成土壤沉重而使土壤保持疏松状态，有利于块茎的形成和膨大。

3. 改善土壤理化性状和结构，促进土壤养分转化

地膜覆盖能始终保持土壤表面不板结，膜下土壤孔隙度增大，土壤疏松，土壤容重降低，通透性增强，有利于根系生长。覆膜后地温提高，有利于土壤微生物活动，加快有机质分解，提高养分利用率。

4. 防除杂草，减少草害

（二）马铃薯地膜覆盖栽培技术

1. 整地、施肥

选择土层肥厚、质地疏松，前茬种植禾谷类作物的土地，在种植前结合施基肥进行深翻。基肥的用量为：每 667 m^2 农家肥 1 500～3 000 kg、高钾复合肥 70～100 kg 或植物氨基酸营养调理剂 120 kg 和草木灰 200 kg。

2. 种薯准备

选择高产的脱毒马铃薯，如克新一号、荷 15、早大白、夏坡蒂、大西洋等优良品种，剔除芽眼坏死、脐部腐烂、皮色暗淡等薯块。

一般每 667 m^2 需备种 150～180 kg。

3. 切块

为了保证马铃薯出苗整齐，必须打破顶端优势，方法为以薯块顶芽为中心点纵劈一刀切成两块，然后再分切，每个种薯块不能少于 30 g，并保证每块有 1～2 个芽眼。切种时为防止病菌从切刀传染，应备用两把切薯刀放于高锰酸钾水溶液中消毒，当遇到病薯时及时去除染病部位然后再换经消毒的切薯刀，也可将刀在火苗上烧烤 20～30 s 然后继续使用。这样可以有效防止环腐病、黑胫病等通过切刀传染。切好的薯块用草木灰拌种，既有种肥作用，又有防病作用。

4. 催大芽

地膜覆盖栽培可以直接播种，也可以先催大芽再播种。催大芽可以有效地防治由于土壤湿度过大造成的烂薯现象，增加出苗率。催芽可以在室内、温床、塑料大棚、小拱棚等比较温暖的地方进行。在室内催芽可用两三层砖砌成一个长方形的池子，如果在室外催芽可挖一个 20 cm 深的坑，然后放 2 cm 厚湿润的绵砂土，将切好的薯块摆放一层，再铺放 2～3 cm 厚湿润的绵砂土，反复摆放 4～5 层后，将上部用草盖住，20 d 左右马铃薯芽可达 1～3 cm，这时将茎块扒出，平放在室内能见光的地方，2 d 后幼芽变成浓绿色即可播种。注意在催芽时经常翻动薯块，发现烂薯马上清除。

5. 栽种

保持每亩种植 5 000 株左右。1 m 宽的地膜可种 2 行。大小行种植时，大行距 60 cm，小行距 40 cm，株距 20～25 cm(7 寸左右)，最好开沟播种，种芽向上栽种薯块。在施足底肥的基础上，再用 120 kg 植物氨基酸营养调理剂或 70～100 kg 的高钾复合肥做底肥，施于播穴或播沟内，注意肥料尽量减少与种薯接触，盖土厚度控制在 8～10 cm，然后覆盖地膜。要让地膜平贴畦面，膜边压紧盖实，防止风吹揭膜，以利增温。如用除草剂时，需要栽种好一行用乙草铵除草剂喷施一行，然后在土壤湿润的情况下马上覆盖地膜，这样可提高防治草害效果。为节省成本，以 1 000 mm×0.006 mm 规格地膜为宜。

6. 适时放苗

当马铃薯苗破土出苗在 3 cm 以上时，要及时在破土处的地膜上划一个 4～5 cm 的口子，使马铃薯苗露出地膜，并同时在地膜破口处放少许细土壤盖住地膜的破口，以防地膜内过高温度的气流灼伤马铃薯幼苗。

7. 马铃薯病害预防

早熟马铃薯易感晚疫病。在 6 月下旬至 8 月上旬，如遇连阴雨，应及时进行马铃薯病害预防；如天气晴朗，则必须在 7 月上旬开始进行药剂防治，这样晚疫病就会得到有效控制。常用防治药剂有甲霜灵锰锌、瑞毒霉、代森锰锌、百菌清、硫酸铜等，任选其中一种药剂交替喷施防治。

8. 收获

在 8 月下旬至 9 月初的结薯期内，随时可采收上市。冀北早熟品种在 8 月中下旬，中晚熟品种在 8 月底 9 月初前后，茎叶由绿变黄并逐渐枯萎，马铃薯生长完全成熟，这时应及时选择土壤适当干爽时的晴天进行收获。

八、马铃薯品种简介

(一)克新一号

克新一号由黑龙江省农科院马铃薯研究所育成，属中熟品种，生育期 100 天左右。株型开展，分枝数中等，株高 70 cm 左右。茎粗壮、绿色；叶绿色，复叶肥大，侧小叶 4 对，排列疏密中等。干物质 18.1%，淀粉 13%～14%，还原糖 0.52%，粗蛋白 0.65%，维生素 C 14.4 mg/100 g。块茎椭圆形或圆形，淡黄皮、白肉，表皮光滑，块大而整齐，芽眼深度中等，块茎休眠期长，耐贮藏。植株抗晚疫病，块茎感病，高抗环腐病，抗 PVY、高抗 PLRV。耐旱耐瘠薄，较耐涝。每 667 m^2 产量一般为 1 500 kg，高产可达 3 000 kg 以上。

（二）荷 15

荷 15 属早熟种，从播种到成熟 65～75 d 左右。株型直立，分枝中等，早期开展，株高 60 cm 左右，薯皮光滑，芽眼少且浅，黄皮、黄肉，淀粉含量 14%左右，结薯集中，块茎膨大速度快。茎粗壮间有紫色，叶大而绿，花冠大、花色蓝紫色，薯块较大，商品率 80%以上。块茎休眠期短，耐储存，植株易感晚疫病。每 667 m^2 产 2 500 kg 左右。

（三）早大白

早大白是辽宁省本溪市马铃薯研究所育成的早熟高产马铃薯品种，从出苗到收获 60～65 d。株型直立，株高 50 cm 左右，长势中等，花冠白色。薯块扁圆形，结薯集中，薯块大而整齐，白皮白肉，表皮光滑，芽眼较浅，休眠期短。对病毒有较强耐性和抗性，但植株、块茎易感染晚疫病。一般每 667 m^2 产 2 000～3 000 kg。

（四）东农 303

该品种为极早熟马铃薯品种，从出苗至收获 60 d。株形直立矮小，株高 45 cm 左右。茎绿色，叶浅绿色，长势中等。薯块扁卵形，黄皮黄肉，表皮光滑，大小中等、整齐，芽眼多而浅，结薯早且集中。休眠期短、耐贮藏，蒸食品质优。植株中感晚疫病，较抗环腐病，高抗花叶病毒病，轻感卷叶病毒病。耐涝性强。一般每 667 m^2 产1 500～2 000 kg，高的可达 2 500 kg 以上。

（五）津引八号

该品种是天津农科院脱毒繁育而成的，生育期为 60～65 d。

株高 60 cm，分枝中等，株型展开，茎底部为浅紫色，绿叶紫花，花蕊黄绿色。块茎长椭圆形，黄皮黄肉，表皮光滑，芽眼平浅。植株高抗花叶病，中抗疮痂病。块茎对光敏感，应适当培土。一般每 667 m^2 产 1 500～2 000 kg，高的可达 3 000 kg 以上。

（六）克新六号

生育期 90～95 d，植株 60～65 cm，株型紧凑。块茎淡黄皮白肉，薯块形状为圆形或扁圆形，花白色，大小中等，表皮光滑。芽眼较浅，顶部芽呈“人”字形，芽眼数目 8～10 个，芽眉呈现弧形，脐部深度中等。淀粉含量 14%，较抗晚疫病。

（七）夏坡蒂

夏坡蒂生育期为 100 d 左右，属中熟品种。株型直立，分枝较多，高 70～90 cm。叶片大而多，茎、叶黄绿色；花浅紫色间有白色，花期较短；块茎较大、长形，一般在 10 cm 以上，大的超过 20 cm，白皮白肉，表皮光滑，芽眼浅；结薯集中，大、中薯率高，商品率在 80%～85%。淀粉含量 14.7%～17%，还原糖含量低于 0.2%，干物质含量在 19%～23%，储藏性好。非常适于炸条、烤片和水煮。植株不抗旱，怕涝，喜通气好的土壤，喜肥。退化速度快，易感晚疫病，块茎感病率高，产量水平随生产条件而变化。一般每 667 m^2 产量 1 500～2 000 kg。适于机械化生产栽培，保苗应在4 000 株/667 m^2 左右。

（八）大西洋

大西洋生育期 115 d，中晚熟品种。株型直立，生长势中等，茎秆粗壮，基部有分布不规则的紫色斑点。叶亮绿色，茸中等，叶紧凑，花冠浅紫色，开花多，天然结实性弱。块茎卵圆形或圆形，表皮光滑，有轻微网纹，鳞片密，芽眼浅，白皮白肉。淀粉含量 15%，还原糖含量 0.03%，该品种对 PVX 免疫，中抗晚疫病。种植密度以每 667 $m^2$3 800 株为宜，产量约 1 500 kg。

九、注意事项

(1)切种有两种方式,一种是螺旋式的,一种是纵切式的,在切种的时候要充分利用马铃薯的顶端优势。

(2)催芽对温度、湿度等都有很高的要求。催芽可以利用太阳光温度,也可以利用室内炉子的温度,温度保持在15℃左右。芽床用沙壤土、稻糠、谷糠都可以,湿度保持在60%~70%,也就是把土抓起来能成团,松手能散开。

(3)合理安排播种时间,出苗时注意避开霜冻。

(4)种植深度不要超过15 cm,栽种前先开沟,一般在7~8 cm,下种后要在两个种子之间点肥,避免烧苗,每667 m^2 施氮磷钾复合肥100 kg,一次施肥。然后进行培土起垄,高度为20~30 cm。

(5)播种后及时放苗。一般15~20 d后及时放苗,如果放苗不及时,会导致烧苗断垄。

(6)加强田间管理。首先,要及时浇水,起苗时要浇水,出苗时再浇一遍。块茎膨大期更不能缺水,要小水勤浇,不能浇大水。其次,要在苗期喷两遍叶面肥(300倍植物氨基酸液肥),促进生长,生长期要喷施杀菌剂防病,每5~7 d喷施一次,这一措施要持续到收获前20 d。

十、几点经验

(一)如何确定马铃薯的播种期

马铃薯适期播种是获得高产的重要因素,播种期应根据当地气候条件确定,当地10 cm地温达到6~7℃时即可播种,也可选择当地晚霜期结束前25~30 d作为适宜播种期,催大芽的种薯可适当晚播。播种后覆盖地膜,可提高地温2~3℃,因此可提早5~7 d播种。播种过早,出苗后常受晚霜危害,甚至生长点受到冻害，延迟生长，降低产量。催大芽的种薯，在地温太低时播种，长期不能出苗，块茎中的养分会向顶芽集中，使顶芽膨大，形成“梦生薯”，不能出苗。

（二）怎样进行种薯消毒

种薯在催芽前用药物进行整薯消毒处理，可消除种薯表皮所带病原真菌、细菌，防止烂种及多种病害发生。常用的有效药物有：

预防青枯病、黑胫病、环腐病等细菌性病害，用72%农用链霉素1 000倍液浸种10 min，或用高锰酸钾280～300倍液浸种20 min。

预防晚疫病、疮痂病、镰刀菌萎蔫病等真菌性病害，用72%普立克（或扑霉特）800倍液或58%甲霜灵锰锌600～800倍液，浸泡种薯10～15 min。

（三）如何处理除草剂药害

马铃薯播种后覆盖地膜前，需要喷施除草剂。常用种类和用量为：每667 m^2 用50%的乙草胺药液130～180 mL；48%浓度的氟乐灵药液100～150 mL；72%浓度的杜尔药液120～130 mL。上述药量分别加水30～40 L进行喷施，要做到严格喷施浓度，不重喷，不漏喷，使除草剂在垄表面形成一层除草膜。

除草剂种类很多，有些除草剂不能用于马铃薯。若误用或使用过量除草剂，会使叶片皱缩，生长缓慢，造成减产，甚至绝产。发生这种情况，应尽早揭膜通风换气，同时马上喷施天达2116壮苗灵600倍液和天达96%恶霉灵3 000倍液，5～7 d一次，连喷两次；也可用浓度为20 mg/kg的赤霉素、0.2%的尿素、0.2%磷酸二氢钾水溶液进行叶面喷施。

第二节 无公害胡萝卜栽培技术

一、生物学特性

（一）植物学特性

1. 根

胡萝卜是深根性蔬菜，根系发达，最大根长可达 1.6 m。根系由肥大的肉质根、侧根、根毛三部分组成。肉质根由下胚轴和直根组成，外层为韧皮部，肥厚而发达，为主要食用部分，大部分营养贮藏其中。根的中柱为次生木质部，含养分较少。肉质根上着生 4 列纤细侧根。肉质根的形状有长柱形、长圆锥形、短圆锥形等，根色有紫红、橘红、粉红、黄、白、青绿等。红色种含有大量的胡萝卜素，黄色种次之，白色种最少。

2. 茎

胡萝卜茎在营养生长期为短缩茎，着生在肉质根的顶端，其上着生叶丛。通过阶段发育后，在短缩茎上抽生花薹，即花茎。花茎上发生分枝，即侧枝，侧枝上着生花枝。

3. 叶

叶片丛生于短缩茎上，为三回羽状复叶。叶柄细长，叶色浓绿，叶面积较小，叶面密生茸毛。

4. 花、果实

胡萝卜花为复伞状花序，每个花序常有上千朵以上的小花，花期约 1 个月，完全花，白色或淡黄色，虫媒花。果实为双悬果，成熟时分裂为二，一般以双悬果作为播种材料。单果椭圆形，革质，纵棱上密生刺毛；单果内有种子，种胚小，常发育不良或无胚。一般发芽率低，仅70%左右。

（二）生长发育周期

在秋播条件下胡萝卜为2年生。第一年是营养生长期，一般为90～140 d，肉质根经过贮藏，在冬季感受自然低温后通过春化阶段；第二年早春定植后在长日照下通过光照阶段，进入生殖生长期。整个发育过程可分为以下几个时期：

（1）发芽期　从种子萌发到第一片真叶露心，一般为8～15 d。

（2）幼苗期　从第一片真叶展开到第六片真叶展开，约25 d。

（3）莲座叶生长期　从第六片真叶展开后到肉质根开始膨大，约30 d。

（4）肉质根膨大期　从肉质根开始膨大到收获，50～60 d。

（5）贮藏越冬期　收获后入窖贮藏。

（6）抽薹开花期　翌年春天定植于采种田，开始抽薹、开花、结果。

（三）对环境条件的要求

1. 温度

胡萝卜为半耐寒性蔬菜，耐寒能力比萝卜强。4～5℃时可以发芽，但发芽缓慢，发芽适温为18～25℃，经10 d左右出苗，幼苗能耐－3～－2℃的低温。胡萝卜肉质根膨大期的适温为昼温18～23℃、夜温13～18℃，温度过高或过低均不利于肉质根的膨大，尤其在高温条件下形成的肉质根品质差、肉质粗糙。肉质根中胡萝卜素形成的适温为15.5～21.1℃，开花与种子成熟期适温为25℃。胡萝卜是绿体春化型蔬菜，植株长到一定大小后（具有15～20片叶），在2～6℃的低温条件下，需经40～100 d才能通过春化阶段。因此，胡萝卜春季栽培中先期抽薹现象较少。

2. 光照

充足的光照可使胡萝卜叶面积增加，光合作用增强，延迟叶片衰老,促进肉质根膨大,提高产量。如果胡萝卜栽种于光照不足处,或种植过密、杂草过多时,由于植株得不到充足的光照,造成产量降低、品质变劣。胡萝卜是长日照植物,通过春化阶段后,需在14 h以上的长日照条件下,才能抽薹开花。

3. 水分

胡萝卜根系发达,吸水力强,叶片蒸发水分较少,耐旱力较强。生长期间要根据植株各生长阶段的需水情况适当供水,特别是在种子发芽期、肉质根旺盛生长期,需要较高的土壤湿度。种株抽薹开花期和种子灌浆期,需保持较均匀的土壤湿度,如土壤水分不足,会影响种子产量;到种子成熟阶段,又需要较低的土壤湿度。

4. 土壤和养分

胡萝卜适宜栽种在土壤深厚、土质疏松、排水良好、孔隙度高的沙壤土或壤土上,适宜的土壤 pH 为 6～8。如土壤坚硬、透气性差、酸性强、易使肉质根皮孔突起、外皮粗糙,品质差,产量低。

二、选地、整地、施肥

(一)选地

选择前茬为非伞形科蔬菜(如芹菜、芫荽等),无土壤、水源、大气污染且土壤疏松、土层深厚、肥力中等以上、有水浇条件的沙壤地。

(二)秋翻

上一年秋收后,清洁田园,进行秋翻 25 cm 以上(土壤生茬),翻后进行耙压,做到土壤疏松、无坷垃、根茬、石子等,达到蓄水保墒良好程度。

(三)春灌

来年播种前如墒情不好,要及时利用河水、井水进行春灌,有条件的可采用喷灌。播种前 20 d,如发现地表皮发白,再耙地一次。

(四)施肥

胡萝卜属喜钾肥蔬菜作物,因此应重施钾肥。基肥选用腐熟好的优质农家肥 5 000～8 000 kg/667 m^2、植物氨基酸矿质肥 75 kg,或选用磷酸二铵 10～15 kg 加硫酸钾 5～7.5 kg;也可选用胡萝卜专用肥 40～50 kg 或三元复合肥 40～50 kg,如前茬为玉米田,第一年种植胡萝卜时复合肥施用量应减为 35 kg 左右。此外,对于微量元素缺乏的地块,每 667 m^2 施入美国硼砂集团优力硼锌 200 g。将以上肥料混合均匀撒施。

三、品种选择

(一)品种选择

胡萝卜质量的优劣、效益的高低主要取决于品种的选择。品种应选择品质好(适口性、外观性、营养性)、高产、抗病能力强、耐抽薹、耐贮运、抗逆性好的里外三红品种,如红映二号、映山红、孟德尔、红三彬、旭光五寸、千红 100 日、新黑田五寸等。

(二)种子处理

对所预购的散种子,播种前应在阳光下晾晒 2～3 d,去除杂物,有利于提高芽率芽势和防治病虫害。包衣种子不需处理。用种量 250～280 g/667 m^2。为降低生产成本,提倡精量机播。

四、播种、覆膜

播种期根据品种特征特性、自然条件以及当地胡萝卜预收期来确定,过早易出现未熟抽薹现象,过晚则后期温度过高影响肉质根的产量和品质。河北省围场县、丰宁县一般在 4 月上旬待土壤 10 cm 温度稳定在 4℃(气温稳定在 7～8℃)时播种。隆化县可提前 5～10 d 播种。

(一)机械化播种

选用开沟、播种、覆土、镇压多功能一体胡萝卜播种机，调试行距 15 cm、株距 10 cm(每穴 2～3 粒种子)、沟深 10～12 cm，用 25 马力拖拉机作动力，每床种 4 行，一次性完成。为防地下害虫可在开沟后用 50%辛硫磷乳油 250 mL 拌谷粒 2.5 kg 施入播种沟内。为控制苗期田间杂草生长，用 48%氟乐灵乳油 200～250 g，加水 50～60 kg 稀释，在覆土后覆膜前均匀喷施床面上。播种后，穿平底鞋顺垄踩实，形成自然小垄沟，使种子与土壤紧密接触，有利于出苗。然后覆膜，膜要拉紧压实，每隔 3～4 m 用土横向压在膜上，或用塑料袋装土 200～300 g 适当压苗床，防止大风揭膜。

(二)先种后覆式

做床：采用“二比扔”做床法，带距 90 cm，床高 10～15 cm，春风大的地块，可做平床或半高床(4～5 cm 高)，床面宽 60～65 cm，床面必须平整。

开沟：每床种四行，小行距 15 cm，大行距 30 cm，沟深 10～12 cm。

播种：穴播，穴间 10 cm，每穴点 2～3 粒种子。

覆土：覆潮湿土 0.3 cm 左右。

踩压：人穿平底鞋，顺垄踩实(松紧适度，不要过重，没有漏踩处)形成自然小垄沟。

喷施除草剂：选用 48%氟乐灵乳剂 200～250 mL，或用 50%阔草灵乳剂 100～150 mL，加水 50～60 kg，均匀喷施在床面上。

覆膜：选用 0.006 mm 或 0.007 mm 薄膜，每 667 m^2 用量 2.5～4 kg，随播种、喷除草剂，随覆膜，膜要拉紧压实，为防止风刮揭膜，每间隔 3～4 m 用土横向压在膜上。

（三）先覆膜后种式

其做床法与先种后覆式一样。只是在做床覆膜后，按上述株行距扎眼座水点播2～3粒种，覆土0.3 cm潮湿土略压，保证深浅、松紧适度，确保苗齐、苗全、苗壮。

五、田间管理

（一）保苗与间定苗

机械化播种和先种后覆膜形式的要及时视膜内温度放苗（膜内温度达到27～28℃），第二片真叶时及时扎眼，分两次完成，眼间距30 cm左右（扎眼要注意放风口应在苗的侧方，防止风大闪苗）。2～3片叶时疏苗，3～4片叶时放苗，去掉弱苗、小苗、病苗，一般株距10 cm，尽量保证苗齐苗匀，防止出现大头萝卜。单株定苗，膜内温度以10～25℃为宜，不能高于30℃，防止烫苗、烤苗、闪苗，间定苗后周围要培土压实，防止肉质根顶端露出地面形成青肩。

先覆膜后种的要及时引苗，一般播后7～10 d出苗，疏定方法同上。

（二）合理水肥

春胡萝卜在发芽期、幼苗期正值早春季节，气温、地温较低，在播种水、出苗水浇足的前提下，直到破土前不再浇水开始破肚时，应浇一次透水，以促进叶部生长，引根深扎。露肩前，要适当控制浇水，继续引根部伸长，抑制侧根生长。进入肉质根膨大期，气温升高，应及时供给充足的水分，并有降低地温的效果（注：浇水不足则肉质根瘦小而粗糙，供应不匀易引起肉质根开裂）。胡萝卜底肥一步到位可不追肥。根外追肥，在苗期至肉质根膨大期喷施3～4次300倍植物氨基酸液肥，或在10～12片叶时可用0.3%的磷酸二氢钾喷施叶面1～2次。

(三)病虫害防治

1. 虫害防治

春播胡萝卜虫害较少,主要是地下害虫和蚜虫危害。

地下害虫防治方法为:

(1)选用50%辛硫磷乳油100 mL拌用锅炒熟的谷糠、谷秕、玉米碴、麦麸等1～2 kg作毒饵,播种时顺垄沟撒施,或在旋耕前均匀撒施床面,可防治金针虫、蝼蛄、蛴螬、蒙古灰象甲、四绒金龟甲等害虫。

(2)选用3%辛硫磷颗粒剂或地克星2～3 kg,播种时顺垄沟撒施或在旋耕前均匀撒施床面。

(3)选用50%辛硫磷乳油100 g,加水50～60 kg,覆膜前均匀喷在床面上。

蚜虫用杜邦万克灵600倍液或10%吡虫啉可湿性粉剂1 500倍液喷雾防治。

2. 病害防治

胡萝卜主要侵染病害有黑腐病、黑斑病、软腐病。

(1)黑腐病　苗期至采收期或贮藏期均可发生,主要危害肉质根、叶片、叶柄及茎。叶片染病,形成暗褐色斑,严重的致叶片枯死。叶柄上病斑长条状。茎上多为梭形至长条形斑,病斑边缘不明显,湿度大时表面密生黑色霉层。肉质根染病多在根头部形成不规则形或圆形稍凹陷黑斑,上生黑色霉状物,严重时病斑扩展,深达内部,使肉质根变黑腐烂。发病初期可用45%的施保克1 500倍液或50%扑海因可湿性粉剂1 000倍液,这两种药剂交替使用,每隔7～10 d 1次,连续喷2～3次。也可用64%杀毒矾可湿性粉剂600～800倍液,或50%甲霜灵锰锌可湿性粉剂500～800倍液,每隔10 d 1次,连续喷2～3次。

(2)黑斑病　主要危害叶片,病斑多发生在叶尖叶缘。病斑呈不规则形，褐色，周围组织略褪色，病部有黑色霉状物。胡萝卜染病后，根冠先变黑，后稍凹陷软化，严重时心叶消失成空洞。防治方法同黑腐病。

（3）软腐病　主要危害肉质根，生长期和贮藏期均可发生。生长期间，发病的肉质根呈湿腐状，病斑形状不定，后期病根组织崩溃，病根软化，呈灰褐色，腐烂汁液外溢，具臭味。染病植株的茎叶变黄萎蔫。可用77%可杀得可湿性粉剂2 000倍液或78%万家800～1 000倍液灌根，每隔7～10 d喷1次，共喷2～3次。

六、胡萝卜生理病害

（一）症状

胡萝卜生理病害的症状主要表现为分叉、弯曲、须根、开裂、变色等。

（二）发生原因

（1）耕作层太浅，土壤粗糙且有石块，或施用未腐熟有机肥，混有塑料布等易导致分叉、弯曲。

（2）土壤粘重不易透气，易产生瘤状突起、须根。

（3）生育期间水分供应不均匀，忽干忽湿，易导致裂根的增加。

（4）根膨大期正处于七、八月份高温期，如果耕层太浅、不注意培土，易导致胡萝卜素、茄红素的积累受阻，产生颜色变异，发白或发黄。

（三）防治方法

应选择土质疏松肥沃，灌排水条件较好的沙壤土地；耕作层深度不低于25 cm，底肥施用腐熟有机肥，清除田间石块、塑料布等杂物；生育期间供水均匀，并在肉质根膨大初期注意培土。特别注意在长时间干旱的情况下，严禁大水漫灌，要隔行浇水，时间在早上或太阳落山以后，以防肉质根开裂。

七、适时收获

当肉质根充分膨大，达到商品标准，适时收获。收获过早或过晚都会影响肉质根的商品性，从而影响产量。一般映山红、红映二号胡萝卜生育期达到 85 d 左右，千红 100 日、新黑田五寸参生育期达到 90～95 d，肉质根尖变得钝圆时应及时收获，以获得品质佳的成品。收获时选用无污染的工具、包装物、贮存场所、运输工具，尽量不要伤根，胡萝卜起出后应立即覆土，以保持胡萝卜品质不变。

第二部分
食用菌种植技术

第六章　香菇栽培技术

香菇是我国最早进行人工栽培的食用菌之一，传统的栽培方式以椴木为主，椴木香菇质地紧密、品质优良，但是生产周期长、产量低、成本高。袋料栽培技术具有原料来源广泛、生产周期短、产量高、收益大等优点，成为目前香菇栽培的主要方式。香菇属伞菌目口蘑科香菇属，也称香蕈、香信或冬菇，具有独特的浓郁香气，肉质脆嫩，滋味鲜美，营养丰富。香菇含有人体必须的 8 种氨基酸、30 多种酶、多种维生素及矿物质元素，被称为“菇中之王”。

第一节　香菇生物学特性

一、形态特征

香菇菌丝白色，绒毛状，具横隔和分枝，多锁状联合，成熟后扭结成网状，老化后形成褐色菌膜。香菇子实体单生、丛生或群生，由菌盖、菌褶、菌柄组成，子实体中等、大至稍大。菌盖圆形，直径 5～12 cm，边缘内卷，成熟后渐平展，深褐色至深肉桂色，有深色鳞片。菌肉厚，白色。菌褶白色。菌柄中生至偏生，白色，内实，常弯曲，长 3～8 cm，粗 0.5～1.5 cm；中部着生菌环，窄，易破碎消失；环以下有纤维状白色鳞片。孢子椭圆形，无色，光滑。

二、生活条件

(一)营养

香菇是木生菌,以纤维素、半纤维素、木质素、果胶质、淀粉等作为生长发育的碳源,但要经过相应的酶分解为单糖后才能吸收利用。香菇以多种有机氮和无机氮作为氮源,小分子的氨基酸、尿素、铵等可以直接吸收,大分子的蛋白质、蛋白胨则需降解后吸收。香菇菌丝生长还需要多种矿质元素,以磷、钾、镁最为重要。香菇也需要生长素,包括多种维生素、核酸和激素,这些多数能自我满足,只有维生素 B_1 需补充。

(二)温度

香菇菌丝生长的最适温度为 23～27℃,低于 5℃或高于 32℃则有碍其生长。子实体形成的适宜温度为 10～20℃,并要求有大于 10℃的昼夜温差。目前生产中使用的香菇品种有高温型、中温型、低温型三种温度类型,其出菇适温分别为高温型 15～25℃,中温型 10～22℃,低温型 5～15℃。

(三)水分

香菇所需的水分包括两方面,一是培养基内的含水量,二是空气湿度。菌丝生长阶段培养料含水量为 55%～60%,空气相对湿度为 60%～70%;出菇阶段培养料含水量为 40%～68%,空气相对湿度为 85%～90%。

(四)空气

香菇是好气性菌类,香菇正常生长发育需要足够的新鲜空气。由于通气不良、二氧化碳积累过多、氧气不足,菌丝生长和子实体发育都会受到明显的抑制,从而加速菌丝的老化,子实体易产生畸形,也有利于杂菌的滋生。因此,新鲜空气是保证香菇正常生长发育的必要条件。

（五）光照

香菇菌丝的生长不需要光线，在完全黑暗的条件下菌丝生长良好，强光能抑制菌丝生长。子实体生长阶段要散射光，光线太弱出菇少、朵小、柄细长、质量次，但直射光又对香菇子实体有害。

（六）酸碱度

香菇菌丝生长发育要求微酸性的环境，培养料的 pH 在 3～7 均能生长，以 5 最适宜，超过 7.5 生长极慢或停止生长。子实体发生、发育的最适 pH 为 3.5～4.5。在生产中常将栽培料的 pH 调到 6.5 左右。高温灭菌会使料的 pH 下降 0.3～0.5，菌丝生长中所产生的有机酸也会使栽培料的酸碱度下降。

第二节　香菇栽培技术

一、地栽香菇生产技术

（一）选地与建棚

1. 选地

栽培场地选择在生态环境好、空气清新、水质优良、土壤未受污染、周围无污染源、光照较短、昼夜温差大的田地。

2. 建棚

根据栽种数量的多少建发菌棚，一般每 $667m^2$ 放置 8 000 袋。棚内亮度不能过大，否则会影响菌丝的正常生长。

（二）菌袋制作

1. 品种选择

菌种选用菌丝洁白、健壮、无污染、高产、抗逆性强的香菇 18

等品种。

2. 栽培季节

为确保6～8月正常出菇,2月中旬开始生产菌棒。

3. 培养基配方

配方一:木屑78%、麦麸20%、糖1%、石膏粉1%;
配方二:木屑73%、麦麸20%、玉米面6%、石膏粉1%。

(三)装袋

把木屑、麦麸、石膏粉、玉米面充分搅拌均匀,把水均匀地撒到搅拌好的料上,使拌完料的水分达到65%～70%,用手攥料出水而不下滴为宜。把料用装袋机装入55 cm×15 cm的菌袋中,装好的菌袋重量在1.8～1.9 kg,上下松紧要一致,装得过紧容易产生撑袋,过松会影响其产量并且菌袋容易折断。

(四)灭菌

通常用常压灭菌,每锅装4 000～5 000袋为宜。通入蒸汽使灭菌锅内在4～5 h达到100℃,持续36 h,灭掉培养料中有害的杂菌。

(五)接种

用密闭的方式把温度降到25℃以下,接菌室用气雾消毒盒密封熏蒸6 h,之后在每袋的正面打4个穴,把菌料塞满、塞严,再用胶带纸粘牢。

(六)菌丝培养

将已接好菌种的菌袋在常温下恢复2 d后,把棚内温度提高到18～25℃,进行发菌,发菌棚内要保持清洁,待菌丝长到6 cm以上时进行第一次刺孔增氧,把原来井字形堆放的菌袋堆成三角形,使空气充分进入垛中。第二次刺孔增氧在接种口周围菌丝相连接时进行,刺孔的数量15～20个,第三次刺孔(放大气)数量在40～

50个。在发菌过程的后期，菌袋自身产热，温度应掌握在28℃以下。菌袋接种50～60 d时，菌丝基本可长满袋，继续培养菌丝逐渐加浓，局部地方还会形成白点状的菌膜，接着基质表面开始发皱收缩，并分泌出浅黄色的液体。此时菌袋基本成熟，可以移到菇棚进行转色覆土等下一步管理工作。

（七）脱袋转色覆土

转色好的菌棒应为带有光泽的棕红色。特点为出菇正常、稀密适当、产量高、质量好。在转色过程中要调整好四个环境因素，即温度、湿度、光照、空气。其中，温度控制在18～26℃；空气相对湿度在85%以上；畦内应有足够的光线，光线强则转色快，但应掌握适度，不能在增加光照的同时使菌层失水；做好通风管理，空气要通畅、新鲜，但一定应注意菌棒的保湿。5月上旬，把发好的菌袋外袋脱下，下地到已经建好的出菇棚中，用细沙土把菌袋的缝隙塞满塞严，覆土的标准以露出1/4出菇面为宜。

（八）出菇管理

1. 催菇

经过3～5 d的喷水，小菇蕾就会长大，为保护菌筒，促进多产优质菇，必须疏去多余的菇蕾。随着菇蕾的长大，喷水的数量应逐步减少，否则会影响菇的质量。出菇棚不得超过25℃，根据收菇的标准进行采摘，每天2次。

2. 前期管理

覆土地栽香菇采用错季栽培，以填补夏季鲜菇市场需求。脱袋后长出的第一潮菇一般在5月～6月上旬，此阶段气温由低向高，夜间气温较低，昼夜温差大，湿度较大，对子实体分化有利。随着气温逐渐升高，应加强通风。当第一潮香菇采收结束之后，停止浇水，降低菇床湿度，让菌丝恢复生长，积累养分，待采菇凹陷处的菌丝已恢复长白，可加强喷水刺激下一批子实体的迅速形成。

3. 中期管理

期间为 6 月下旬至 8 月下旬，此时出菇较多，覆土地栽香菇均靠自然气温生长，结合人为调控。中期管理以降低菇床的温度为主，促进子实体的发生。加强喷水，并增加通风量，防止高温烧菌棒。

4. 后期管理

期间为 9 月上旬至 10 月底，此时气温逐渐下降，菌筒已经前期、中期出菇的营养消耗，菌丝不如前期生长那么旺盛。随着香菇数量的减少，增加喷水次数充分补充水分，进行休菌。待菌休好后，对菌棒进行震棒，刺激出菇。随着出菇数量的减少，菌棒会收缩，且会出现裂缝，要用细沙塞严。

5. 采收

当香菇子实体长到八分成熟时，香菇菌盖在 5 cm 左右且菌盖边缘少许内卷形成“铜锣边”，菌幕尚未完全破裂，此时香菇品质最优，应及时采收。

二、架式香菇栽培技术

北方地区生产架式香菇，栽培品种多选择香菇 135、香菇 808，栽培季节一般选择在 3、4 月份，平均气温稳定在 5℃以上时进行接种。此时气温刚刚回升，杂菌较少，可降低污染率，同时发菌时室温较易控制，有利于发菌。出菇时间在当年的秋季和第二年的春、夏季。其拌料、装袋、灭菌、接种、发菌、转色技术同地栽香菇。出菇采用高棚层架式出菇方式，当棚内气温稳定在 22℃以下时进行上架管理，选择晴天将菌棒运进出菇棚上架，通过振动和温差刺激，促使菇蕾发生，当菌袋中的菇蕾长至 1～1.5 cm 时要及时割袋开穴。为了培养优质花菇，每个菌棒菇蕾不宜超过 4～6 朵，去畸形弱小的，留圆正粗壮的，而且要疏散、分布均匀。出菇期要保证棚内湿度达到85%～90%，待菇蕾长至2 cm以上时，要加强通风，降低温度、湿度，光照三分阳七分阴，促使花菇形成。

三、立袋式香菇栽培技术

立袋式香菇是冀北地区新引进的一种栽培模式，可反季节栽培，即9～11月生产，次年春、夏、秋季出菇；也可顺季节栽培，即2～4月生产，当年秋季和次年春、夏季出菇。栽培品种选择香菇808和灵仙一号。这种栽培模式特点是出菇设施简便，投资小，同时能够有效解决地栽香菇存在的诸多弊病，并能大幅度提高产品质量，资金回笼快。

立袋式香菇的出菇棚内需搭建菌袋排放架，方法是在地面每隔2～3 m打一根60 cm的木桩，地面露出30 cm，把铁丝固定在木桩上，每行铁丝间距25～30 cm，中间留人行道，每排6～7道，靠边的排3～4道。也可根据实际情况灵活掌握，便于管理即可。菌棒菌丝生理成熟并完成转色后，运进出菇棚脱袋排场。排场后增加菌棒湿度达90%左右，利用温差刺激（10℃以上温差）或振动刺激，使菌丝扭结成原基，再受光照刺激后，原基分化成带有菌盖、菌柄的菇蕾，逐渐长大成为香菇。

第三节　香菇病虫害防治技术

香菇在生产过程中常受到病虫的危害，如果防治不利，会使香菇栽培陷入恶性循环的境地，轻则造成减产，重则栽培失败，所以必须引起高度重视。香菇的病虫害防治应以“预防为主，综合治理”和安全、有效、经济为原则，用农业防治、生物防治、物理防治和化学防治相结合的综合防治技术对有害生物进行控制和治理，把化学防治作为辅助手段，使生产的香菇达到国家无公害香菇质量标准。

一、杂菌危害及防治

生长在香菇上的杂菌很多，主要有木霉、青霉、毛霉等。

（一）木霉

木霉又称为绿霉菌，广泛分布于各种植物残体、土壤和空气中。木霉靠孢子传播，常借助气流、水滴、昆虫、原料、工具及操作人员的手、衣服等为媒介，侵入培养基内，一旦条件适宜就萌发繁殖为害。当生产环境不清洁、培养料灭菌不彻底、接种操作不严格，且处于高温高湿条件时，就给木霉侵染造成良机，尤其是多年的菇场和老菇房，常是木霉猖獗危害的场所。

危害香菇生长的所有杂菌中，木霉威胁最大。木霉适应性强，繁殖速度快，它本身能分泌毒素，抑制香菇菌丝生长。木霉能生长在生长势减弱的香菇菌丝体上，使香菇组织细胞溶解死亡。木霉在4～42℃范围内都能生长，孢子萌发喜高湿环境，侵害香菇培养基时，初期为白色棉絮状，后期变为绿色。菌种如果被木霉危害，必须报废，即使是轻度感病的菌种也应弃之不惜。

（二）链孢霉

链孢霉生长初期呈绒毛状，白色或灰色，生长后期呈粉红色、黄色。链孢霉主要以分生孢子传播为害，大量分生孢子堆集成团时，外观与猴头菌子实体相似，是高温季节发生的最重要杂菌。链孢霉菌丝顽强有力，有快速繁殖的特性，一旦大发生，便是灭顶之灾，其后果是菌种、培养袋或培养块成批报废。所以对链孢霉必须以防为主，防治结合。

（三）毛霉

毛霉又叫黑霉、长毛霉，菌丝初期白色，后灰白色至黑色，说明孢子囊大量成熟。该菌在土壤、粪便、禾草及空气中到处存在，在温度较高、湿度大、通风不良的条件下发生率高。其生长速度明显高于香菇菌丝，毛霉菌丝体每日可延伸 3 cm 左右。毛霉在香菇菌丝体培养期间侵染时，蔓延速度快，数日内便能布满基质，而受害的香菇菌丝则生长缓慢，尽管最终仍能伸达基质各处，但香菇菌丝已无正常浓白色，而是呈灰黄色。发生的主要原因是基质中使用了霉变的原料，接种环境含毛霉孢子多，在闷湿环境中进行菌丝培养，等等。

（四）杂菌防治措施

（1）培养料先经堆制发酵，利用多种高温型微生物所产生的生物热杀死害虫和中低温菌类，减少污染源。

（2）快速装袋灭菌。配制后的培养基偏酸性，适于各种微生物生长与繁殖，所以应尽量在 5 h 内装完毕，灭菌时要求在 4～6 h 使温度上升到 100℃。

（3）培养室降温、通风，可以减少杂菌污染，提高接种成品率。如要防止木霉的污染，可把接种后的菌袋先在 16℃下培养，这时香菇菌丝可以生长，而木霉的孢子难以萌发且菌丝生长缓慢（木霉菌丝生长最适温度为 25～30℃）。待香菇菌丝体在培养料表面生长到一定程度后，再逐步提高温度，直至在 25℃下菌丝体长满全袋。如果一开始就在 25℃下培养，有利木霉菌丝的生长，则杂菌污染率就高。

（4）局部污染的菌袋，可注射 20％甲醛溶液或 5％石碳酸，以控制污染点的扩散。对蛞蝓、白蚁的防治，可参照椴木栽培的防治方法进行。对跳虫的防治，在出菇期可用 0.1％敌敌畏拌少量蜂蜜诱杀，也可用 0.1％鱼藤精或 150～200 倍除虫菊液喷洒。

二、虫害及防治

常见的害虫有菇蚊、菇蝇、螨类、蛞蝓、跳虫、白蚁等。

(一)菇蝇

成虫和幼虫都喜欢取食潮湿、腐烂、发臭的食物,有较强的趋化性和趋腐性。可取食菌丝和子实体。可随培养料进入菇房,也可随菇房通风进入菇房。菇房的菇香味和烂菇味对菇蝇都有很强的吸引力。菇蝇繁殖力极强,一只雌蝇可产卵300粒。菇蝇以幼虫为害。在料中为害菌丝,从基部侵入菌柄,蛀食子实体,严重时将整个菇体食为海绵状。

(二)菇蚊

菇蚊喜欢在潮湿、肮脏的环境繁衍,香菇真菌的菌丝是菇蚊的最好食料之一。其危害方式主要是咬食菌丝,破坏菌丝的正常生长,导致菌丝衰弱或死亡,同时给其他杂菌的浸染创造了良好的条件,使一些竞争性杂菌在菇蚊的危害斑上大量繁殖并产生抗菌素,引发病害而进一步破坏香菇菌丝,造成危害的恶性循环。此外,跳虫、螨虫、线虫等也趁机在菇蚊的咬斑内大量繁殖,加重危害程度。虫病的综合危害造成香菇的菌丝自溶,培养基松散,黑水横流。据观察,菇蚊的幼虫在人造菇木内危害2～3周后变硬化蛹,蛹经过3～7 d羽化为成虫飞出。成虫交尾后很快产卵,每只雌虫约产卵10～300粒。菇段因受害后所产生的特殊气味,对菇蚊的成虫有很强的诱集性,因而菇蚊往往又会回到病斑上产卵,引起下一个世代对香菇的危害。

(三)螨类

螨类包括红蜘蛛、菌虱,其主要潜藏在厩肥、饲料和培养料内,鸡窝畜舍、谷物仓库等环境条件差、腐殖质丰富的场所往往有大量的螨类存在。螨类非常微小,发生初期常被忽视,一旦暴发易酿成大灾。螨类在香菇生产的各个阶段均可能造成危害,取食香菇菌丝体及子实体。培养基发螨害后,接种部位的菌种块不萌发或萌发后菌丝外观稀疏暗淡,并逐渐萎缩,严重时培养料中的菌丝会被全部吃光，造成栽培失败。

（四）虫害防治措施

1. 菇蝇的防治措施

菇蝇在不同时期应采用不同方法。

出菇前有菌蛆大量发生，可用敌敌畏按 0.90 kg/m^2 的量进行熏蒸，同时在每个培养块上再喷 0.15 kg 的 1%氯化钾或氯化钠溶液（可用 5%食盐水代替）。

出菇后有菌蛆为害可喷鱼藤精、除虫菌酯，烟碱等低毒农药，（烟碱可自制：取 0.50 kg 烟梗，加水 5 kg 煮沸后取溶液喷洒）。

此外，还应加强通风，调节棚内温湿度来恶化害虫生存环境，达到防治目的。

2. 菇蚊的防治措施

（1）及时清理废旧培养料　香菇采收过程中应及时将废弃的菇木挑出并集中堆放处理，采收结束应马上将全部菇木离架脱袋，集中堆放，并彻底打扫菇棚。废料堆应远离下一批菇木的发菌场所，堆内泼洒 50%的石灰水消毒，然后在堆面喷洒 200 倍敌敌畏液后加塑料薄膜覆盖，这样既可促进废料发酵腐熟又可杀虫灭菌。废料堆放 40 d 以上后可作大田作物有机肥使用。

（2）保持发菌场外和出菇场地清洁　堆放前发菌场所和菇棚（包括人造菇木堆放地及周边环境）要进行彻底清扫，并用石灰粉或漂白粉等进行消毒杀虫灭菌。菇木要疏排，及时翻堆，及时刺孔通气，加强管理，提高菇木的自身抗病虫能力。

（3）正确掌握防除菇蚊的方法　主要采用喷雾、注射、挖除、诱杀四种方法防治菇蚊。

①喷雾是杀死菇蚊的关键措施，通过喷雾杀虫可及时杀死成虫，大大降低成虫产卵量。杀成虫可用菇类专用杀虫剂菇虫净，该药具有触杀和胃毒双重作用，且药效持久。一般在刺孔通气前喷

一次，到剥袋时（花菇除外）再喷一次即可有效杜绝成虫再产卵。

②对在筒袋内的菇蚊幼虫可选用300倍敌敌畏液注射病斑，每厘米直径注射0.5～1 mL，不可过量。

③挖除病斑，剔尽黑色木屑然后涂上石灰水，同时及时烧毁或深埋剔除下来的病斑木屑。

④根据菇蚊对旧病斑的趋性，在人造菇木堆放场所选留部分菇蚊危害较重的菇木作诱饵，筒内施少量3%呋喃丹颗粒剂，诱集菇蚊产卵后将其集中杀灭。

3. 螨类的防治措施

搞好培菌场所的环境卫生，可有效地杜绝螨害的发生。对发生螨害的培菌室，在重新使用前用敌敌畏等药物熏蒸杀螨。菌丝体培养期间可喷洒1 000倍液的三氯杀螨醇或500倍液的克螨特效果较好。子实体培育期间不宜用药，否则菇体易产生药害，食用后危害人体健康。

4. 其他虫害的防治措施

对蜗牛、蛞蝓等害虫，可于清晨或傍晚进行人工捕杀。对白蚁可用亚砒酸60%、滑石粉40%；或亚砒酸46%、水扬酸15%、氧化铁5%的混合药粉撒施在蚁道、蚁巢上防治。

第七章　平菇栽培技术

平菇又名侧耳菌，属木质腐生菌类，是目前我国栽培最多的主要食用菌之一。平菇在真菌分类上属于担子菌纲伞目侧耳科侧耳属。我国已发现的食用侧耳有 30 多种，进行培植的主要有糙皮侧耳、紫孢侧耳（美味侧耳）、金顶侧耳（榆黄蘑）、栎平蘑，近年来又驯化成功红平菇。此外还从美国引进了佛罗里达平菇，从香港、澳大利亚引进凤尾菇等。

平菇肉厚质嫩、味道鲜美、营养丰富，蛋白质含量占干物质的 10.5%，且人体必需氨基酸含量高达蛋白质含量的 39.3%。平菇含有大量的谷氨酸、乌苷酸、胞苷酸等增鲜剂，这就是平菇风味鲜美的原因。平菇含有多种维生素和较高的矿物质成分，其中维生素 B_1、维生素 B_2 的含量比肉类高，维生素 B_{12} 的含量比奶酪高。平菇中不含淀粉，脂肪含量极少（只占干物质的 1.6%），被誉为“安全食品”、“健康食品”，尤其是糖尿病和肥胖症患者的理想食品。平菇中的侧耳菌素、侧耳多糖等各种特殊成分的生理活性物质都分别具有诱发干扰素合成、加强机体的免疫作用、机体抵制癌变的能力、减少血液中的胆固醇等。因此，多食平菇既可防治高血压、心血管病、糖尿病、癌症、中年肥胖症、妇女更年期综合症、植物神经紊乱等病症，又可以增强体质、延年益寿。

第一节　平菇生物学特性

平菇种类多,不同季节有不同的品种类型。通常按子实体分化和发育期的温度要求,把平菇属的种类划分为低温、中温和高温三种类型。

低温型:子实体分化温度最高不超 22℃,最适宜温度在 13～17℃,如冻菌、P2-2 等。

中温型:子实体分化温度最高不超 28℃,最适宜的温度范围 20～24℃,如凤尾菇、佛罗里达平菇、紫孢平菇等。

高温型:子实体分化温度能超过 30℃,最适温度是 24～28℃,如鲍鱼菇、红平菇等。

由于平菇具有各种温型的品种,使得各地区可以在不同季节根据当地气温选择不同温型的品种,所以平菇栽培较少受地区气候条件和季节的限制。掌握得好,可以全年生产。

一、形态特征

平菇是由菌丝体和子实体两部分组成。菌丝体呈白色,是多细胞、分枝、分隔的丝状体,能在木材、秸草等基质上生长,属木质腐生菌。子实体由菌盖和菌柄两部分组成,菌盖为贝壳状或扇状,常呈复瓦状丛生在一起。菌盖直径一般 5～15 cm,幼时色深,成熟后色浅(光强色深、光暗色浅)。菌肉白色肥厚,细嫩柔软,边缘内卷。成熟后,菌盖中心稍下陷呈漏斗状,并长出白色纤毛,边缘变薄而呈波浪状,略向上卷且易裂开。菌褶延生,白色质脆易断裂,长短不一,宽 0.3～0.5 cm,菌褶上着许多担子和担孢子。菌柄生于菌盖的一侧或偏生,柄长 2～7 cm,宽 1～4 cm,中实,上粗下细,肉质白色,基部常相连并有白色纤毛。担子多为棍棒形,每个担子上有 4 个小梗,每个小梗上着生一个担孢子,担孢子多为长方形或圆柱形，无色（罕为淡紫色、淡粉红色），光滑，大小为（8～12）μm×（3～4）μm。平菇的生长繁殖属异宗色结合，双因子控制，四极性类型。无囊状体。

二、生活史

平菇的生活史和其他食用菌相似。担孢子成熟后就会从菌褶上弹射出来。在适宜的环境条件下，孢子就开始萌发、伸长、分枝，形成单核菌丝，又称初生菌丝。单核菌丝是不可孕的。当不同性别的单核菌丝结合后，菌丝内就含有两个核，称为双核菌丝，又称次生菌丝。有锁状联合，此时即由营养生长转入生殖生长，开始在基质表面出现成堆的小米状的白色菌蕾，因形似桑葚，故称桑葚期；在适宜条件下，经 1～2 d 部分小菌蕾开始伸长，基部粗，上部细，参差不齐，形似珊瑚，故称珊瑚期；又经 2～3 d，在菌管顶部形成灰黑色小扁球即原始菌盖，这时称为形成期；再经 3～4 d 后即进入成熟期。

三、生活条件

平菇对环境条件的要求是栽培平菇技术措施的依据，人为地创造并满足平菇生长发育的条件要求，是平菇优质高产的关键。影响平菇生长发育的主要因素包括营养、温度、湿度、空气、光照、酸碱度等。平菇要求的主要生活条件如下：

（一）营养

平菇在整个生长发育过程中需要的主要营养物质是碳素，如木质素、纤维素、半纤维素以及淀粉、糖等。这些物质主要存在于木材、稻草、麦秸、玉米秸、玉米蕊、棉籽壳、高粱壳、油菜荚等各种农副产品中，在栽培实践中以上述物质作培养料即可满足平菇生长发育对碳素的要求。

氮素也是平菇的重要营养源。平菇合成蛋白质和核酸时少不了氮素，在培养料中加入少量的麸皮、米糠、黄豆粉、花生饼粉或微量的尿素、硫酸铵等即可满足平菇对氮素的要求。

在平菇对碳、氮源利用过程中，营养生长阶段对碳氮比要求20∶1为好，而在生殖发育阶段碳氮比以(30～40)∶1为宜。

平菇生长发育过程中还需要微量的矿物质元素，如磷(P)、镁(Mg)、硫(S)、钾(K)、铁(Fe)等，以及维生素。所以在配制培养基时加入1%～1.5%的碳酸钙($CaCO_3$)或硫酸钙($CaSO_4$)以调节培养料的酸碱度，同时有增加钙离子的作用；也可加入少量的过磷酸钙、硫酸镁、磷酸二氢钾等无机盐。此外，平菇生长发育还需要微量的钴(Co)、锰(Mn)、锌(Zn)、钼(Mo)等。金属元素在培养料和水中都含有，所以栽培时不必另外添加。

(二)温度

平菇是低温型菌类(通过人工筛选后有耐高温型品种)，菌丝耐寒能力强，在－30～－20℃也不致死亡，高于40℃则死亡。生长温度范围在5～35℃，最适培养温度是24℃±2℃。子实体形成温度在5～20℃，在10～15℃子实体发生快，生长迅速、菇体肥厚、产量最高；10℃以下生长缓慢；超过25℃时子实体不易发生(高温型品种例外)。孢子在5～32℃均可形成，以13～20℃为最适温度，而孢子萌发温度以24～28℃最适宜。

(三)湿度

鲜菇中含水量通常在85%～92%，因此水分是子实体的重要组成部分，而且所需营养物质也需溶于水后供应菌丝吸收。平菇的生长发育所需要水分绝大部分来自培养料，平菇栽培时培养料含水量要求达60%～70%。如果含水量太高则影响通气，菌丝难于生长；含水量太低则会影响子实体形成。

对空气湿度的要求，菌丝生长阶段要求培养室的空气相对湿度控制在80%以下。如果空气相对湿度大了，培养料就会吸水，湿度提高杂菌容易繁殖；如果培养室过于干燥，培养料易失水也不利于出菇。平菇原基分化和子实体发育时，菌丝的代谢活动比营养生长时更旺盛，因此需要比菌丝生长阶段更高的湿度，此时空气相对湿度应控制在85%～95%。若低于70%，子实体的发育就要受到影响。

（四）空气

平菇是好气性菌类。菌丝生长阶段如透气不良，生长缓慢或停止；出菇阶段在缺氧条件下不能形成子实体或形成畸形菇，所以出菇阶段要注意通风换气。

（五）光照

平菇对光照强度和光质要求因不同生长发育期而不同。菌丝生长阶段完全不需要光线，在强光照射下，菌丝生长速度减慢40%左右。子实体原基分化和生长发育阶段，需要一定的散射光，此阶段对光谱的要求也恰恰与菌丝生长阶段相反。在黑暗条件下平菇的菇柄细、菌盖小；而在很明亮的条件下，子实体原基不易形成或形成之后菌柄又粗又短，菌盖不易展开，色泽很深。

（六）酸碱度

平菇喜欢偏酸性环境，pH为5.5～6.5最适宜。但平菇具有对偏碱环境的忍耐力，在生料栽培时，pH达8～9的培养料，平菇菌丝仍能生长，这一特性在实际栽培中有很大的意义。

第二节　平菇栽培技术

一、栽培方式与季节选择

平菇栽培方式很多，但目前多采用袋式立体栽培法。

平菇虽然有各种温型的品种，适宜于一年四季栽培，但总体上平菇绝大部分品种属于中、低温型的。少数高温型品种是人为选育的,以满足夏季生产需要。根据平菇生长发育对温度的要求,一般栽培季节为春、秋两季,春季栽培宜早,争取春季完成栽培周期;秋季宜迟,避免高温伤害菌丝,应在气温降至20℃以下时开始栽培。

二、培养料的配制

(一)常用配方

大部分农副产品的废弃物(秸秆、皮壳等)均可用作栽培料来栽培平菇,常用的配方有:

①棉籽皮 89%,麸皮 10%,石膏(或石灰)1%。

②玉米芯(粉碎成黄豆粒大小)93%,棉籽粉饼 4%,过磷酸钙 1%,石灰粉 1%,石膏粉 1%。

③高粱壳 78%,玉米面 5%,糖 1%,石膏 1%,石灰 2%。

按以上配方分别称取各物质,按料水比 1∶1.5 加水拌料,充分拌匀。

配料注意事项:

①含量较少、能溶于水的物质先溶于水后再拌料。

②拌料后堆闷两小时再用,使培养料充分吸水。

③装袋接种前检查含水量是否合适。

(二)培养料的堆积发酵

1. 堆积发酵的方法

(1)拌料　按料水比 1∶(1.8～2.0)加 pH 10 左右的石灰水拌料,充分搅拌均匀。

(2)选地建堆　在背风向阳地,培养料堆成下底宽 1～1.5 m,高 1～1.5 m 的料堆,长度不限,表面稍拍实后,按 30 cm 的穴距打直径 5～8 cm 的孔,以利通气,料堆表面覆盖草苫。

(3)发酵过程　一般建好堆后 2 d 左右堆温可升至60℃,维持

24 h 后翻堆，翻堆后再盖好，堆温升 60℃时再维持 24 h。

2. 堆积发酵的标准

(1)看　培养料颜色变深，呈浅褐色。

(2)闻　气味正常，不酸、臭，无霉变。

(3)摸　培养料发软，但不粘。

3. 培养料发酵的优点

(1)可以杀死大部分的虫卵和幼虫以及部分杂菌。

(2)使培养料软化，菌丝易于分解生长。

(3)能显著提高产量。

三、菌袋选择及接种

(1)菌袋选择　常选用 22 cm×(45～50) cm，每袋可装干料 1 kg 左右。

(2)准备菌种　将栽培种从菌种袋或菌种瓶中取出，用手掰成 1～2 cm 的小块备用。

(3)接种量　接种量一般为 6%～10%。

(4)装料接种　采用层播的接种方式，即三层菌种两层料。两端和中间为菌种，其他为栽培料。具体方法：料袋一端封口→装入一层菌种→装料→再装一层菌种→再装料→最后再装菌种→料袋另一端封口。

四、栽培管理

(一)菌丝生长阶段的管理

在平菇栽培中，发菌阶段的管理是非常重要的，这是栽培成败的关键。

栽培袋的堆放：在温度偏低的季节(春、冬季)，双排堆放，堆高 6～8 层，行间距 60 cm。在温度偏高的季节(秋季)，单行堆放，堆高 4～5 层，袋间距 3～5 cm 或井字排垛，行间距 60 cm。

发菌前期每 2～5 d 倒垛一次，中后期每 7～10 d 结合检查杂菌倒垛一次。倒垛时要将垛中的菌袋上下里外位置互换，以利均衡发菌。除定期倒垛外，还应注意观察菌袋温度，一旦发现垛中菌袋温度达到或超过 35℃时，应立即倒垛，散热降温。

一般接种后 2～3 d，菌丝开始恢复生长。菌丝生长的最适温度是 23～27℃，所以温度管理应尽可能达到或接近这个范围。生料栽培或开放式栽培，培养料中还有其他微生物活动产生呼吸热，料温将比室温高出 2～3℃甚至更多，所以要密切注意料温变化，采取相应的散热措施，降低培养室的温度。这个阶段的空气相对湿度要求控制在 80％以下，菇房和菌袋都不能喷水，湿度高会导致污染率提高。

菌丝生长阶段，光照对菌丝生长不利，尤其不能使菌袋受到直射光照。

空气对平菇菌丝生长也很重要，虽然菌丝生长阶段能耐较高浓度的 CO_2，但 CO_2 浓度过高也会抑制菌丝生长，严重缺氧时菌丝会老化窒息而死。培养室若通气不良，菌丝的呼吸热量散不掉，会致使料温上升，烧坏菌丝。

(二)子实体生育阶段的管理

当菌丝长满全部培养料，正常温度下需 1 个月左右(凤尾菇 20 d 左右)，此时，平菇由营养生长阶段转入生殖发育阶段。

平菇子实体生育阶段需要低温，尤其是原基分化更需要低温刺激和较大的温差，所以在生育阶段将温度控制在 7～20℃范围之内，最适温度 13～17℃。原基分化阶段尽可能扩大温差。

子实体发育阶段的水分管理尤为重要。菌丝生满培养料后要浇一次出菇水，以补充发菌阶段散失的水分，满足出菇对水分的需要，另外出菇水还有降低料温、刺激出菇的作用。同时可向墙壁、过道、空中喷雾增加空气湿度，把空气相对湿度提高到 85％左右。

通过调节温差、湿度和光照的刺激，菌棒上开始出现许多小颗粒，即进入桑葚期。此阶段应停止向菌棒喷水，否则会影响菇蕾的形成和造成菇蕾不分化烂掉，可经常向空间喷雾提高空气湿度。菌棒过于干燥，菇蕾容易枯萎；补水多了，菇蕾又容易浸水烂掉，且温差刺激不够，不能大面积形成原基。这阶段的管理难度较大，但对出菇产量极其重要。

3 d左右菇蕾分化长成珊瑚状，称珊瑚期，5～7 d分化成熟，在这阶段应加强以下管理措施：

(1)通风　室内废气过重会造成畸形菇或烂菇，每日通风3～4次以补充新鲜空气。

(2)保湿　空气相对湿度应维持在90%。因此，每日应根据气候情况在室内喷4～5次雾状水，但不能让菌盖上积水造成卷曲。若菌棒过于干燥可用小勺在菌棒上淋水，但不要直接喷水到菇体上。冬季可在火炉置开水壶，增加室内蒸汽保温保湿。

(3)光照　从催蕾生长开始菇房可增加散射光照，若缺乏散射光刺激，菌丝生长长期停留在营养生长阶段，迟迟不分化原基。不能有直射阳光，光照太明亮对子实体发育也有不良影响。

(4)及时采收　平菇适时采收既可保证质量也可保证产量。在菌盖展开、菇体色白，即将散放孢子以前采收为宜。采收过迟，菌盖边缘向上翻卷，表现老化，菌柄纤维度增高，品质下降，菌体变轻，影响产量，并且大量散放孢子又污染空气。采收过迟，还引起菌丝老化、空耗营养，对下潮菇的转潮和产量都有严重影响。

(三)间歇期的管理

第一潮菇采收之后10～15 d，就会出现第二潮菇，总共可收四至五潮，其中主要产量集中在前三潮。在两潮菇之间是菌丝休整积累养分的时间，此时要做到：①清理菌棒表面老菇根和死菇，防止腐烂；②轻压菌棒并使老菌皮破裂，以利新菇再生；③将门窗打开通风4～5 h，换入新鲜空气；④用清水将薄膜正反两面彻底擦洗干净，然后贴菌棒覆盖，清理室内杂物，保持卫生；⑤一周后按头潮菇管理法进行，浇出菇水和调节温差刺激催蕾等管理措施。以后各潮菇照此管理。

五、病虫害防治

(一)病害

病害分为寄生性病害、干扰性病害、竞争性病害三大类。直接侵害蘑菇菌丝体的叫寄生性病害；虽不直接侵害蘑菇菌丝体和子实体，但病源菌分泌的毒素能抑制蘑菇菌丝或干实体生长发育的叫干扰性病害；由于病菌的存在，夺取或降低了蘑菇培养基生长发育所需营养的叫竞争性病害。

病菌的侵染源，初侵染多为空气，再次侵染主要是蘑菇残体和水。根据杂菌生态来源，采取以下防治措施：

(1)菇房保持良好的卫生环境，及时处理有病菌的蘑菇和菌丝体。保持低温、低二氧化碳，增大空气循环。

(2)种菇前，对菇棚尤其是老菇棚一定要进行消毒。

(3)采用新鲜培养料，并根据霉菌喜酸性的习性，加 2%的石灰，将 pH 调至 8～8.5。若培养料陈旧或产生霉团，应在阳光下暴晒 3～5 d，然后拌入 2%石灰水堆闷发酵 3～5 d 方可使用。

(4)对已发生霉菌的菌袋或菌块，可挖去病菌，在病区撒入石灰粉或 10%石灰水，或者将菌块浸入水内。水面高出菌块 5 cm，每天浸泡 4 h、连泡 5 d，可使青霉、绿霉因隔绝空气而死亡，蘑菇菌丝不受影响。

(二)虫害

危害平菇的害虫主要是双翅目和螨类。其防治方法为：①菇房按每立方米空间用磷化铝 10 g 或 3 片进行熏蒸；②使用菊酯类或乐果杀虫剂在每茬菇收获后喷雾除治。

第八章　滑子菇栽培技术

滑子菇又名滑菇、珍珠菇、光帽鳞伞。在植物学分类上属真菌门担子菌亚门担子菌纲伞菌目球盖菇科鳞伞属。原产于日本，我国主产区为河北北部、辽宁、黑龙江等地。滑子菇味道鲜美、营养丰富，深受消费者喜爱。滑子菇 100 g 鲜菇含蛋白质 1.1 g、脂肪 0.2 g、糖 2.2 g，并含有钙、磷、铁、钠及维生素 B_1、维生素 B_2。滑子菇子实体的热水提取物——多糖体，可预防葡萄球菌、大肠杆菌、肺炎杆菌、结核杆菌的感染。滑子菇是很有发展前途的保健食品及出口创汇产品。

第一节　滑子菇生物学特性

一、营养来源

滑子菇属木腐菌，在自然界中多生长于阔叶树尤其是壳斗科树木的伐根、倒木上。滑子菇的菌丝从外表面来看呈绒毛状，初期颜色呈白色，逐渐变为奶油黄色或淡黄色。子实体是滑子菇的繁殖器官，也是食用的部分，它相当于高等植物的果实。滑子菇的子实体是由菌盖、菌褶、菌柄三部分组成。人工栽培滑子菇以木屑、秸秆、米糠、麦麸等富含木质素、纤维素、半纤维素、蛋白质的农副产品为人工栽培的培养料。

二、环境条件要求

（一）温度

滑子菇菌丝在5～32℃均可生长，最适温度为22～25℃。子实体在5～18℃都能生长；高于20℃，子实体菌盖薄，菌柄细，开伞早；低于5℃，生长缓慢，基本不生长。

（二）光照

滑子菇栽培不需要直射光，但必须有足够的散射光。菌丝在黑暗环境中能正常生长，但光线对已生理成熟的滑子菇菌丝有诱导出菇的作用，因此出菇阶段需给予一定的散射光。光线过暗，菌盖色淡，菌柄细长，品质差，还会影响产量。

（三）湿度

菌丝培养料含水量以60％～65％为宜。子实体形成阶段培养料含水量以75％～80％为最好，空气相对湿度要求在85％～95％。

（四）空气

滑子菇也是好氧性菌类，对氧的需求量与呼吸强度有关。早春接种之初，气温低，菌丝生长缓慢，少量的氧即能满足需要；随着气温升高，菌丝新陈代谢加快，呼吸量增加，菌丝量增加，此时，注意菇房通风和料包内外换气。出菇阶段子实体新陈代谢十分旺盛，更需新鲜空气，空气中如二氧化碳浓度超过1％，子实体菌盖小、菌柄细、开伞早。

（五）酸碱度

培养料的酸碱度直接影响细胞酶的活性，滑子菇菌丝生长适宜的pH为5～6。木屑、麦麸、米糠制成的培养料pH一般为6～7，但经加温灭菌后pH会下降，达到适宜的pH，因而勿须再调整pH。

第二节　滑子菇栽培技术

一、栽培季节

滑子菇属低温变温结实型菌类，根据不同地区气候特点，适时栽培。冀北地区一般选择在 10 月中旬～11 月中旬接种，翌年 3 月下旬码垛催蕾，出菇期为 4～12 月。

二、菌种的选择

（一）品种选择

滑子菇根据出菇温度的不同分极早生种（出菇适温为 7～20℃）、早生种（5～15℃）、中生种（7～12℃）、晚生种（5～10℃）。生产者要根据当地气候、栽培方式和目的来选用优良品种。现在主产区的主栽品种主要有早生 2 号、112-1、C3-1、C3-3 等。

（二）菌种选择

选用菌种时要求不退化、不混杂，从外观看菌丝洁白、绒毛状，生长致密、均匀、健壮；要求菌龄在 50～60 d，不老化，不萎缩，无积水现象。选用菌种时应各品种搭配使用，不可使用单一品种，防止出菇过于集中影响产品销售。

三、出菇棚的建造

良好的栽培场地是滑子菇正常生长发育的基本条件。在当前农村的生产水平和经济条件下，一部分是利用空闲住房、棚室作菇房，但大多利用或建造温室大棚做培养室或出菇棚。出菇的好坏、产量的高低完全取决于培养室的环境和出菇棚的设置，因此为满足滑子菇生长发育要求，栽培场所应具备以下条件：①保温保湿，不易受外界气候条件影响而使温度发生剧烈变化；②冬暖夏凉，提高发菌成品率，延长出菇期；③通风条件好，没有直流风；④无直射光，但必须有较强的散射光，能满足子实体生长发育的需求。⑤环境清洁，远离污染物，靠近水源。

四、培养料常用配方

配方一：木屑 77%，麦麸（或米糠）20%，石膏 2%，过磷酸钙 1%。

配方二：木屑 84%，麦麸或米糠 12%，玉米粉 2.5%，石膏 1%，石灰 0.5%。

配好的培养料 pH 以 6.0～6.5 为宜，含水量为 60%～65%。

五、拌料、装袋、灭菌

（一）拌料

将培养料按比例配好，搅拌均匀，加水量可根据原料的干湿情况，以料含水量达 60%～65%为准，闷堆 30 min。

（二）装袋

栽培袋多采用 55 cm×18 cm 或 55 cm×15.5 cm 的聚乙烯塑料袋。装袋时应注意以下几点：①拌好的料应尽快在 4 h 之内装完，以免放置时间过长培养料发酵变酸；②装好的菌袋要求密实不松软；③装好的菌袋要逐袋检查，发现破口用胶带纸粘实。

（三）灭菌

灭菌采用蒸汽锅炉充气式灭菌方式。将装好的菌袋及时入锅，合理摆放；加温时要做到强攻头、保中间、后彻底；温度达到 100℃保持 18～20 h，再闷 2 h 趁热出锅。

六、接种

接种室提前按照要求用气雾消毒盒消毒。当菌袋料温降至25℃左右时，即可按无菌操作要求接种。接种时要做到：①取菌种的手要干净无杂菌；②掰下的菌种块要堵实菌穴；③每次接种时间不宜过长，要保持在 4 h 以内，防止杂菌污染。

接种后的菌袋堆放方式可根据气温和发菌情况而定。低温季节，室(棚)温低于 10℃时，为提高堆温，可将菌袋菌穴朝上顺码式摆放，垛高不大于 10 层。随着温度升高，为使菌垛通气好，宜摆成♯字形或△形摆放，排与排间留有通道，利于空气流通。

七、发菌

发菌管理的主要任务就是创造适宜的生活条件，促使菌丝加快萌发、定植、蔓延生长，在 50～70 d 长满菌袋，并有一定程度的转色，为出菇打下基础。

(一)菌丝萌发定植期

调节室内温度 10～15℃为宜，空气相对湿度 60%左右，并且结合通风管理。尽量做到恒温养菌，一般每隔 7～10 d 检查翻垛一次，一旦发现有杂菌的菌袋要及时防治或清出埋掉。

(二)菌丝生长蔓延期

菌丝萌发定植后，进入旺盛生长期，温度适宜时每天最快生长3～5 mm。调节室内温度到 15～20℃，并加强室内通风管理。发菌期间可根据菌丝生长情况进行刺孔增氧。当菌丝生长缓慢、边缘纤细、颜色发黄时可进行刺孔补氧，在菌丝外边缘向里 1.5 cm处刺 6～8 个孔，孔深 1～1.5 cm。如果菌袋装得较松或含水量偏低，可不刺孔。

（三）发菌成熟期管理

当菌袋发满由白逐渐变成浅黄色、黄色的菌膜时，表明已达到生理成熟，进入了转色后熟阶段，完成转色大约需 10 d。发菌的好坏会直接影响到是否顺利出菇、产量高低、质量好坏。

八、出菇

（一）场地准备

菌棒开袋前，棚内地面用消毒液进行喷洒消毒，然后再用石灰撒施地面。

（二）码垛开袋

将通过转色后熟期的菌袋码垛开袋，方式有三种：①可采用码“#”字垛的方式出菇，码好垛后将袋的两端塑料割掉，使两端出菇；②可采用码顺排墙式出菇，此方法需将菌袋中间截为两段，每段也两端出菇；③可采用层架式出菇方式，此方法需将菌袋接种点一面的塑料割掉 2/3，表层出菇，留下 1/3 托住菌袋置于层架上。

（三）催蕾期

催蕾期主要是增加湿度。向袋上、空间喷水，本着少喷勤喷的原则，使菌袋含水量达到 70%～75%，空气相对湿度达到 85%～90%，喷水时要结合通风。原基分化至小米粒大小时，袋上减少喷水量，以免死菇，此时以保湿为主，使空气相对湿度达到 85%～90%，温度控制在 15～18℃。

（四）幼菇期

滑子菇长至 0.5 cm，可向袋上喷水，要轻喷，喷水量以保证滑子菇生长所需水分为宜，喷水时要及时进行通风。棚温保持在 12～18℃为宜，空气相对湿度 95%以上，水温 10～20℃适宜，并要求有一定的散射光线。

(五)采收

采收标准根据市场要求而定。鲜菇采收时,用手按菇根轻轻旋转拔起,不要将料带出,同时清除死菇、残根等杂物。

九、病虫害防治

(一)常见病害及防治

常见病害主要有绿色木霉、青霉、根霉等霉菌,预防措施如下:

(1)切实搞好环境卫生,作好菇棚、地面、工具、器具消毒。

(2)严防培养料带菌,必须做到灭菌彻底和无菌条件下接种,接种时必须在低温、无菌条件下进行。发菌时适温培养,最高不超过 25℃,并加强通风。

(3)菌种使用具有旺盛生命力的适龄良种。凡退化种、老化种、杂菌污染种均应淘汰。

(4)培养料中,按比例添加麦麸、石膏等营养物,不宜过量。

(5)对出现病害的菌袋,不提倡使用农药,可通过温度、湿度及通风来控制,当病害面积超过 2/3 且较为严重时,可进行掩埋或发酵后用于草腐菌生产。

(二)常见虫害及防治

常见虫害主要有菇蝇和菇蚊等,防治措施如下:

(1)搞好环境卫生,菇根、烂菇及废料要及时清除,并远离菇棚。

(2)菇棚门窗安装防虫网,防止成虫飞入,杜绝虫源。

(3)菇棚内经常撒石灰粉,以灭菌杀虫。

(4)出菇以后只能使用生物制剂或采用黑光灯、黄板、防虫网、灭蝇灯等诱杀办法除虫。

第九章　双孢菇栽培技术

双孢菇属于担子菌亚门伞菌目伞菌科蘑菇属，属草腐菌，中低温性菇类。双孢菇具有一定药用价值，对病毒性疾病有一定免疫作用。所含的蘑菇多糖和异蛋白具有一定的抗癌活性，可抑制肿瘤的发生；所含的酪氨酸酶对胆固醇有一定的溶解效果，对降低血压有一定作用；所含的胰蛋白酶、麦芽糖酶等均有助于食物的消化。中医认为，双孢菇味甘性平，有提神消化、降血压的作用。目前，双孢菇发展势头呈上升趋势，每年增长15%～20%。

第一节　双孢菇生物学特性

一、形态特征

双孢菇经过长期选育有白色、棕色和奶色3个变种。目前我国栽培的双孢菇大部分为白色变种，俗称白蘑菇，来源于法国，其色泽纯白，外观好看，主要适用于卖鲜品或加工成罐头，经济效益较高。棕色、奶色变种对外界不良环境有较强的抵抗力，但由于质量较差，栽培规模较小。

二、营养特性

双孢菇属于草腐菌，生长发育需要的碳素营养可通过分解纤维素、半纤维素和木质素获得，所需要的氮素营养从腐熟的牲畜粪中获得。因此，各种农作物秸秆和各类粪肥，均可作为栽培双孢菇的原料。双孢菇子实体分化和发育的最佳碳氮比为 17：1。

(一)碳源

双孢菇是一种腐生真菌，完全依靠培养料中的营养物质来生长发育。双孢菇可以利用的碳源有葡萄糖、蔗糖、麦芽糖以及通过微生物和双孢菇菌丝分泌的酶将淀粉、维生素、半纤维素及木质素分解为简单的碳水化合物后才能吸收利用。

(二)氮源

双孢菇可以利用的氮源有尿素、铵盐、蛋白胨、氨基酸等，因此，配制培养基时，除了用粪草等主要原料外，还要按照一定的比例加尿素、硫酸铵，以满足双孢菇生长发育的需要。

(三)矿质元素

双孢菇生长发育中，除需要碳和氮素营养外，还需要一定量的磷、钾、钙等矿质元素及铁、钼等微量元素。因此，在配制培养基时要按照一定的比例加过磷酸钙、石膏、石灰，以满足双孢菇生长发育的需要。

三、环境条件要求

(一)温度

菌丝生长温度范围为 5～33℃，最适温度为 23～25℃；超过 25℃菌丝虽然生长很快，但纤细无力，且易早衰；33℃以上的菌丝发黄，以致停止生长；10℃以下，菌丝生长缓慢。子实体生长温度范围为 7～22℃，最适温度为 13～18℃；低于 12℃，子实体生长缓慢；18℃以上，子实体生长快，菌柄细长，易开伞，质量差，产量低。

(二)湿度

双孢菇菌丝生长阶段要求培养料含水量 60％～65％；空气相

对湿度80%左右,覆土层的湿度应保持在18%～20%。子实体生长阶段空气相对湿度控制在85%～90%。

(三)空气

双孢菇属好气性真菌,需要良好的通风条件。无论是菌丝生长阶段还是子实体发生期间,都需要充足的新鲜空气。出菇阶段,CO_2浓度应控制在0.1%以下,否则子实体菌盖小,菌柄细长,易开伞。

(四)光照

双孢菇生长不需要直射光线,在一般散射光条件下可生长。子实体在阴暗环境生长,颜色洁白、朵形圆整、质量较好。若光线过强,菇体表面干燥变黄,生长畸形,品质下降。

(五)酸碱度(pH)

双孢菇生长环境宜偏碱性,偏酸对菌丝体和子实体生长都不利,且容易产生杂菌。双孢菇菌丝生长的pH范围为5.8～8.0,最适宜的pH为7。进棚前,培养料的pH应调节至7.8～8.0;土粒的pH应在8.0左右,这样既有利于菌丝生长,又能抑制霉菌的发生。

第二节　双孢菇栽培技术要点

我国地域广泛,南北气候差别较大,在北方选择海拔高、温度较低、昼夜温差较大的地区开展反季节双孢菇栽培,可实现双孢菇的周年生产和市场供应。

北方双孢菇错季栽培,自4月上旬开始备料生产,7月下旬开始出菇,至10月下旬出菇结束,产量约在10 kg/m^2左右。由于双孢菇价格较高,菇农经济效益可观。

双孢菇栽培技术路线:备料→预湿→建堆→翻堆→作床→进

棚→二次发酵→播种→发菌管理→覆土→出菇管理→采收。

一、品种选择

选用抗病虫、抗逆性强、适应性广、产量高的品种，目前，生产上普遍使用的品种为AS2796。

二、培养料选配

培养料的常用配方有以下两种，按100 m^2 栽培面积计。

配方一：稻草2 000 kg，牛粪2 000 kg，过磷酸钙40 kg，石灰32 kg，石膏40 kg。稻草要求色泽鲜黄，干燥、无霉变。牛粪必须是没有经过自然发酵的干牛粪，纯度在80%以上。

配方二：玉米秸1 500 kg，牛粪1 500 kg，尿素25 kg，棉籽壳300 kg，过磷酸钙40 kg，石膏60 kg，石灰50 kg。

三、发酵技术

(一)预湿

首先使稻草充分湿透，边喷水边踩，使其吸足水分，堆成宽2 m，高1.5 m的草垛，堆放2 d，每天在表面喷水2次，使含水量达到65%～70%(用手拧料有水溢出而不滴下为宜)。牛粪碾碎后同时浇水拌湿，预湿2 d备用。把辅料按比例拌匀备用。

(二)建堆

把预湿的稻草铺在地面上，厚度0.3 m，宽度2.2 m，在稻草的表面撒石灰、石膏、过磷酸钙，用水喷淋一次，使石灰粉等辅料渗入稻草内部，再均匀撒上5～6 cm厚的牛粪，依次逐层堆高到1.7 m。所建料堆要上下垂直，顶部成弓形，堆顶覆盖一层牛粪呈龟背形。建好堆后，自堆顶均匀浇水直到底部有水渗出为止。

(三)翻堆

1. 翻堆要点

(1)里料外翻、上料下翻,使培养料均匀发酵。

(2)翻堆时要把培养料抖松,让氨气散发出去。

(3)根据堆内发酵情况每次翻堆适量加入石灰、石膏、过磷酸钙,以调节培养料中的 pH 和养分。

(4)如遇雨天,及时用薄膜盖好,雨停后要尽快掀开薄膜,以防氨气过重。

2. 翻堆时间和次数

(1)第一次翻堆　建好的堆料自身发酵至 7 d 后,有大量热气冒出,当温度升至 60～65℃时开始第一次翻堆。

(2)第二次翻堆　在第一次翻堆 8 d 后进行,料温达到 65℃左右,含水量在 65%～70%。每间隔 1.5 m 插一个粗 12～15 cm 的木棍,待建堆完成后拔出,作为通气口,以散发出氨气和其他浊气。

(3)第三次翻堆　在第二次翻堆 7 d 后进行,翻法同前,翻堆时 pH 调节至 7.8～8.0。

(4)第四次翻堆　在第三次翻堆 7 d 后进行,含水量控制在 65%～70%。

四、进棚和二次发酵

5 月下旬,把发酵好的堆料入棚,按照从原料堆上层放至下层的顺序铺放。堆放时要把堆料抖松,原料要混合均匀,堆成厚度为 25～30 cm 的拱形料面,进行二次发酵。

二次发酵技术要点:严格控制好温度。密闭菇棚,棚内加温 24 h,使棚内温度达到 60℃,保持 36 h 后,开窗散气,使温度降低到 50～55℃,密封保持 24 h 后,再开窗散气,直至降至常温进行培养料整床。

五、播种及管理

(一)播种

当料温降至28℃时便可整床播种。播种前选择质量好、菌丝健壮、不老化的优质菌种,每平方米播种1～1.5瓶(500 mL)。播种方法是:将菌种瓶打碎,取出菌种,用手轻轻掰碎,先将菌种撒于料面上,用手指插入料中,稍动几下,使菌种粒落入料面下2～3 cm处,再将剩余的菌种均匀地撒在料面上,使料和菌种密切结合。

(二)发菌管理

播种后,主要是控制好菇棚温度、湿度和通风。正常情况下,播种3 d后菌种开始萌发,此时温度控制在25～26℃为宜,空气相对湿度75%左右。播种后闷棚3 d,3 d后菌丝向料面延伸,可适当通风,7 d左右菌丝布满料面,即可打开窗口通风,空气相对湿度控制在70%～75%,直至菌丝长到培养料的3/4处时准备覆土。

六、覆土

(一)准备工作

使用50 cm以下粘性较大的山坯黄土,pH在6.8～8.0,砸碎大的土块。为了增加土的透气性,可加入新鲜无霉变的稻壳,并掺入石灰。掺和比例:15m^3黄土,加入稻壳380 kg、石灰300 kg,均匀搅拌,充分加水使其湿透,堆闷3 d后使用。

(二)覆土过程

把土轻撒在料面上,覆土的厚度要掌握在2.5～3 cm,覆土过薄则影响产量,易开伞,覆土过厚则出菇太迟,容易出大菇。土的湿度以手握结成块,手上有水印为适,过干过湿都不利菌丝爬土。

同时棚内要开窗通风换气，温度控制在 25℃左右，湿度控制在 65%～70%。

七、出菇管理

覆土后经过 15～17 d 的管理，菌丝生长到土层 2/3 时，喷洒结菇水，2～3 d 后菌丝长出覆土表面形成菇蕾。双孢菇出菇期应注意喷水和通风。喷水时视土层干燥情况灵活掌握，喷水量不宜过大，水分过大，菌丝爬土慢，造成菇床表面不出菇。

通风要注意的基本原则：夜间多通风，水大多通风，阴天多通风。出菇期温度不得超过 23℃，最适温度为 13～18℃。

八、采收

（一）采收标准

一般要求菇盖直径达到 2～4 cm，菇形圆整，色泽洁白，无虫蛀，无破损等。为保证质量，采收前床面不要喷水。子实体生长快时，一天要采收 2 次。

（二）采收方法

双孢菇前三潮菇，床面菇多，密度大，为防止损伤菌丝及周围菇，采用旋菇法采收，即用手指捏住菇盖，轻轻转动采下，用小刀切去带泥根部，注意切口要平整。如果床面有丛生菇，且大部分子实体已长大，可整丛采下；如果只是个别菇大，其余还小，用刀割下大的子实体。采收后在空穴处及时补上土填平以促进小菇生长，提高产量和品质。

第十章　杏鲍菇工厂化栽培技术

杏鲍菇因具有愉快的杏仁香味和肉质肥厚似鲍鱼而得名。在野生条件下主要发生于刺芹植物枯死的根茎及其周围土壤中，所以又称为刺芹侧耳。世界上许多国家都先后进行过杏鲍菇的人工驯化和栽培研究。从不同生态环境的国家和地区分离或引进的杏鲍菇菌株有不同的生物学特性，栽培时应特别注意。杏鲍菇营养丰富，质地脆嫩，风味独特，口感极佳，有"菇王"之称，含有18种氨基酸，包括人体必需的8种氨基酸。杏鲍菇还有一定的药用价值。中医认为：杏鲍菇有益气、杀虫和美容作用，促进人体对脂类物质的消化吸收和对胆固醇的溶解，对肿瘤也有一定的预防和抑制作用，是老年人和心血管疾病与肥胖症患者理想的营养保健食品。目前，国内外市场上杏鲍菇价格较高，约为平菇、金针菇的3～5倍，适度发展杏鲍菇栽培将给栽培者带来较好的经济效益。

第一节　杏鲍菇品种

目前，我国用于栽培杏鲍菇的菌种很多，山西省长治市微生物研究所从福建三明真菌研究所、中国农业大学、江苏天达食用菌研究所等单位引进几十种菌株，经过栽培试验，适合我国北方栽培的菌株及特征特性如下：

杏鲍菇1号：由福建省三明市真菌研究所选育，出菇温度10～20℃，最适温度12～16℃。菌盖淡灰色，圆正，肉厚稍内卷，菌柄白色,组织结实,棍棒状,口感极佳,适合出口,耐贮藏,产量较高。

杏鲍菇 3 号:由福建省三明市真菌研究所选育,出菇温度 10～20℃,最适温度 10～18℃。菌盖淡灰色,内卷,中至大朵,圆正不易开伞,菌柄粗大均匀,适合贮运,口感好,产量高,抗病力强。

农大杏鲍菇:出菇温度 15～22℃,菇盖黄白色,棒状锤形,盖小,柄长 12～16 cm,直径 3～6 cm。质地致密,出菇端一次可形成子实体 2～5 个,单个菇体重量为 60～150 克,脆嫩爽口,易贮运,高产优质,市场竞争力强。

长杏 205:出菇温度 15～22℃,子实体保龄球状,盖灰黄色,圆正,柄褶颜色洁白,食之脆嫩爽口,杏仁味浓郁,品质极佳,高产。

杏鲍菇 528:由江苏天达食用菌研究所选育,出菇温度 5～29℃,耐高温,丰产抗杂,菇体结实,抗病强,大盖形,温度适应范围广。

杏鲍菇 511:由江苏天达食用菌研究所选育,出菇温度 12～23℃,保龄球状,个体美观,抗性强。

杏丰 12 号:由江苏天达食用菌研究所选育,出菇温度 14～18℃,保龄球状,个体美观,现蕾整齐。

杏鲍菇 12:由江苏天达食用菌研究所选育,出菇温度 10～20℃,高产,保龄球状,出菇整齐。

第二节　杏鲍菇生物学特性

一、营养需求

杏鲍菇是一种木腐菌,具有较强的分解木质素和纤维素的能力。

碳源:以木屑、棉籽壳、玉米芯、蔗渣、豆秆等农作物秸秆为主,辅助以葡萄糖和蔗糖。

氮源:杏鲍菇是一种喜欢氮素的菇类,生产中以麸皮、米糠和棉籽饼为主。适量加大氮源含量，有利于提高产量，但氮源含量过高，易造成出菇延迟或分化困难。

矿质元素：杏鲍菇生长过程中，还需要石灰质、钙、磷、钾等微量元素。适当加入石膏、石灰、磷酸二氢钾等物质可促进菌丝生长，提高菇产品质量。

二、环境条件要求

（一）温度

杏鲍菇属低温、变温结实菌类，尤其是子实体生长的温度范围较窄。杏鲍菇菌丝生长最适生长温度为20～25℃，发菌管理时以袋内温度为准。原基形成的温度范围为8～20℃，最适温度为12～15℃。子实体生长发育的温度范围为10～20℃；低于8℃子实体很难形成，子实体形成期如温度低，菇生长慢，粗大，但失水多，易结球；高于20℃易出现畸形菇，还会发生病害，引起死菇、烂菇。在原基形成期保证一定温差易现蕾；在子实体生长过程中，尽量保持恒温管理。

（二）湿度

杏鲍菇比较耐干旱，而含水量适宜有利于生长发育，提高产量。菌丝体阶段，培养料适宜含水量为60%～65%，空气相对湿度要求70%以下。子实体形成和发育阶段分别要求空气相对湿度为90%和85%～90%为宜。栽培时注意不宜直接向菇体喷水，否则容易感染细菌使菇体发黄甚至死亡。菇体所需的水分主要来源于培养料，所以培养料含水量可适当提高至65%～70%。

（三）氧气（通风换气）

杏鲍菇属好气性食用菌。原基的形成需要充足的O_2，CO_2应降低到0.1%以下，否则菇蕾形成慢，畸形菇多。出菇后期，根据出菇形状及品种进行调节通气。棒状的需要通风量大，而保龄球型的需要通风量小。

（四）光线

杏鲍菇发菌阶段不需要光线。在原基形成期，子实体的生长发育阶段需要一定的散射光。以棚内看清报纸为宜，即 800～1 000 lx。

（五）酸碱度

杏鲍菇菌丝在 pH 4～8 的范围内均可生长，但以 pH 6.5～7.5 最适宜。出菇阶段的最适 pH 为 5.5～6.5。

在生产过程中，把培养料的 pH 调到 9～11 为宜，因为杏鲍菇属熟料栽培，在灭菌过程中，pH 会降 1～2。在菌丝生长过程中，菌丝会代谢出有机酸，降低培养基的 pH。

第三节　杏鲍菇工厂化栽培技术

一、生产制备阶段

（一）菇房

菇房宽 3.5 m，长 9 m，高 3.5 m，分为发菌室、催蕾室和育菇室。各室的门统一开向走廊，廊宽 2 m。墙体喷涂聚乙烯发泡隔热层。菇架双列向排列，四周及中间留有过道，便于操作和空气循环。发菌室菇床 7 层，层距 0.35 m；催蕾室和育菇室菇床 5 层，层距 0.45 m，底层菇床距地面为 0.25 m。

（二）设备

菇房安装制冷、通风、喷雾、光照四种主要设备。各室配备 1 台 5HP 的制冷机和 1 台 40 m^2 的吊顶冷风机，或 2 室配备 1 台 8HP 的制冷机组和 2 台 40 m^2 的吊顶冷风机。催蕾室与育菇室的天花板上及纵向二垛墙各安装 2 盏 40 W 日光灯。各室安装 1 台

45 W 轴流电风扇，新鲜空气经由缓冲室打入菇房，废气从另一排气口经缓冲室隔层排出。

（三）主要栽培配方

配方一：棉籽壳 77.7%、麸皮 18%、玉米粉 2%、糖 1%、石膏 1%、磷酸二氢钾 0.3%，pH 9～11。

配方二：棉籽壳 37%、杂木屑 37%、麸皮 19%、玉米粉 5%、糖 1%、石膏 1%，pH 9～11。

配方三：杂木屑 48%、稻草秸 24%、麸皮 20%、玉米粉 5%、糖 1%、石膏 2%，pH 9～11。

配方四：棉籽壳 48%、玉米芯 30%、麸皮 20%、石膏 1%、糖 1%，pH 9～11。

（四）菌袋规格

塑料袋选用对折角的聚丙烯塑料袋，宽 17 cm，长 36 cm，厚度 0.05 mm。装干料 500 g。

（五）装瓶

机械装瓶，中心打孔，加滤气瓶盖。采用耐高温塑料筐（16 瓶/筐）。

（六）灭菌

高压灭菌，121℃保持 2 h。将栽培袋竖置于用钢筋焊成的周转筐内，周转筐四周和底部用编织袋铺垫，防止栽培包破损，周转筐上面覆盖一层耐热薄膜，防止冷凝水打湿棉塞。将周转筐堆叠于平板轨道车上，推入灭菌柜内进行蒸汽灭菌。

（七）接种

瓶温 30℃以下，无菌室接种。

（八）发菌

接种后菌袋移入发菌室避光培养，室内设定温度 23～25℃。

杏鲍菇在营养生长期间CO_2对菌丝生长有促进作用。随着菌丝的生长，袋中CO_2浓度由正常空气中含量0.03%逐渐上升到0.22%，能刺激菌丝生长，所以培养期间少量换气即可。培养35 d左右菌丝可长满栽培包。

二、栽培管理

（一）催蕾

培养结束的菌袋移入催蕾室菇床上，去掉棉塞和套环，表面覆盖农用地膜进行催蕾。催蕾室温度设定12～15℃，白天灯照9 h，光强在100～200 lx。调节室内空间湿度在85%左右，CO_2浓度在1 000 mg/ kg以内。催蕾时每天掀开地膜2次，每次15 min。催蕾7 d后原基开始形成，每天应检查菌袋原基发生情况，10 d左右菇蕾形成后进入出菇管理阶段。

（二）育菇

现蕾后将菌袋移入育菇室培育，离料面3 cm高以上塑料袋剪去。育菇室内设定温度15～18℃，每天灯照9 h，光强200～500 lx。空气湿度85%～90%，提高湿度应在缓冲室调节，或进行菇房空间喷雾。室内通风换气量控制在CO_2浓度2 000 mg/ kg以内。当菇蕾长到花生米大小时，用小刀疏去畸形和部分过密菇蕾。据观察，每袋产量与成菇朵数趋正相关，应根据目标市场的消费要求决定每袋应留菇蕾数。

（三）采收

当菌盖平展，孢子未弹射时为采收适期。采大留小，分次采收。采收单菇时，手握菌柄基部旋转拔起，丛菇用小刀切割。大多数菇袋只采收第一潮菇，单袋平均产量可达250 g以上。第一潮产量不足150 g的菇袋可继续管理，10 d后再长出第二潮菇。鲜菇采后应分级上市，或在3～4℃冷库中保鲜，保鲜期可达1周以上。

第十一章 黑木耳栽培技术

黑木耳又名木耳、耳子、光木耳、云耳、川耳等，隶属真菌门担子菌亚门层菌纲木耳目木耳科木耳属。黑木耳不仅有独特的味道，而且有很高的营养价值。其营养成分仅次于肉、蛋、鱼、豆，而为其他任何蔬菜所不及。因此，人们把黑木耳比作“素中之荤”的保健食品。

黑木耳营养丰富，其蛋白质含量远比一般蔬菜和水果高，含有人体必需的氨基酸和多种维生素，其维生素 B_2 的含量是米、面、蔬菜的 10 倍，比肉类高 3～5 倍；钙的含量是肉类的 30～70 倍；磷的含量比肉、鸡蛋都高，是番茄、马铃薯的 4～7 倍；尤以铁最丰富，为各类食品的含铁之冠，比肉类高 100 倍。每 100 g 黑木耳含蛋白质 10.6 g，脂肪 0.2 g，糖 65 g，粗纤维 7 g，灰分 5.8 g，钙 375 mg，磷 201 mg，铁 185 mg，胡萝卜素 0.03 mg，硫胺素 0.15 mg，核黄素 0.55 mg，尼克酸 2～7 mg。目前全球年消费黑木耳约 6 万 t，主要集中在中国、日本、泰国、新加坡等国家，随着国民经济和人民生活水平不断提高，黑木耳的消费量也将随之增多，市场潜力巨大。

我国栽培黑木耳的历史悠久，据有关史料记载，至少有 800 年以上。过去黑木耳栽培是沿用老法，即砍树、剔枝、断棒后排在耳场里，让其自然生耳。20 世纪 70 年代以来，由于科学技术的不断进步，黑木耳栽培进入纯菌种接菌时代，黑木耳种植量迅速扩大，栽培黑木耳的经济效益显著提高。20 世纪 80 年代以来，黑木耳管理技术的不断改进和适于各地气候条件的优良菌株的选育，使黑木耳栽培水平和产量有了很大的提高。

第一节　黑木耳生物学特性

一、形态特征

黑木耳是一种胶质菌，半透明、深褐色、有弹性，一般直径 5～6 cm，大者可达 10～12 cm。初为耳状、杯状，后渐变为叶状、花瓣状。表面光滑或有脉状皱纹。子实层覆盖在子实体的下表面，红褐色，干后收缩，变为橙黄色、深褐色或暗黑色；上表层表面褐色至黑褐色，密生短毛，无子实层。我国约有 10 余个品种，如皱木耳、黑木耳、大毛木耳、琥珀木耳、盾形木耳、大厚皱耳、黄黑木耳等，其中大部分可食。除黑木耳外，其他品种的品质较差。

二、营养特性

黑木耳生长对养分的要求以碳水化合物和含氮物质为主，还需要少量的无机盐类。

（一）碳源

碳源是黑木耳生长发育所需能量的主要来源。木耳的菌丝能利用葡萄糖、蔗糖、麦芽糖、淀粉、纤维素等各种碳源，木屑中的各种营养成分只有处于溶解于水的状态时，木耳菌丝才能吸收利用。菌丝先利用培养料中可溶状态的碳水化合物，同时分泌大量的酶把木屑中的纤维素、木质素等碳水化合物分解成可溶性糖，再进一步利用。栽培中碳源主要由阔叶树锯末、玉米芯、棉籽壳和甘蔗渣等来提供。

（二）氮源

含氮物质是构成黑木耳细胞原生质必需的物质。黑木耳能利用的氮源有蛋白质、氨基酸、尿素、铵盐、硝酸盐等，栽培中一般以添加麦麸来提供。

（三）矿质元素

矿质元素钙、磷、钾、铁、镁是木耳体内蛋白质和酶的重要组成部分，需量不大，但不可缺少。一般木屑中就可以提供，栽培中可加入石膏、磷酸二氢钾。

三、环境条件

（一）温度

温度是影响黑木耳生长速度、产量、质量的主要因子。黑木耳属中温型菌类，它的菌丝体在 5～35℃ 均能生长发育，但以 22～28℃为最适宜，28～32℃生长速度虽快，但容易老化。黑木耳的子实体在 15～30℃都可以形成和生长，但在22～28℃生长的耳片大、肉厚、质量好；28℃以上生长的木耳肉稍薄、色淡黄、质量差；15～20℃生长的木耳虽然肉厚、色黑、质量好，但生长期缓慢，影响产量；低于 15℃子实体不易形成。

（二）水分

水分是黑木耳生长发育的重要因素之一。木耳菌丝体和子实体在生长发育中都需要大量的水分，但两者的需要量有所不同。一般地说，菌丝生长发育时培养料的含水量为 60％～65％。子实体形成阶段培养料中最适含水量为 70％～75％，空气相对湿度为 85％～95％。木耳的耳片是胶质的，容易吸收空气中的水分膨胀，只有吸水膨胀后才能生长发育。湿度低于 80％时，耳片生长迟缓；低于 70％耳片不易形成。空气相对湿度过大，对耳片的生长发育也不利。

（三）光照

黑木耳菌丝生长不需要光，光反而抑制菌丝体的生长。但是子实体的形成需要光,黑木耳在完全黑暗的环境中不形成子实体,光照不足,子实体畸形。耳芽在一定的直射阳光下才能长出茁壮的耳片。根据经验,耳场有一定的直射光时,所长出的木耳既厚硕又黝黑;无直射光的耳场,长出的木耳肉薄、色淡、缺乏弹性,有不健壮之感。黑木耳虽然对直射光的忍受能力较强,但必须给以适当的湿度,否则会使耳片萎缩、干燥,停止生长,影响产量。

(四)空气

黑木耳是一种好气性真菌,需要充足的氧气。菌袋培养时通风不良,极易招致霉菌污染;子实体发育时氧气不足,二氧化碳浓度较高时,子实体发育受到抑制,耳片不能正常伸展,原基不易分化。因此,要经常保持耳场(发菌室内)的空气流通,以保证黑木耳的生长发育对氧气的需要。

(五)酸碱度

黑木耳适宜在微酸性的环境中生活,以 pH 为 5.5～6.5 最好。拌培养料时 pH 先调到适宜范围偏碱一方,通过发菌即可达最适宜程度。

第二节　黑木耳栽培与管理技术要点

一、黑木耳主要栽培品种

黑 A:出菇温度 14～24℃,中高温品种,生物转化率 180%,菊花状,朵大肉厚,产量高、质量好,国家认定品种。

998—7:出菇温度 14～24℃,中高温品种,生物转化率 120%,辽宁朝阳食用菌研究所培育品种,出耳密度大,产量高、质量好。

黑优:出菇温度 12～22℃,中温品种,生物转化率 140%,单片状,耳片大,抗杂能力强,后熟期较长,产量高,质量好,承德市平泉县野生驯化品种。

黑 29：出菇温度 12～22℃，中温品种，生物转化率 120%，耳片波浪状、朵形好，正反分明，产量集中，但后熟期较长，是东北地区主栽品种。

二、常用配方

配方一：杂木屑 79%，麦麸 20%，石膏 1%。

配方二：杂木屑 77%，麦麸 10%，稻糠 10%，玉米粉 2%，石膏 1%。

配方三：杂木屑 82%，麦麸 13%，玉米面 2%，豆粉 1.5%，石膏 1.5%。

培养料应选用新鲜、无霉变的原料。木屑选用阔叶树种；玉米芯应先在日光下暴晒 1～2 d，用粉碎机打碎成黄豆粒到玉米粒大小的颗粒，不要粉碎成糠状，以免影响培养料的通气性。

三、工艺流程

黑木耳的栽培工艺流程包括：

拌料、装袋、灭菌、接种、发菌管理、做床、催芽、露天管理、采摘、晾晒。

（一）拌料

拌料要拌匀，保证含水量在 65%左右。

（二）装袋

人工装料时要边装料边用手压实，要求上下松紧度一致（菌袋装料时以不变形、袋面无破褶、光滑为标准）。原种菌袋包装程序为：装料→压实料面→窝口→扎棍→覆棉花→盖纸盖→系胶筋。栽培种菌袋包装程序为：装料→压实料面→窝口→扎棍。原种湿重 0.6 kg，栽培种湿重 1.15 kg。当天装的菌袋（瓶）要在当天灭菌，不能放置过夜，以免产生杂菌，发酵、酸败。如当天不能灭菌，应放到冷凉通风处过夜。

（三）灭菌

采用常压灭菌方式，提前将灭菌锅锅屉放好，要求锅屉离锅水平口约 10 cm，上面放麻袋片；17 cm×33 cm 的菌袋灭菌时需装在铁筐中或在蒸锅内搭架子，16 cm×52 cm 的菌袋灭菌时培养袋依长向平放成“♯”字重叠排列在锅屉上，行间距 3 cm，便于内部空气流通；然后用塑料和棉被将锅封严，待菌袋内温度达 100℃后再保持 12 h。灭菌后当菌袋温度降到 60℃时趁热出锅，将菌袋送入接种室进行冷却。

（四）接种

待袋中料温降至 30℃以下时，就可进行接种。接种要做到无菌操作，菌袋接种程序为：将冷却的菌袋放入接种箱内；栽培种瓶外壁用 75％酒精擦拭，消毒后也放入接种箱内，然后用 5 g/m^3 高锰酸钾，10 mL 甲醛熏 0.5～1 h；接种时点燃酒精灯，用灭菌的镊子将栽培种弄碎，在点燃酒精灯的无菌区内，使瓶口对着袋口，将菌种均匀地撒在袋内料表面上，形成一薄层，这样黑木耳菌丝萌发快，抢先占领料面，以抑制杂菌侵染。每瓶三级种可接 30 袋左右。

（五）发菌管理

菌袋接种后要放在消毒后的培养架上发菌，培养架每层之间的高度为 35 cm 左右。培养初期，袋应直立整齐摆放，袋间留有适当的距离，待菌丝伸入培养料内后，可以将袋底相对，口朝外，卧放 2 行，上下迭叠 4 排。菌袋发菌时将培养袋摆成“♯”字形，高十层左右，初期 4 个菌袋一层，每垛间要留有适当的距离，随着温度的升高可改为 3 个一层或 2 个一层。

培养前期，即接种后 15 d 内，培养室的温度适当低些，保持在

20～22℃，使刚接种的菌丝慢慢恢复生长，菌丝粗壮有生命力，能减少杂菌污染。中期，即接种 15 d 后，黑木耳菌丝生长已占优势，将温度升高到 25℃左右，加快发菌速度。后期，当菌丝快发满，即培养将结束的 10 d 内，再把温度降至 18～22℃，菌丝在较低温度下生长得健壮，营养分解吸收充分。这样培养出的菌袋出耳早，分化快，抗病力强，产量高。发菌期间菌袋内的温度必须一直控制在 32℃以下，温度测量应以上面第二层和最下层为准。培养室的湿度一般保持在 55%～65%间。黑木耳在菌丝培养阶段不需要光线，培养室的窗户要糊上报纸，使室内光线接近黑暗。培养室每天要通风 20～30 min，保证有足够的氧气来维持黑木耳菌丝正常的代谢作用；后期，更要增加通风时间和次数，保持培养室内空气新鲜。

（六）做床

选地势平坦、靠近水源、排水良好、房前屋后空地、避开风口、土质黏重的地块做距地高 5 cm、宽 90 cm、长度不限的床，床与床之间留有排水沟。床做好后，床面应浇一次重水，然后喷 500 倍甲基托布津溶液消毒。

（七）催芽

接种好的培养袋经 40～50 d 培养，菌丝就可长满菌袋。菌丝长满后不要急于催耳，应再继续培养 10～15 d，使菌丝充分吃料，积聚营养物质，提高抗霉抗病能力。这时，培养室要遮光，同时适当降低湿度，防止耳芽发生和菌丝老化。之后，培养好的菌袋就可运往场地，感染杂菌的菌袋要单独放，放在最后开口，运输时要轻拿轻放。用 1%石灰水对整个菌袋进行消毒，然后捞出控干。将 17 cm×33 cm 的栽培袋取下牛皮纸和棉塞，用绳扎好口，然后划 V 字形口，V 字形口斜线长 1.5 cm，深 0.5 cm。每袋大约划 10 个口（16 cm×52 cm 的菌袋划 20 个口），最底层的口应离地面 5 cm

以上。口与口之间呈“品”字形排列。也可用打孔机打孔，每袋 20 个孔(16 cm×52 cm 的菌袋打 40 个孔)，均匀分布，这种打孔方式耳片多为单片，产品质量高。将 2 个床的菌袋摆放在 1 个床内进行催芽管理，每平方米可摆 40 袋 (16 cm×52 cm 菌袋可摆 20 袋)，袋与袋之间留 3 cm 的距离，排放时地面不铺地膜，如地面干燥需喷底水，地面比较潮湿的可直接摆放。排放完毕后，盖塑料薄膜，薄膜上盖草帘子，此后进入催芽期管理。

开口后的菌袋进入催芽管理阶段，此期不可向袋上浇水，应注意床内的湿度，这期间床面空气相对湿度应保持 85%～90%。过于干燥不利于开口处伤口修复；湿度太大，菌丝易从开口处穿出，影响耳基形成。简便方法是：看塑料薄膜上有无水雾或水珠，如有水珠下滴，则湿度过大，要增加通风度；塑料膜上无水雾或水珠，为湿度过小，要减少通风量，并需要在床两侧喷水增加床面湿度。根据湿度情况来决定通风量的大小。这期间床面温度要控制在 24℃以下，若温度超过 24℃，应通风使温度降到 24℃以下。耳基形成后，进入出耳期管理。这一时期的管理要点是：直接给水(给水时将草帘子、薄膜撤下，给完水后撤下薄膜，盖上润湿的草帘子，保持床内潮湿度)，给水量不要过大，并防止水灌入袋内，应根据床内湿度、通风度、自然温度、耳芽情况等综合考虑决定。使芽保持在良好的生长状态，每天傍晚进行通风，直至耳芽长到 1 cm 左右(耳芽干后要高出菌袋平面)，开始分床并进入露天管理。

(八)露天管理

分床前需在地面上铺设一层地膜，菌袋须轻拿轻放，直立摆放(16 cm×52 cm 菌袋要从中间割开)，摆放 20 袋/m^2，袋间隔 10 cm，以免木耳长大粘连和影响空气的流通。在人行道铺喷水带，水泵用自控开关控制。

浇水是黑木耳生产最关键的一环。要采用清澈无污染的河水或井水，pH 为中性。用专用喷水设施进行喷水，喷水设施主要有微喷喷头、喷水带等。喷水时间应合理安排，一旦确定后就不能改变。如自小开始，早晚浇水，那么直到最后也不能变，不能想什么时候浇水就浇水。可以采取3时到7时、15时到19时的浇水方法，干干湿湿，干湿交替。黑木耳耐旱性强，耳芽及耳片干燥收缩后，在适宜的湿度条件下，可恢复生长发育。干燥时，菌丝生长，积累养分；湿润时耳片生长，消耗养分。在整个管理时期，应掌握“前干后湿”，形成耳芽后保持“干干湿湿，干湿交替”的管理方法。

（九）采摘

当耳片背后出现白色的孢子，达到八成熟时要及时采收。若待耳片伸长或向上卷时再采摘就会影响质量和产量。采收时用刀片在耳基处割下，不要带锯沫，保持耳片的清洁。不可用手握住耳片贴根处拧下。

（十）晾晒

采后要及时晾晒，晾晒时要耳片在上、耳基在下，大朵的晾晒时要将耳片撕开，成单片状。晾晒要用网状物，上下通气，中途不可翻动，要一次性晒干。

第三节　黑木耳生产中常见问题与解决方案

一、确定栽培期

黑木耳是中温型菌类，根据栽培经验，在冀北承德，一年可生产两季。春季：1月中旬～2月生产、接种，4月中下旬下地催耳，5～7月下旬出菇期。秋季：5月中下旬生产、接种，8月中下旬下地催耳，9～11月上旬出菇期。

二、拌料时应注意的问题

拌料要均匀，控制好含水量，不可低于 60%，不可高于 65%。含水量低不利于菌丝生长，含水量高容易繁殖杂菌。拌完的料要闷 1 小时后再装袋。当天拌的料要用完，避免酸料。

三、发菌培养技术要点

(1)培养室必须要清洁卫生、干燥，空气湿度不得大于 70%。

(2)培养室要避光。

(3)菌袋入培养室前，要用甲醛、高锰酸钾等对培养室进行熏蒸 24 h。一般每立方米空间用甲醛 10 mL、高锰酸钾 5 g 熏蒸，或用消毒剂熏蒸。

(4)对感杂菌的菌袋要随时清除，以防杂菌传播。

(5)培养温度过高，摆放层数过多，催芽密度过大通风不良等易造成菌种烧菌。

四、降低菌袋污染的措施

选择使用生长势强、健壮的菌种，淘汰退化菌种；环境卫生差，接种时消毒时间不够或发菌初期温度低；控制培养室湿度、温度，湿度过大，温度高易造成烧菌；高温期出耳浇水时要掌握浇水时间，严禁在当日高温时间浇水，勿使水分进入袋中，引起烧袋；认真做好栽培场地消毒，及时检查去除杂菌袋；确保袋料含水量适宜，酸碱度调整得当。

五、催芽注意事项

(1)注意通风，出耳期通风不好，湿度过大，小耳片上可重新长出菌丝，影响生长，严重时使耳片退化。

(2)耳片不宜培育过大，过大时耳片间易粘连，造成分床掉芽现象。

(3)保证黑木耳质量，防止泥土溅到耳片上，可采用铺地膜的方法来解决。

六、黑木耳常见病虫害防治

(一)黑木耳绿霉病

症状：菌袋、菌种瓶、周围及子实体受绿霉感染后，初期在培养料或子实体上长白色纤细的菌丝，几天之后，便可形成分生孢子，一旦分生孢子大量形成或成熟后，菌落变为绿色、粉状。

防治：保持耳场周围环境的清洁卫生；耳场必须通风良好、排水便利；出耳后每 3 d 喷 1 次 1%石灰水，有良好的防霉作用；若绿霉菌发生在培养料表面且尚未深入料内时，用 pH10 的石灰水擦洗患处，可控制绿霉菌的生长。

(二)烂耳(又名流耳)

症状：耳片成熟后，耳片变软，耳片甚至耳根自溶腐烂。

防治：针对烂耳的原因加强栽培管理，注意通风换气、光照等；及时采收，耳片接近成熟或已经成熟立即采收。

(三)耳菌块防霉菌

木耳菌块防霉菌污染是导致木耳菌块减产、影响产品质量的一个重要原因。产生原因为：栽培管理措施不当；培养基灭菌不彻底；菌种质量不纯，或木屑菌种多次代传，降低菌种生活力；塑料袋韧性差，在操作管理中被刺破；环境条件差。这些均能导致霉菌发生。青霉、木霉是木耳菌块上最常见的杂菌。

防治措施：选用抗霉能力较强的菌株；选用新鲜原材料越夏；保护环境清洁，出菇期间，在采收第一批耳后，每 3～5 d 在地面喷 1 次 1%石灰水，或 1%～2%煤皂溶液，或 0.1%多菌灵，或交叉使用，以控制杂菌生长。加强水分管理，要根据菌块水分散失情况和空气流量情况喷水。

(四)蓟马

危害症状:从幼虫开始危害木耳,侵入耳片后吮吸汁液,使耳片萎缩,严重时造成流耳。

防治:用500～1 000倍乐果乳剂,1 000～1 500倍50%可湿性敌百虫药液等,尽量选用无残留生物农药制剂。

(五)伪步行虫

危害症状:成虫噬食耳片外层,幼虫危害耳片耳根,或钻入接种穴内噬食耳芽,被害的耳根不再结耳。入库的干耳回潮后,仍可受到危害。幼虫排粪量大,呈黑褐色线条状。成虫寿命长,白天藏匿在栽培场所的枯枝落叶中,夜间出来活动。

防治措施:清除栽培场所的枯枝落叶,并喷洒200倍的敌敌畏药液,可杀灭潜伏的害虫。大量发生时,先摘除耳片,再用1 000～1 500倍的敌敌畏药液喷杀;也可用500～800倍的鱼藤精、500～800倍的除虫菊乳剂防除,还可用1 000～2 000倍的50%可湿性敌百虫药液浸椴木。在芒种和处暑期间,每次拣耳之后,都可用上述药物喷洒1次。

七、黑木耳分级

从目前市场看,黑木耳的质量主要由外观决定。单片、大小适度(耳片直径2.5～5 cm),耳片略展,朵面乌黑无光泽,耳背略呈灰白色的最受欢迎,被视为上等品;单片或朵小(由3～5片组成)无根、大小适度(耳片直径4～7 cm)耳片或耳瓣略卷,朵面黑但无光泽,以及大朵状(耳片直径6～10 cm),耳瓣卷而粗厚,黑色属中等品;耳片或朵面灰色或褐色的属下等品。

第十二章　灰树花生产栽培技术

灰树花(grifola frondosa)属担子菌门层菌纲非褶菌目多孔菌科灰树花属,又名贝叶多孔菌、栗子蘑、板栗蘑、莲花菌、叶状奇果菌、千佛菌、云蕈、舞茸。灰树花形似珊瑚,肉质脆嫩、营养丰富、风味独特,是我国和日本正在推广的一种珍贵食药用菌,具有重要的医疗保健作用。

抗艾滋病作用:据日本药学会第113次年会报告,灰树花具有抗艾滋病的功效,灰树花多糖对HIV病毒有抑制作用。

抗癌防癌作用:在日本,灰树花已用于治疗胃癌、食道癌、乳腺癌、前列腺癌。小白鼠口服灰树花的肿瘤抑制率达86.3%。一般认为,灰树花抑制肿瘤的作用是由于其所含的多糖激活了细胞免疫系统中的巨噬细胞和T细胞而产生的,这种抑癌多糖主要是β-D-葡聚糖,在灰树花中占8%左右。

防治糖尿病:灰树花能协助胰岛素维持正常的糖耐量,对糖尿病和肝硬化等疾病均有效果。

此外,由于灰树花富含矿物质和多种维生素,可以预防贫血,防治白癜风、佝偻病、软骨病、脑血栓等。

第一节　灰树花生物学特性

一、形态特征

灰树花子实体较大,肉质,丛生多分枝;菌盖掌状或叶状,边沿波状，灰色至浅褐色；菌肉白色，孢子无色。野生灰树花多长在栗树的阴面，子实体从菌核顶端长出。菌核埋于地下，棕褐色至黑褐色，外表凹凸不平，外层 5～8 mm，坚硬、木质化，中心为致密的灰白色菌丝体组织，菌丝树枝状，有横隔，无锁状联合。灰树花的菌核是适应不良环境的休眠体，在条件适宜时可直接产生子实体而不形成菌核。野生灰树花的子实体呈莲花形，十至几十朵重叠丛生，高 10～17 cm，宽 12～25 cm（个别达 40～60 cm），菌盖扇形，肉质，边缘薄而稍内卷，表面有细毛，老后光滑，有放射状条纹，管孔延生，孔面白色至淡黄色，管口多角形。菌柄呈菜花状分枝，菇体乳白至灰白，成熟后变为灰色至褐色，孢子无色，透明，表面光滑，卵圆形至椭圆形，(5～7.5) μm×(3～3.5) μm。

二、生理生态特征

（一）营养

灰树花对碳源的利用以葡萄糖最好，果糖较差；对有机氮的利用最好，几乎不能利用硝态氮；维生素 B_1 为必要物质。灰树花属木腐菌类，木屑、玉米芯和棉籽壳是目前栽培灰树花的主要碳源，氮源主要来自麦麸、玉米粉和黄豆粉。

（二）温度

菌丝生长温度范围为 7～30℃，适宜的温度范围是 24～27℃，42℃以上菌丝开始死亡。子实体生长的温度范围为 15～27℃，适宜温度范围是 18～21℃。

（三）湿度

袋料栽培中培养料的含水量应在 55%～60%。高于 60%菌丝体虽仍能照常生长，但子实体形成后渗出棕黄色液体较多，易导致子实体腐烂；低于 55%，菌丝生长缓慢或不生长，导致产量下降或无收。子实体生长阶段的相对空气湿度以 85%～93%

为宜。

(四)空气

灰树花对氧气的需求量较其他食用菌高。子实体生长发育阶段对 CO_2 极为敏感，通气不足或 CO_2 浓度过高，子实体生长迟缓，不分化，并造成杂菌污染。试验表明，灰树花在菌丝体生长阶段和子实体形成阶段对氧的需求明显不同，在菌丝体生长阶段的需氧量与平菇相似，而在子实体形成阶段需氧量要大得多，并应控制空气中 CO_2 浓度在 0.1%～0.5%。空气中适宜的氧含量能增强菌丝体对培养料的分解能力和提高灰树花的产量。

(五)酸碱度

菌丝体在 pH3.4～7.0 时均可生长，以 pH4.4～4.9 最为适宜。子实体生长阶段以 pH4.0 为适宜。

(六)光照

菌丝生长不需光照，但培养后期辅以 50 lx 光照有利于以后原基的发生和形成。子实体分化发育阶段光照强度以 200～500 lx为宜。

第二节 灰树花栽培技术

一、栽培方式与季节

灰树花的栽培分为工厂化周年栽培和利用自然气候栽培两种,后者可安排在春、秋二季进行栽培。工厂化周年栽培的出菇室需要控温、通风等设施,一年可栽培 5～8 次。栽培时用的容器一般为聚丙烯塑料制成的袋或瓶,袋栽时 60～70 d 一个周期,瓶栽时 45～55 d 一个周期。

二、菌种制作

母种适宜的培养基为 PDA 综合培养基:马铃薯 200 g，麸皮 50 g，葡萄糖 20 g，KH_2PO_4 25 g，$MgSO_4$0.5 g，蛋白胨 5 g，维生素 B_1 3.0 mg，琼脂 20 g，水 1 000 mL。

母种培养基也可用麸皮培养基或谷粒培养基,按常规方法制作。这三种培养基都可用于灰树花母种的分离和转扩。

原种配方为:木屑 70%、麦麸 18%、豆饼粉 10%、白糖 1%、石膏 1%,含水量 60%，pH 自然,常规制作,培养温度 24～26℃，培养时间 30～40 d。

三、培养料及其制作

(1)玉米芯 50%、阔叶树木屑 28%、麦麸 18%、黄豆粉 3%、石灰粉 1%。

(2)阔叶树木屑 80%、白糖 1%、麦麸 16%、玉米芯 1%、硫酸钙 1%、石灰粉 1%。

(3)棉籽壳 73%、稻草 8%、麦麸 15%、玉米粉 3%、氧化钙 0.5%、草木灰 0.5%。

(4)木屑 67%、玉米粉 10%、麦麸 10.5%、白糖 1%、石膏 1%、过磷酸钙 0.5%、山地土 10%。

(5)硬杂木屑 65%、麦麸 20%、山地土(腐殖土)15%。

培养料中添加一定量的板栗树木屑或板栗皮,将增加板栗蘑的风味。添加量达到 50%,板栗蘑的风味和口感将与野生板栗蘑无显著差异。

四、接种与菌丝培养

无菌条件下常规接种。接种后的料袋,在清洁干燥、事先消毒过的发菌室中避光培养,料温保持在 25℃±3℃,空气相对湿度控制在 70 %以下(遇持续阴雨天气,室内放生石灰或木炭吸潮)。定期通风,保证空气新鲜,发现杂菌污染要及时隔离处理。当菌丝长透料并开始爬上培养基表面,要给予散射光照,以促使菌丝体扭结。

五、埋土栽培

灰树花的出菇栽培有两种方式。一种方式是覆土栽培,将长满菌丝的菌袋脱袋后摆放在事先准备好的畦内(畦一般宽 80 cm,长度随栽培量而定,深 20～25 cm,畦底要经灭虫处理),横摆 5～8 个,一个紧靠一个摆满整个畦床,覆上 1.5 cm 的土,盖好塑料布,随即把遮阳网盖在小拱棚顶;另一种方式是无覆土栽培,即将发好菌的菌袋打开袋口,排放于菇房内。出菇期保持温度 18～22℃,空气相对湿度 90 %～95 %,每天通风 5～6 次,直至菇体成熟采收。

六、后期管理

菌块上原基没有出土之前,保持拱棚内空气相对湿度 70％左右。发现菇蕾后,增加喷水量,保持棚内相对湿度 85％～90％。

出菇初期,从原基产生到子实体分枝开始放叶之前,8 d 左右,这是关键阶段。喷水以雾状为宜,减少通风量,控制棚内温度 20～23℃,空气相对湿度 90％。

菇体开始放叶到成熟时,增加通风时间,延长棚内散射光照射时间,一般在 7～8 时、16～17 时这段时间内,要保持拱棚内有散射光,这样才有利于菇体形成灰色或浅灰色,提高产品质量。

七、采收

出现原基后,一般经 12～15 d 培养,子实体菌盖已大部分展开,并要形成菌管,表明子实体已经成熟,成熟的菇体要及时采收。

灰树花子实体呈灰色，珊瑚状，菇叶叠生、肉质脆嫩，易折断，要注意轻拿轻放，采收时需将双手伸向菇丛基部，左右折动后，再将菇丛托摘下来，及时清除菇体基部的泥土和杂质，小心轻放。随后根据对产品的要求进行相应的加工处理，灰树花产品可鲜售，也可烘干及加工成盐水菇出售。采收后，清理料面，停水养菌数天，再适当补水追肥，进行下一潮菇的管理。一般可采菇 2～3 潮。

八、推广应用前景

粉碎后的板栗树枝杈是栽培板栗蘑最好的原料，而且培养料中必须含有一半以上来源于板栗树的材料，所生产的板栗蘑才具有野生板栗蘑所特有的香味。板栗树下栽培板栗蘑时，需要浇水和保持较高的湿度，采收完板栗蘑后的废料——菌糠留在板栗树下，作为有机肥料被板栗树吸收，这些都有利于板栗树的生长。板栗蘑生长时，会产生一定量的二氧化碳，这些二氧化碳能够促进板栗树的光合作用，提高板栗的产量。

冀东北地区有着丰富的板栗树资源，发展板栗蘑的栽培，特别是重点发展利用板栗树修剪下的枝杈粉碎后作为栽培板栗蘑的主要原料，在板栗林下进行仿生态栽培，是发展低碳经济、循环经济、立体经济的新栽培模式，可延长农业产业链条，优化农业生产环境，为农业生产的布局调整带来积极的影响。

第三部分
果树栽培技术

第十三章　苹果栽培技术

苹果属于蔷薇科、仁果亚科、苹果属植物。苹果被称为水果之王，不仅高产，且具有较高的营养价值，主要是其含有人体必需的营养物质，总含糖量10%～14.2%，苹果酸0.38%～0.63%，每1 kg苹果果实含有胡萝卜素0.64 mg，硫胺素0.08 mg，尼克酸0.8 mg，抗坏血酸40 mg，脂肪0.8 mg，碳水化合物122 g，蛋白质1.6 g，灰分1.6 g，钙90 g，磷74 g，铁2.4 g等。苹果除供人们鲜食外，还可加工果酒、果汁、果脯、果干、果酱、蜜饯和罐头等。

第一节　生物学特性

一、生长特性

(一)根系

1. 根系的分布

苹果根系的分布因砧木种类、土壤性质、地下水位高低和栽培技术而有不同。一般生长势强的品种根系分布深而广，生长势弱的根系分布浅而窄；乔化砧木的根系比矮化砧木的分布范围广。在较疏松的土壤上比较黏重的土壤上分布深广。土层深厚对根系深度的影响较大，如土层较薄的辽南和山东胶东地区的山地苹果根系深度约1 m，而西北黄土高原和华北平原地区苹果根系常深达 4～6 m。同时地下水位高的地区根系分布较浅。地上部与地下部是相互影响的，一般来讲，根系分布深广，树冠也比较大，就是通常我们所说的“根深叶茂”。因此，可以通过调控根系生长范围达到控制树冠大小的目的。

2. 根系生长动态

苹果根系没有自然休眠，只要条件适宜全年都可以生长，吸收根也随时发生。但由于地上部的影响，环境条件的变化以及种类、品种、树龄差异，在一年中根系生长表现出周期性的变化。据观察，根系一年有三次生长高峰。第一次在 3 月上旬至 4 月中旬发芽前后；第二次从新梢将近停止生长到果实迅速生长和花芽分化之前；第三次在果实采收后，随着养分的回流，根系再次出现生长高峰。

苹果根系生长的适宜土壤温度为 7～20℃，1～7℃和 20～30℃时生长减弱，当温度低于 0℃或高于 30℃时，根系停止生长。果园覆盖、生草等可以降低高温季节的土壤温度，有利于根系行使正常的生理功能。

根系的生长既要求充足的水分，又需要良好的通气。最适于根系生长的土壤含水量，约等于土壤田间最大持水量的 60%～80%。土壤通气不良，影响根的生理功能和生长，氧气不足，导致根和根际环境中的有害还原物质增加，严重的会造成根系窒息死亡。因此通气不良的黏重土壤不利于苹果根系生长，需要采取掺沙、增施有机肥等措施改良土壤。

肥沃的土壤中根系发育良好，吸收根多，持续活动时间长。不同元素种类和形态对根系生长的影响不同，氮和磷刺激根系生长，硝态氮使苹果根细长，侧根分布广，铵态氮使根短粗而丛生。

苹果根系喜欢微酸性到微碱性土壤，pH 适应范围在 5.3～8.2，最适范围为 5.4～6.8。过酸土壤易导致某些矿质元素的流失，过碱土壤易使某些元素的吸收发生障碍，这些都会导致缺素症的发生。苹果耐盐力不高，含盐量超过0.28%就会受害。

（二）枝条

苹果幼树期生长旺盛，层性明显，结果以后，长势逐渐减弱，层性也随之减弱。大部分地区的苹果新梢在一年有两次明显的生长，第一次生长的部分为春梢，第二次延长生长的部分为秋梢，春、秋梢交界处形成明显的盲节。秋梢若能及时停止生长，有些品种发育充实的枝条能形成腋花芽，有利于幼树提早结果。

苹果的结果枝按照长度可分为长果枝（15～30 cm）、中果枝（5～15 cm）和短果枝（<5 cm）。苹果的结果枝以短果枝为主，幼树期由于生长旺盛，其中长果枝的比例高于盛果期大树。

（三）叶片

叶片是苹果进行光合作用、生产有机营养的主要器官。同时叶片形状、色泽也是区分品种的重要指标。

在一个新梢上，一般基部和顶部的叶片较小，中部的叶片较大。但在贮藏营养和当年营养的转换期，中部出现小叶。基部叶片发生较早，其形态建成主要依靠上一年贮藏的营养，因此贮藏营养的水平影响基部叶片的大小，从而影响到早期开花和幼果的发育。长梢中部的叶片大而厚，光合能力强。顶部叶片形成晚，在秋季依然保持较强的光合能力，对后期营养的贮备有重要作用。当树冠内部光强降低到30%以下时，叶片的消耗大于合成，变成寄生叶。

苹果适宜的叶面积指数为2.5～3.5。适宜的叶面积指数受到栽培制度、环境条件等多方面的影响，在矮砧密植条件下，其适宜的叶面积指数比乔砧栽培要小。

二、结果习性

(一)花

1. 花芽形成

苹果的花芽属于混合花芽,一般着生在短、中枝的顶端,有些品种长梢上部的侧芽也可形成腋花芽。苹果的花芽是在开花前一年的夏秋季节形成的,集中分化的时期是在6～9月份,7～8月份为分化盛期。

苹果的花芽分化主要包括生理分化、形态分化和花芽进一步发育三个时期。生理分化期一般发生在盛花后4～5周至9～10周,进入生理分化期后2～3周,生长点开始发生变化,即进入花芽形态分化期,此时生长点向花的器官发展。花芽的形态分化由外轮器官向内轮器官分化,经历花芽分化初期、花蕾形成期、萼片形成期、花瓣形成期、雄蕊形成期和雌蕊形成期等6个过程。到秋季落叶前,花芽的形态分化过程结束。休眠期后至开花前,花芽进行性器官如花粉粒、胚珠等的发育,称为花芽的进一步发育时期。花芽生理分化期决定着花芽的数量,而形态分化期和进一步发育期则决定着花芽的质量。

2. 开花、坐果与落花落果

从外观上看,苹果花芽萌芽后到落花要经历以下几个有显著区别的发育阶段。

花芽萌动期:芽片膨大,鳞片错裂。

开绽期:花芽先端裂开,露出绿色。

花序露出期:花序伸出鳞片,基部有卷曲状的莲座状叶。

花序伸长期:花朵聚在一起,花柄伸长。

花序分离期:同一花序中的花朵分离。

气球期:花朵呈气球状,花瓣显露。

初花期：从第一朵花开放到全树 25％花序的第一朵花开放。

盛花期：全树 25％～75％花序的第一朵花开放。

落瓣期：第一朵花的花瓣开始脱落到 75％的花序有花瓣脱落。

终花期：75％的花序有花瓣脱落到所有的花的花瓣脱尽。

苹果开花期一般在 4 月中下旬至 5 月上旬。开花期的早晚与积温有关，苹果从花芽萌动到开花需要≥5℃的积温为(185±10)℃。苹果花芽萌发后形成一段短而粗的果台，花序着生其上，一个花序通常有 5～7 朵花。一个花序内的花朵，自开放至全谢约历时 1 周。一朵花的开放时间为 4～5 d，一棵树约在 15 d，气温在 17～18℃是苹果开花最适温度。一般苹果中心花先开，两天内侧花相继开放；短果枝花先开，中、长果枝花后开，腋花芽最后开；树冠中下部的花先开，中上部的花后开；成龄树花先开，幼旺树花后开。一般中心花形成的果实大而周正。所以疏花疏果时一般留中心花中心果。

苹果属于典型的异花授粉果树，同一品种花粉授粉亲和力很差，必须靠其他品种花粉进行授粉才能正常结果。生产中应选择与主栽品种花期相遇、亲和力强、花粉量大的品种作授粉品种。经过授粉受精后，花的子房膨大而发育成果实，在生产上称为“坐果”。坐果率的高低与树体的营养水平、环境条件、授粉质量等有密切关系。常言道“满树花半树果，半树花满树果”，开花量大时，疏花芽、疏花序、疏花蕾可提高坐果率和结果量。

苹果的落花落果一般有 3～4 次高峰：①落花。出现在开花后，子房尚未膨大时，此次落花的原因是花芽质量差，发育不良，花器官(胚珠、花粉、柱头)败育或生命力低，未完成授粉受精导致的。②落果。出现在落花后 1～2 周，主要原因是授粉受精不充分，子房内激素不足，不能调运足够的营养物质，子房停止生长而脱落。③六月落果。出现在落花后 3～4 周(约在 5 月下旬至 6 月上旬)。

主要原因是果实间、果实与新梢间营养竞争引起的。结果多，修剪太重，施氮肥过多，新梢旺长都会加重此次落果。④采前落果。某些品种在采果前1个月左右，随着果实的成熟，陆续脱落，出现“采前落果”。此次落果与品种有很大关系，主要是遗传原因引起的。如元帅、红星、津轻采前落果较重，而红富士采前落果不明显。

（二）果实

苹果果实是由子房和花托发育而成的，果实的可食部分大部分由花托的皮层发育而来。苹果果实生长过程分为三个阶段：初始缓慢生长期，果实体积增大变化不明显；快速生长期，果实体积增大非常迅速；第二次缓慢生长期，果实体积增大缓慢，逐渐停止生长。果实在整个生长发育期只有一次快速生长。以果实的体积、鲜重、直径等作纵坐标，时间作横坐标绘制的曲线，称为果实累加生长曲线，苹果的累加生长曲线呈单“S”形。

充足的光照是提高光合效能，增加果实糖分，着色良好的基础。昼夜温差大，既有利于碳水化合物的积累，提高含糖量，又有利于果实着色，硬度增加。据研究，平均夜温低于18℃时着色最好，当夜温接近24℃时，则根本不能产生色素。良好的树体结构有利于光能的高效利用，增施有机肥可以保证树体营养的均衡，缓和树势，是提高果实品质的重要途径。

（三）种子

种子的形成在苹果坐果和早期的果实发育中有着重要的作用。良好的授粉受精、种胚的形成和发育是坐果的基础。种子在形成和发育过程中产生的激素可以调运光合产物向幼果输送，促进果实发育，增强与新梢竞争营养的能力。一般种子少的幼果竞争能力差，易脱落，种子数目多的幼果具有形成大果的基础。种子在果实中的分布也影响果实的形状，没有种子的一面往往发育减缓，形成偏斜果。除此之外，过多的种子会产生大量的赤霉素等抑制花芽分化的激素，所以结果过多会导致花芽分化减少，影响第二年的产量，形成大小年。

三、对环境条件的要求

(一)温度

气温是影响苹果生长发育的重要生态条件之一，它决定了苹果是否能够生存和正常生长发育，也是影响果实品质的一个重要因素。总起来讲，苹果喜欢冷凉气候。

1. 年平均气温

我国苹果适宜区年平均气温在 7.0～14℃，最佳适宜区为 8.5～12℃。

2. 冬季气温

一般冬季最冷月(1 月份)平均气温不低于－14℃，也不高于7℃，极端低温－27℃以上为合适，低于－30℃时会发生严重冻害，－35℃即冻死，但小苹果可以忍耐－40℃低温。

3. 生长期气温

从萌芽到落叶为苹果生长期。这一时期的温度对苹果生长发育有着明显的影响，一般平均气温应达到 13.5～18.5℃。在生长期内，不同时期对温度的要求有所不同：春季日夜平均温度 3℃以上时，地上部开始活动，8℃左右开始生长，15℃以上生长最活跃；开花期适温为 15～25℃，气温过低，易使苹果花果受冻，受冻的临界气温是：芽萌动－8℃(持续 6 h 以上)，花芽受冻；花蕾期遇－4～－2.8℃，花蕾受冻；开花期－1.7～2.2℃，雌蕊受冻；幼果期－1.1～2.5℃，幼果受冻，受冻的幼果表现为萼片周围出现程度不同的木栓化组织，即“霜环”。另外花期气温过低，影响传粉昆虫活动，如蜜蜂在 14℃以下几乎不活动，影响授粉坐果。气温过高，花期缩短，花粉败育比例提高，雌蕊柱头分泌物和水分蒸发快导致授粉不良，坐果率降低。6～9 月份平均气温宜在 16～24 ℃。花芽分化期日平均温度在 20～27℃，有利于花芽分化，日温差越大，花芽形成率越高。

夏、秋季温度与果实生长和品质形成有密切关系。据研究，果实发育以 25℃上下最为适宜，过高过低都会影响果实生长。夏、秋季昼夜温差越大，果实增长越快，着色越好，含糖量越高，风味越浓郁。温度过高，味淡、着色差。因此，优质苹果生产基地夏季温度较低，6～8 月份平均气温在 18～22℃，相对湿度为 60%～70%，成熟前 30～35 天日温差大于 10℃以上，夜间低于 18℃最为适宜，大于 35℃的高温日数不超过 5 d 为最好。另外，高温还会引起果实的日灼和果面伤害，影响果实的销售。

（二）水分

苹果喜欢较干燥气候，适宜年降水量在 560～800 mm，土壤水分达到田间最大持水量的 60%～80%较为适宜。苹果在不同发育时期对水分的需求存在差异。早春低温干旱，容易引起“抽条”。生长前期土壤墒情较差，降水不足时应及时灌溉，否则果树生长势弱，坐果率低，幼果发育受阻。花芽分化期降水适中偏旱，有利花芽分化；降水偏多，春梢停长延迟，不利花芽分化。后期水量宜适中，降水过多，光照不足，果实着色差，含糖低，品质劣，不耐贮运；降水过少，土壤干旱，果实膨大受阻，着色也差，风味品质也欠佳。另外果实发育后期水分过多，尤其是在前期干旱，后期突然水分过多，即土壤水分忽多忽少，容易导致苹果的裂果。

（三）光照

苹果是喜光果树，日照率要求在 50%以上，年日照时数不低于 2 000～2 500 h，8～9 月份不能少于 300 h，树冠内自然光入射率应在 50%以上，透光率 20%左右。短波的紫外光与青光对节间伸长有抑制作用，使树体矮小、侧枝增多，且可促进花芽分化，还有助于色素的形成，使红色果实的色泽更加艳丽，因此，高海拔、晴天有助于改善果实品质。

(四)土壤

土层深厚，排水良好，酸碱度适宜，保肥保水能力强，有机质丰富，是栽植苹果的理想土壤。苹果树大根深，一般要求土层深度1 m以上，地下水位在1～1.5 m以下，土壤含有机质1.5％以上，土壤氧气浓度为10％～15％，酸碱度(pH)5.4～6.8，总盐量低于0.28％，土壤质地以沙壤土为最佳。土壤pH低于4.0生长不良，大于7.8易出现失绿现象。

第二节　主要种类和品种

一、主要种类

苹果属于蔷薇科苹果属植物，全世界的苹果属植物有36种，起源于我国的23种。其中用于栽培和砧木的主要种类介绍如下。

1. 苹果

目前，世界上栽培的苹果品种，绝大多数属于本种或本种与其他种的杂交种。我国原产的绵苹果属于本种，本种有两个矮生变种，即道生苹果和乐园苹果，生产中应用较多的M系和MM系矮化砧中，有许多属于这两个变种，如M2、M4、M7、M9、M26、MM106等。

2. 山丁子

又名山定子、山荆子，原产我国东北、华北、西北。乔木，果实重1g左右，果柄细长。抗寒力极强，有的可耐－50℃，但不耐盐碱，在pH7.5以上的土壤易发生缺铁黄叶病，是北方寒冷地区常用的抗寒砧木。

3. 海棠果

又名楸子、海红，西北、东北、华北均有分布。果实卵圆形，直径约 2 cm，黄色或红色。适应性强，抗旱、抗寒、耐涝、耐碱、抗苹果棉蚜，与苹果嫁接亲和力强，是生产上应用广泛的砧木。

4. 西府海棠

又名小海棠果，东北、西北、华北均有分布。果实扁圆形，重约 10 g。抗性较强，耐盐碱，较抗黄叶病，与苹果嫁接亲和力好。

二、主要品种

苹果品种全世界有 1 000 多个，我国各地栽培的优良品种有 200 余个。

1. 早捷

美国培育的早熟品种，1984 年引入我国。

果实扁圆形，底色黄绿色，果面鲜红晕，平均单果重 140～180 g，果肉乳白色，汁液多，品质上等，在河北省中南部 6 月中、下旬采收，成熟期不一致，可分期采收。树势健壮，枝条粗壮，叶片大，有腋花芽结果能力，初果期以腋花芽结果为主，以后转为以短果枝结果为主。适宜我国中部地区或城郊栽培。

2. 藤牧一号

原产美国，1986 年引入我国。果实圆形或长圆形，平均单果重 200 g 左右，底色黄绿色，果面着红色条纹。果肉质脆，香味浓，汁液多，酸甜可口，品质上，果实发育期 90 d 左右，在河北省中南部地区成熟期为 7 月中旬。树体生长健壮，萌芽率高，成枝力较强，易形成腋花芽，坐果率高，以短果枝结果为主，早果、丰产。适应性、抗逆性均较强，未发现日灼、霉心病和苦痘病等症状。以中度密植为好，与秦冠、元帅系等皆可授粉，注意疏花疏果，以留单果为主，应适时采收，避免遭鸟禽啄食，成熟期不一致，应进行分期采收。

3. 皇家嘎拉

新西兰品种，是嘎拉的浓红型芽变。果实圆锥形或圆形，单果重 150～180 g，果实的底色金黄，着鲜红色条纹或桃红色晕，品质上等，8 月中下旬成熟，耐藏性较强，采前遇雨会引起裂果。树姿较开张，萌芽率、成枝力中等，成花容易，结果早，以短果枝结果为主，有腋花芽结果习性，坐果率高。

4. 新红星

红星的短枝型芽变品种，适于密植，一般栽植株行距为 2 m×4 m。果实长圆锥形，五棱突起，果个中大，平均单果重 200 g，疏花果后可达 250～300 g，果色鲜红，成熟期 9 月中下旬。该品种树冠较小，萌芽率高，成枝力弱，结果早，坐果率较低，有采前落果现象。新红星苹果果形美观、色泽艳丽，商品名“蛇果”，是美国出口大宗商品，但是果实风味较淡，一般的贮藏条件，果肉容易变面，近年来栽培比重有所下降。

新红星芽变形成的首红，属第四代红星，着色好，成熟期比新红星早 7～10 d。

5. 金冠

又名金帅、黄香蕉或黄元帅，著名的美国品种，果实圆锥形，个大，平均单果重 190～250 g，果肉黄色细腻，果汁中多，味甜酸适口，香味浓郁，品质极佳，果皮底色黄绿，成熟后金黄色，河北北部地区 9 月下旬成熟。

6. 乔纳金

为金冠×红玉的杂交后代，果实单果重 210 g，红色，成熟期 10 月上中旬。乔纳金有许多芽变，如红乔纳金、新乔纳金、黑乔纳金等。乔纳金在气温较高的平原地区，表现着色不良，果实容易早衰，风味偏酸，市场上不受欢迎。而在比较冷凉的山区，果实着色艳丽，甜酸适口，有特别的香味，能表现其优良的品种特性，可以推广。

7. 红富士

富士是日本以国光和元帅为亲本杂交育成的品种，红富士是富士的着色芽变。红富士果实分为条红、片红，果实圆形或近圆形，果实大，平均单果重 250 g 左右；果实底色黄绿，果面鲜红色，果肉黄白色，肉质细脆、多汁，酸甜适度，具芳香，可溶性固形物含量高，品质上等；成熟期在 10 月中下旬至 11 月上旬，果实耐贮藏，是优良的晚熟品种，但也有幼树越冬性差、易感轮纹病、生长势旺、花芽形成困难等缺点。

红富士是富士着色优良芽变的通称，有三种类型：优良着色系，如长富二号、岩富 10 号、烟富三号、天红一号等；短枝型，如惠民短枝、礼泉短枝富士、烟富 6 号、天红二号等，树势生长缓和，树冠紧凑，花芽形成容易，适于密植栽培；早熟型，如红将军、弘前富士、昌红等，成熟期可提前到 9 月中下旬，不仅可提前供应国庆节市场，而且比较适合生长季短的地区，克服这些地区富士果实不能正常成熟的问题。

8. 国光

果个中等，平均果重 150 g，最大果重 240 g，果实为扁圆形，大小整齐，底色黄绿，果纷多。果肉白或淡黄色，肉质脆，较细，汁多，味酸甜。此品种适应性、抗逆性强。但结果晚，味道偏酸，果实较小、果实着色欠佳。承德地区气候、土壤适宜，栽培的国光苹果色、香、味俱佳，是中国范围内栽培国光苹果的最佳区域。

9. 王林

为金冠×印度的杂交后代。果实中大，平均单果重 170 g，果实黄绿色，果点大，形状圆锥形或长圆锥形，含糖量高，有蜜的香味，品质佳，成熟期在10月上中旬。是重要的黄色品种，也是富士最好的授粉品种。光照特别好时，果实亦能着色，果面有红晕。生长势较强，但嫁接在矮化砧木上，矮化效果较好。

10. 寒富

沈阳农业大学李怀玉教授用东光×富士杂交选育而成的。果实短圆锥形，果形端正，全面着鲜艳红色，单果均重250 g以上，最大果重可达900 g，果肉淡黄色，肉质酥脆，汁多味浓，有香气，品质上等，耐贮性强。果实成熟比国光和富士早。树冠紧凑，枝条节间短，短枝性状明显，有腋花芽结果习性，早果性强，适应于密植栽培。抗寒性明显超过国光等大型果，是寒冷地区栽培的重要品种。

第三节　三优一体化苹果栽培技术

一、苹果三优栽培技术简介

苹果产量高，产值大，适应性强，要因地制宜、适地适栽发展苹果。苹果三优栽培技术是河北农业大学专家教授经过十多年的研究和攻关创建的“优良品种”、“优良砧木”和“优良技术”有机结合的“苹果三优栽培体系”，该体系获得教育部科学技术进步二等奖，是目前世界上最先进的栽培管理技术之一。该技术既避免了过去乔砧稀植整形技术复杂、时间长、结果晚的缺点，又克服了当前乔砧稀植控冠、促花难度大，不易掌握，难推广的不足，从根本上将传统的技术集成模式改变为简化技术型，是我国苹果栽培体系的重大变革。

“三优苹果园”具有以下特点：

(1)开花结果早，产量高。在不采取任何促花措施条件下，定植第2年即可成花，3年见果，5年亩产达1 750 kg，6年以后亩产

3 000 kg。

(2)通风透光好,果品质量高。三优苹果园树体狭长,树冠矮化,光照分布合理,果实着色一致。在 1.5 m×3 m 高密度栽培条件下,10 年生园行间仍可保持 1 m 左右的光路。

(3)树体矮小,管理简便、省工,易实现标准化管理。由于不用环剥、喷施生长调节剂等促花措施,整形修剪简化,操作方便,生产成本较传统降低 60%。

(4)经济效益高。由于技术简化,投入降低,产量和品质提高,前 7 年平均亩收益较传统模式增加 6 倍。

(5)技术简化,易学易会,便于推广和被普通果农所掌握。

二、果园规划

(一)砧穗组合

三优矮化中间砧苹果苗(图 13-1),由 3 部分组成,下面是基砧,中间为矮化砧,上面是苹果品种,主栽品种应用河北农大优选的红富士新品系——天红二号,授粉品种王林。

(二)栽植密度

(1)单行篱架　细长纺锤形整形,株距 1.5 m,行距 3.5 m(亩栽植 127 株);架高 2.6～2.8 m,每隔 10 m 立一支柱,支柱上 60 cm 拉第一道铅丝,每隔 70～80 cm 拉一道铅丝。

2. V 字形架式　单干整形,株距 1 m,行距 4 m(亩栽植 167 株)。

采用 V 字形架,每隔 8 m 立两根支柱,并使其上部分向行间,两根立柱夹角为 50°～60°,支柱露出地面 2.6～2.8 m,每侧支柱上拉 4 道铅丝。

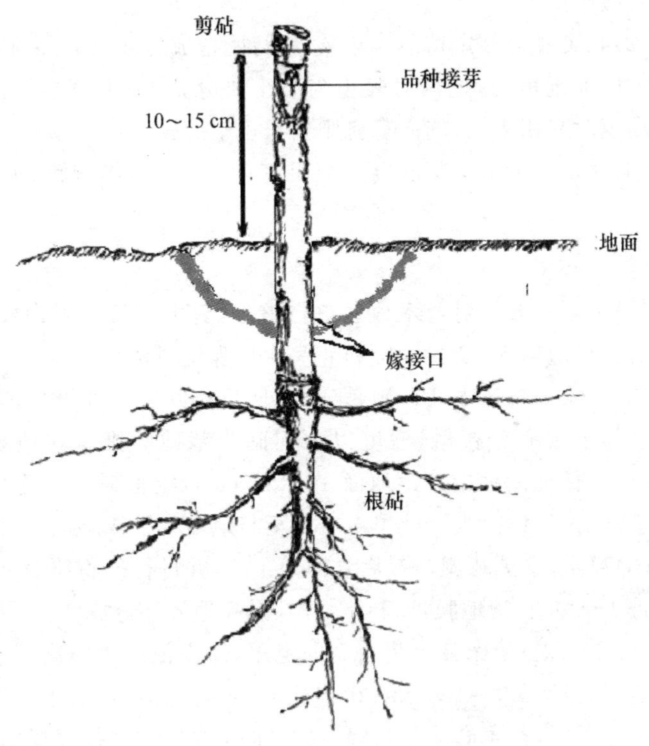

图 13-1　三优苹果苗示意图

三、建园

(一)定植前准备

(1)重茬地消毒　采用喷淋或浇灌法,将药剂用清水稀释成一定浓度,用喷雾剂喷施于土壤表层,或直接灌溉到土壤中,使药液渗入土壤深层,杀死土中病菌,常用消毒剂有绿亨 1 号、2 号等。可根据土壤酸碱性使用硫黄粉和石灰粉撒入土壤中进行消毒,并调整其酸碱度。

(2)挖定植沟　定植前一年秋,按行距挖成宽 60 cm、深 40 cm 南北方向的定植沟,挖沟时表土与心土要分开,分别放在沟的两侧。回填时只用表土,施入有机肥并与表土混合。

(3)灌水　定植沟回填后,灌足底水,保证土壤湿度和土层沉实。

(二)定植

(1)苗木处理　对苗木根系进行整理,剪去过长或折伤残根,再用清水浸泡苗木 12～24 h,防止失水以保证成活率。

(2)定植　将苗木栽入定植穴内,回填行间表土并分层踏实,使根系与土壤充分接触,深度以中间砧与基砧的接口在地表下 5～10 cm(保证品种接芽距地面 10～15 cm),定植时培土至中间砧与基砧的接口处,当年秋季再培土至与地面相平或略高。

(3)灌水、覆盖地膜　栽后立即灌足水,并进行地膜覆盖,树盘下覆盖 1 m^2 左右的地膜,以利于保湿、提高地温促进成活。

(4)定干、套袋保湿　栽后立即定干,高度依苗木的高度和粗度而定,幅度为 80～150 cm,壮苗高定,弱苗低留,剪口下要有饱满芽。定干后,苗木套上塑料筒,防止水分过分蒸发提高成活率,也防止金龟子危害,待苗木发芽 2～5 cm 后除去。

四、幼树期管理

(一)栽后第 1 年管理

(1)抹芽　萌芽后及时去除中间砧、基砧上的萌芽和剪口下双芽枝,其余中干上的萌芽不管位置高低均保留。

(2)夏季管理　为保持中心干的直立优势,中心干延长枝长 20～30 cm 时将中心主枝直立绑于架上。其余新梢生长至 20 cm 左右时开始用软化、拧枝、支撑等措施开张各分枝的角度到 90°～

120°，上部的分枝角度大一些，下部弱枝角度小一些；7～8月再通过拿枝软化、拉枝等措施，使各个分枝呈水平至下垂状，以便控制分枝的生长，促进中心枝的生长强壮，对于竞争枝实施强控制。

(3)肥水管理　5月中旬至8月上旬多次叶面喷施300倍液植物氨基酸液肥。新梢长至30 cm后可以开始追肥，7月上旬前追施1～2次肥。第一次亩施N、P、K复合肥10～15 kg；第二次亩施N、P、K复合肥20～30 kg。树盘撒施后浅搂耙与土壤混合，然后浇水，浇水量以渗透至40 cm土深为宜。9月底至10月初施基肥，以亩施4 m^3优质腐熟有机肥、农家肥为宜，底施植物氨基酸矿质肥或配方肥每亩100 kg。

(4)间作、中耕除草　行间严禁种植高秆作物，并留出1 m的树盘。清除树盘内杂草，清除杂草后可减少对水分和养分的竞争，同时减少水分散失利于保墒，还可以改善土壤的通气性，促进微生物活动。

(5)越冬保护　8月控水停长，9月下旬至10月底喷药防治大青叶蝉、浮尘子，落叶后枝干喷1.5%的聚乙烯醇；枝干涂白及保护，土壤冻结前灌水，提高地温利于苗木安全越冬。

(二)栽后第2～3年管理

(1)修剪　①早春修剪根据树势定干1.5 m左右，超过2 m可不再定干，疏除竞争枝，主干50 cm以下枝条全部疏除，侧枝过粗、过大者疏除。②夏季修剪新梢20 cm左右时，拿枝软化、开角，各分枝的角度达到90°～120°，对顶端竞争枝留基叶剪除。

(2)肥水管理　早春灌萌芽水，渗透土壤40 cm即可，4～7月上旬追肥，少量多次，可追施N、P、K复合肥或植物氨基酸矿质肥20～40 kg/次，在树盘内均匀撒施、浅翻、灌水。4～8月上旬，多次叶面喷施N、P、K复合肥，光合微肥或植物氨基酸液肥。9月底10月初，施腐熟有机肥作基肥，全园4～6 m^3，树盘2～3 m^3。

(3)行间生草　行间种植浅根系豆科类牧草。

（4）病虫害防治　萌芽期，注意杀菌、杀虫，9月底至10月底，注意防治大青叶蝉和浮尘子危害。

（5）越冬保护　8月停水控长，对旺树进行摘心。土壤冻结前灌水，提高地温利于苗木安全越冬。

五、结果期管理

三优一体化苹果栽培体系，定植后第四年进入结果期，亩产可达到1 000 kg左右，第五年或第六年进入盛果期，亩产达到2 000～4 000 kg。

1. 整形修剪

（1）冬剪　冀北地区冬季修剪一般在春季萌芽前进行，三优一体化苹果冬季修剪量不大，主要是把树高控制在3 m左右，保持冠内枝条生长势的平衡，对过大的分枝，要加大开张角度，疏除其上较大的分枝，对老化的分枝进行回缩复壮。

（2）花前复剪　花前复剪是在冬剪基础上，于花芽萌动期至开花前进行的补充修剪，复剪的主要目的是调整花量。复剪时要因树制宜，疏掉过多、过密和过弱的花枝，选优去劣，回缩串花枝，更新复壮弱枝组，使树体合理负载，保持树势平衡和稳定。

（3）夏剪　在生长季及时进行夏剪，综合运用拧、扭、拉枝等措施，促进树势缓和形成足够的花量，开张角度，以增加树冠内通风透光度，提高果实品质。

2. 花果管理

三优一体化苹果花果管理与常规管理基本相同，主要有疏花、授粉、疏果、套袋、摘袋、铺反光膜、摘叶和转果等措施，并适时采收。疏花从花序伸出期开始，依据花量进行，一般每间隔15～20 cm，选留一个粗壮花序，然后把其他多余的花序全部疏除，疏花序时最好保留果台副梢和莲座叶。落花后10 d开始疏果，一般按果间距 20～25 cm 留一个果，把多余的幼果全部疏除。疏果时应选留果形端正的中心果，多留中长果枝和果顶向下生长的果，少留侧向及背上着生的果，改善果形。及早疏除梢头果、病虫果、畸形果和向上生长的果。在落花后 30～40 d 开始套袋，苹果套袋应选用质量较好的双层果袋，套袋前 2～3 d，果实应喷一次杀菌剂，选用 70%甲基托布津 800 倍液或大生 M-45、喷克等。果实在采摘前 20～25 d 除袋，除袋时先将袋底撕开，除去外袋，隔 3～5 个晴天后再摘除内袋。除袋宜在上午 10 点以前、下午 4 点以后进行，以防果实灼伤。摘袋后在树冠下铺设反光膜，一般每行树冠下离主干 0.5 m 处南北向每边各铺一幅宽 1 m 的反光膜，促进果实着色。富士苹果在阳光直接照射下才能着色，需要摘除贴果叶片和果台枝基部叶片，适当摘除果周围 5～10 cm 范围内枝梢基部的遮光叶片，并于采果前 7～10 d，摘除部分中长枝下部叶片。在摘除套袋一周后进行转果，果实的向阳面充分着色后把果实的背阴面转向阳面，促进果实背阴面着色，采前一般转果 1～3 次。

为保证果实全面着色和提高果实含糖量，要适期采收，按要求采取分批采收。采摘时，尽量轻采、轻放，避免碰伤和指甲刺伤果实，果实采收后随即剪除果柄。采收用的篮、筐均须内衬蒲包、旧布等柔软铺垫物，从篮到筐，从筐到果堆、果箱等都要逐个拾拿，禁止倾倒。

3. 土肥水管理

为保证苹果的产品质量，一般要求施足有机肥，实行配方施肥。可在采果前(9 月底至 10 月上中旬)采用全园撒施的方法施足底肥，每亩施用 4～6 m^3 优质有机肥，并掺入配方肥 200 kg 左右，施肥后灌足水，使土壤沉实，有利于肥料的分解、根系的再生和果树的生长和吸收，生长季不再进行土壤追肥。

在生长季可进行叶面补肥，可结合喷药进行，全年共喷 5～7 次，一般生长前期以喷尿素或氨基酸叶面肥为主，尿素一般浓度为

0.3%,共喷2～3次;氨基酸叶面肥喷施浓度为300～500倍液。中期(7～9月)以喷磷钾肥为主,如喷磷酸二氢钾2～3次,浓度0.3%。后期(采果后)补喷光合微肥或氨基酸生物肥。

果园需要灌冻水、早春灌水和施基肥时灌水。冻水一般在土壤结冻前灌溉,可防止冬季枝干日灼和幼树春天抽条。早春灌水在果树萌芽前进行,有利于果树的萌芽、开花和坐果。夏季果树生长季节根据土壤墒情确定是否需要灌水,在盐碱地、地下水位高和排水不良的果园,在夏季多雨季节注意排水。

采用三优一体化栽培技术的果园,行间较宽,可采用果园生草制的土壤管理方法,在行间种植多年生豆科牧草,定期刈割,不用翻耕。生草法可保持和改良土壤的理化性状,增加土壤有机质和有效养分的含量,还可降低生产成本,有利于果园的机械化作业。

第四节　小苹果生产技术

随着市场经济的发展和人民生活需求的多样化,从20世纪90年代起,中小型苹果逐步打入我国的果品市场,这类果品以其成熟早、皮薄肉细、色艳味香、酸甜可口的特点,备受广大消费者的青睐。

一、主要品种

1. 金红

又名"吉红"、"公主岭123",由吉林农业科学研究所以金冠×红太平杂交选育而成的中型苹果,单果重约70 g,大小整齐,果实卵圆形,两端平截,果皮黄色有红色条纹,果肉黄色细腻,果汁中多,味道微酸有香味。抗寒性强,是寒冷地区早熟苹果的首选品种。

2. 黄太平

树体高大,树势强,树姿开张,萌芽力和成枝力强,果树圆形略扁,平均单果重 40 g,底色黄,彩色浅红,有光泽。过皮薄,果肉黄白色,质脆致密,汁多味甜酸,品质中上等。8 月中下旬成熟,不耐贮藏。抗寒性极强,极丰产,有大小年结果现象。

二、抗寒栽培方式

(一)高接栽培

1. 高接方式

高接有三种方式:①在抗寒砧木上高接,砧木为山丁子、黄海棠;②在抗寒砧木上低接中间砧,在中间砧上高接,基砧为山丁子、海棠果,中间砧为黄太平、铃铛、黄海棠;③对现有果园的老品种幼龄树高接换头,更换名优品种。

果树高接的部位基本有三种形式:①主干高接;②骨干枝高接;③多头高接。高接的部位依树龄而定,1～2 年生砧木用主干高接,3～5 年生砧木采用骨干枝高接,6 年生以上砧木采用多头高接。

2. 高接后管理

补接:高接 10 d 后,对所有高接的芽或枝进行检查,对未成活的要及时补接,以免影响树体原有结构。

解除包扎物:枝接 20～30 d 后解除包扎物,芽接的解绑时间要求不严,在第二年剪砧时一并解除。

绑支柱:高接成活后的新梢生长较旺盛,叶片肥大,且刚开始嫁接口愈合不牢固,新枝容易从接口折断,应在新梢长到 30 cm 左右时,在其背面绑缚支柱,让新梢能够快速生长。

配合摘心加速成形:新梢在适当部位摘心,增加分枝,有利于树体及早培养成形。

(二)矮化密植

在抗寒的砧木上嫁接抗寒矮化中间砧(GM256),在中间砧上再嫁接优良品种,可以适当密植。多采用改良纺锤形、纺锤形和细长纺锤形等整形方式,株行距一般为1.5 m×3 m,2 m×3 m。

三、树体保护和越冬防寒

(1)灌封冻水　在土壤开始结冻时,灌一次防冻水,这一措施在北方果树栽培中十分重要。

(2)树干涂白　秋季果树落叶后进行。

(3)包草　秋季果树落叶后,用稻草或其他秸秆将树干和主干基部包住,尤其要包好树干的向阳面和主枝基部的枝杈处。

(4)根茎培土　在树干包草后于果树基部培土高30 cm防寒,次年春撤土。

此外,北方早霜来得早,晚霜结束晚,越冬前促使枝条及早成熟,萌芽后要注意防霜。

第五节　病虫害防治

我国苹果病虫害种类很多,已知病害有90多种,虫害350多种。危害枝干较严重的有腐烂病、轮纹病、干腐病等,危害叶片的较严重的有斑点落叶病、褐斑病、锈病等,危害果实较严重的有炭疽病、轮纹病和锈果病等,危害根部的有白绢病、根朽病等。危害较重的虫害有20多种,其中以桃小食心虫为主的食心虫类、苹果小卷叶蛾为主的叶蛾类、山楂红蜘蛛为主的螨类、苹果黄蚜为主的蚜虫类分布普遍,危害严重。

一、主要病害

1. 腐烂病

苹果腐烂病俗称烂皮病，是苹果上严重的枝干病害。腐烂病病菌在树皮上越冬，一般每年有两个发病高峰，第一次在早春 3～5 月，第二次在晚秋 10 月下旬至 11 月。

防治措施：①加强栽培管理，合理负载，培养壮树，减少病源。结合修剪清除枯死的枝干、病枝、断枝等，集中烧毁，减少病源。②刮治。春季用刮刀将病变组织刮干净，并刮去 0.5 cm 左右宽的健康组织。刮口要整齐、光滑，不留死角，以利伤口愈合。刮治时应在树下铺上塑料薄膜，收集刮下的树皮并集中烧毁。刮后于伤口处涂药保护，防止复发。常用药剂有 9281、果康宝 5～10 倍液、腐必清乳液 3～5 倍液、843 康复剂和退菌特等。为提高药效，配药时可适当加入一定量的助渗展着剂，如平平加等。③桥接：对腐烂病病疤较大的，刮治后要进行桥接。④喷药防治。萌芽前全树果康宝 100～150 倍液或腐必清 100 倍液。

2. 轮纹病

苹果轮纹病又称粗皮病，我国苹果产区均有发生，轮纹病主要危害枝干和果实。病菌在被害枝干上越冬，次年 4～6 月产生孢子，成为初次侵染源，7～8 月孢子形成较多。春季病菌首先侵染枝干，然后侵染果实。

防治措施：①加强栽培管理，改善通风透光条件，提高树体的抗病能力。②刮治。萌芽前和萌芽前期刮除树皮和枝杆上的轮纹病瘤，对于减少菌源，防治轮纹病具有重要意义。刮治时应将刮下的树皮和轮纹病瘤收集起来深埋或带出园外烧毁。刮治工作最好在 5 月中下旬散发孢子之前完成，刮皮较深时，可涂植物油保护，也可在植物油中加入少量多菌灵或甲基托布津等杀菌剂，枝干深刮皮后不宜涂福美胂等铲除性杀菌剂。③喷药防治。萌芽前至花芽开绽期全树喷 3～5 波美度的石硫合剂,不仅可以防治红蜘蛛和介壳虫,还可兼治腐烂病、轮纹病和白粉病等。喷石硫合剂要掌握好喷药的浓度和时间,一般是随物候期的进展,使用浓度也要相应降低,生产上以花芽鳞片拔节到开绽期喷 3 波美度的效果好,且可降低用药成本;花序分离初期喷 1～1.5 波美度的,对防治红蜘蛛效果也较好。

5 月上旬,约落花后 10 d,轮纹病和炭疽病等病菌即开始侵染幼果,因此防治果实病害应自花后幼果期开始,一般在花后 5～10 d 喷 1 次杀菌剂,隔 15 d 左右再喷 1 次。常用的药剂有 50%的多菌灵 600～800 倍液、50%的甲基托布津 800 倍液、90%的乙磷铝 600 倍液,还可用百菌清、克菌丹和退菌特等。喷药时按稀释 1 000～2 000 倍加入黄腐酸或黄腐酸盐可延长药效期。霉心病较严重的果园喷药时可加入 0.5%的保湿剂,如羟甲基纤维素等。

3. 早期落叶病的防治

早期落叶病主要包括斑点落叶病、褐斑病、灰斑病和圆斑病等,进入 5 月份后病菌开始侵染发病。常用的杀菌剂对多数引起早期落叶的病菌都具有一定的防治效果,因此,可结合果实病害防治,一般不单独用药。在斑点落叶病严重时,可喷布 50%的扑海因 1 000 倍液、80%的大生 1 000 倍液或 10%的多氧霉素 1 000 倍液。

二、主要虫害

1. 红蜘蛛

苹果花前花后是防治红蜘蛛的关键时期。生产上一般在花前喷 0.5 波美度的石硫合剂,花后喷 0.2 波美度的石硫合剂防治红蜘蛛有较好的效果,还可以兼治白粉病和介壳虫等病虫害。此期防治红蜘蛛的药剂还有70%的克螨特2 000～4 000倍液、5%的尼索朗2 000～2 500倍液。

生物防治:使用天敌捕食螨(巴氏钝绥螨),每株树一袋,当害螨≤2只/叶时为释放时期,将包装袋剪口后,用图钉钉在背阴的树杈上,包装袋应尽量紧贴在树干上,以利捕食螨扩散上树。使用天敌捕食螨的环境条件,温度15～30℃,相对湿度小于60%,忌下雨前释放。

2. 金龟子

春季危害严重的金龟子主要有黑绒金龟子、苹毛金龟子和小青花金龟子。防治方法主要有以下几种:①人工捕捉。利用金龟子的假死性,于成虫发生盛期组织人力震树捕杀成虫。②诱杀。利用趋光性和趋化性进行诱杀。③土壤药剂处理。在果园及周围农田幼虫虫口密度较大时(1～2头/m^2),应进行土壤药剂处理。方法是每亩喷洒4.5%甲敌粉2.5～3 kg,或喷洒辛酸磷、对硫磷等水溶液(参照说明书使用,下同)。成虫出土盛期在树冠下或其周围的田埂上撒放毒土,每亩喷洒2.5%敌百虫粉2.5～3 kg,混少量细沙土撒放。常用拌毒土的药剂还有辛硫磷、对硫磷、土壤散和敌马粉等。④喷药防治。成虫发生期在树上和地下喷杀虫剂进行防治。常用的药剂有马拉硫磷、辛硫磷等。花期虫口密度大、确需喷药剂防治的果园,喷药后必须进行人工授粉,以防影响昆虫授粉而造成减产。

3. 蚜虫等害虫的防治

一般结合防治红蜘蛛或潜叶蛾等同时用药,兼治蚜虫、椿象、卷叶虫、食心虫、棉铃虫和介壳虫等。常用的药剂有吡虫啉、辛硫磷等。蚜虫防治也可采用树干涂药环法,即用小刀纵刻树皮达木质部,或刮去一圈老树皮涂上药后用塑料薄膜包扎。药剂被皮层吸收后输送到树冠的各个部位,从而杀死蚜虫,还可兼治红蜘蛛和介壳虫等害虫。

如果潜叶蛾严重可再用灭幼脲防治。

4. 卷叶虫及其他害虫的防治

剪除卷叶虫虫梢或捏死卷叶虫包内的幼虫。结合防治蚜虫、棉铃虫和尺蠖等害虫喷洒杀虫剂。常用的药剂有辛硫磷、溴氰菊酯、吡虫啉等。此外还有金纹细蛾等潜叶虫害,可喷25%的灭幼脲1 500倍液。

第十四章　设施桃栽培技术

桃果外观艳丽、味道鲜美、芳香宜人，深受世界各国人民的喜爱。桃在我国被视为吉祥之物，素有“仙桃”、“寿桃”之称。

桃果营养丰富，每 100 g 果肉含糖 7～15 g，有机酸 0.2～0.9 g，蛋白质 0.4～0.8 g，脂肪 0.1～0.5 g，维生素 C_3 约 5 mg、维生素 B_1 0.01 mg、维生素 B_2 0.2 mg，类胡萝卜素 1.18 g。除鲜食外，桃果还可以加工成果汁、果酒、果酱、蜜饯、糖水罐头、奶油桃瓣等。此外，桃树的根、皮、叶、花、仁均可入药。

桃树品种繁多，果实发育期为 45～210 d，自然休眠期为 100～1 000C. U.，是进行反季节设施栽培的主要果树种类之一。桃树设施栽培模式多样，既可利用极早熟、早熟和中熟名特优品种进行日光温室和塑料大棚促成栽培，又可利用晚熟、极晚熟品种进行延迟栽培，南方春季多雨地区还可搭建防雨棚进行防雨栽培。

我国桃树设施栽培始于 20 世纪 90 年代初期，是目前栽培面积最大、范围最广、技术最成熟的树种之一。我国设施桃生产以山东、河北、河南、北京、天津、山西、陕西、辽宁为主，北方其他各省区、中部省区及台湾省均有栽培。栽培模式以日光温室促成栽培为主，塑料大棚促成栽培和日光温室延迟栽培为辅。栽培品种以极早熟和早熟油桃、蟠桃及普通桃为主，中熟和极晚熟品种为辅。

第一节 品种简介

一、品种选择原则

根据不同的桃设施栽培模式,品种选择应遵循以下原则。

(1)促成栽培 为适应桃树设施栽培集约化种植,达到早期优质丰产的目的,一般桃设施促成栽培品种的选择应遵循以下原则:

①树体矮小,树冠紧凑,易花早果且丰产,自花结实能力强。

②果实发育期短(极早熟为45～65 d,早熟为66～83 d)品种;自然休眠期短,低温需求量低、易人工打破休眠。

③以鲜食为主的应选果个大、酸甜适口、色泽艳丽、果型整齐、质量佳、耐贮运的品种。

④适应性强,尤其是花芽抗寒性强、对温湿度适应范围宽、抗病性强的品种。

(2)延迟栽培 选需冷量高且果实发育期长(一般在200 d以上);花期耐高温的品种。其余同促成栽培。

(3)避雨栽培 花期耐湿和耐裂果的品种。其余同促成栽培。

二、优良品种简介

(一)普通桃

春雪:由山东省果树研究所引进的美国桃品种,需冷量700～800 h,果实发育期65 d左右。平均单果重150 g,果实圆形,果顶尖圆,果皮血红色,底色为白色,果肉硬脆,风味甜,可溶性固形物含量10.8%,核小、扁平,果肉纤维少,品质优,耐贮运。自花结实,坐果率高,需严格疏花疏果。较耐高温、高湿和弱光,适宜设施栽培,冀北地区日光温室促成栽培比较适宜选用此品种。

(二)油桃

极早 518(中油桃 11 号):中国果研所培育成熟最早的甜油桃品种,果实发育期 50 d 左右。平均单果重 90～100 g,最大 150 g 以上,果面鲜红色,有花粉,极丰产。需冷量 600 h。

中油桃 10 号(特大早油王):中国果研所培育,平均单果重 145 g,最大果重 256 g,果面紫红全红,耐贮不易软,花粉多,自花结实,果实发育期 68 d,需冷量 550 h。

中油桃 5 号:油桃品种,中国果树研究所培育,平均单果重 140 g,最大 250 g,果面着鲜红色,果肉白色,风味浓甜,有香气,品质优,果实发育期 75 d 左右,需冷量 700 h。

(三)蟠桃

早露蟠桃:北京林果所育成特早熟蟠桃新品种,平均单果重 103 g,最大果重 200 g,果皮黄红色,风味甜,有香气,需冷量 650 h 左右,成花容易,坐果率高,果实发育期 67 d。

第二节　桃的生长发育规律

一、生长结果习性

桃树为落叶小乔木,干性较弱,自然生长时常呈圆头状,高约 4 m 左右。桃幼树生长旺盛,发枝多,形成树冠快。桃树寿命较短,北方一般 20 年后树体开始衰老,在多雨和地下水位较高地区或瘠薄的山地,一般 12～15 年树势即明显衰弱。光照充足、管理水平较高的桃园 25～30 年还可维持较高产量。设施栽培条件下由于环境条件的变化,其经济结果年限大大缩短,熟悉设施桃树的生长结果习性,对于优化设施栽培管理,达到设施栽培桃优质丰产具有极其重要的意义。

(一)生长特性

1. 根系

桃为浅根性树种,分布的深度及广度因砧木种类、品种特性、土壤条件和地下水位高低而异。桃水平根发达,无明显主根,其水平分布一般与树冠冠径相近或稍广。垂直分布通常在 1 m 以内,集中分布层为 20～40 cm。毛桃砧根系发育好,须根较多,垂直分布较深;山桃须根少,根系分布较深。

在年生长周期中,桃根系在早春开始活动较早。土壤解冻以后,桃根系开始吸收并同化氮素,地温达到 5℃左右时,根系开始生长,15℃以上开始旺盛生长,22℃时生长最快。当土温高达 26℃时,根系停止生长,进入相对休眠期。土温降至 19℃左右时,根系开始第二次生长,但生长势较弱。秋末冬初,土温降至 11℃时,桃树根系停止生长,进入冬季休眠期。

2. 芽的类型和特性

桃芽按性质可分花芽、叶芽和潜伏芽。桃的顶芽都是叶芽,花芽为侧芽。桃花芽肥大呈长卵圆形。叶芽瘦小而尖,呈三角形。

根据芽的着生状态可分为单芽和复芽。复芽是桃品种的丰产性状。最常见的复芽组合是一个花芽与一个叶芽并生的双芽和两侧为花芽中间为叶芽的三芽并生。叶芽多着生在枝条下部,花芽和复芽多发生在枝条的上部,花芽为纯腋花芽每芽开 1 花,花芽分化多在新枝接近停止生长或停长期进行。

桃叶芽具有早熟性,当年形成的芽当年能萌发,生长旺的枝条一年可多次萌发。桃萌芽力和成枝力强,只有少数芽不能萌发形成潜伏芽。桃的潜伏芽少而且寿命短,不易更新,树冠下部枝条易光秃,结果部位上移。

3. 枝条类型和特性

桃枝按其主要功能可分为生长枝和结果枝两类。

(1)生长枝 按其长势又分为发育枝、徒长枝和叶丛枝。发育枝长 60 cm 左右,粗 1.5～2.5 cm,其上多叶芽,有少量花芽,有二次枝,一般着生在树冠的外围,主要功能是形成树冠的骨架;徒长枝由多年生枝上的潜伏芽萌发而成,多发生在树冠内膛,直立性强,节间长,组织不充实;叶丛枝是只有一个顶生叶芽的极短枝(又称单芽枝),长约 1 cm,多发生在弱枝上,条件适宜时也可发生壮枝,用作更新。

(2)结果枝 根据其形态和长度可分为徒长性结果枝、长果枝、中果枝、短果枝、花束状果枝。

徒长性果枝长 60 cm 以上,生长较直立,坐果率低;长果枝 30～60 cm,一般不发生二次枝,复花芽多,生长充实,坐果率高,是多数品种群特别是南方品种群的主要结果枝;中果枝长 15～30 cm,单芽、复芽混生,结果后还能抽生中、短果枝,具有连续结果能力;短果枝长 5～15 cm,单芽多,复芽少,在营养良好时能正常结果,多数短果枝坐果率低,更新能力差,结果后易衰弱甚至枯死;花束状果枝长 5 cm 以下,极短,多单芽,只有顶芽是叶芽,其侧芽均是花芽,结果能力差,易于衰亡。

(二)结果习性

1. 开花坐果

桃为两性花,自花结实能力强。但生产上有很多花粉败育品种,这些品种大多果实品质优良,在合理配置授粉树的条件下,仍可丰产。对授粉品种的要求,首先是花期与主栽品种重叠,其次是花粉量大。桃花粉直感现象明显,不同品种花粉为同一品种授粉,所结果实的形状、颜色等均有明显差异。无花粉或少花粉品种的丰产性受气候影响明显大于完全花品种。气候环境变化较大、灾害性天气发生频率较高的地区,应尽量选择主栽完全花品种。

桃开花时的日平均温度在 10℃以上,最适日平均温度为 12～

14℃。同一品种的开花期为 7 d 左右。花期长短因栽培方式和气候状况而异，日光温室促早栽培条件下，花期明显长于露地栽培桃，一般为 10～15 d；气温低、湿度大则花期长；气温高、空气干燥则花期短。

桃子房中有两个胚珠，一般在受精后 2～4 d 小的胚珠退化，大的则继续发育形成种子。有时 2 个胚珠同时发育，在 1 个果核内形成 2 粒种子。子房壁的内层发育成果核，中层发育形成果肉，外层发育成果皮。

2. 果实发育

桃果实生长发育曲线为双 S 型。授粉受精后，子房壁细胞迅速分裂，子房开始膨大，形成幼果。2～3 周后，细胞分裂速度逐渐放慢，果实生长也随之放缓。花后 30 d 左右细胞分裂停止。此后的果实生长主要靠细胞体积和细胞间隙的增大。桃果实生长发育要经历 3 个时期，即幼果迅速生长期、硬核期和果实迅速生长与成熟期。

(1)幼果迅速生长期　此期始于授粉受精后从子房膨大开始到果核开始木质化之前。该期果实体积和重量迅速增加，果核也迅速增大，至嫩脆的白色果核核尖呈现浅黄色，即果核开始硬化时为止。此期所用的时间和增长速度不同品种大致相似，在北方一般为 36～40 d。

(2)硬核期　此期果实体积增长极为缓慢，果核逐渐硬化，种胚逐渐发育，而胚乳则逐渐消失。当果实再次开始迅速生长时，此期结束。硬核期持续时间长短因果实发育期长短而异，极早熟品种约 1 周，早熟品种 2～3 周，中熟品种 4～5 周，晚熟品种可持续 6～7 周，极晚熟品种 8～12 周。

(3)果实迅速生长与成熟期　硬核期结束后，果实再次开始迅速生长，直至成熟为止。此期果实体积和重量迅速增大，其重量增加量占成熟时总果重的 50%～70%，增长最快时期在采前 2～3

周。栽培管理正常情况下,此期结束前果实完全表现出其品种特征。此期果核体积不再增加,只是种皮逐渐变为褐色,种子干重迅速增长。成熟前 7～14 d 果实横径增长迅速,果实呼吸强度、内含物、硬度、底色等明显改变,标志着成熟期的到来。

3. 花芽分化

桃树的花芽是由开花前一年夏秋季新梢叶腋部位的芽分化而成的。桃树花芽分化经历生理分化和形态分化 2 个时期。形态分化开始前 5～10 d 为生理分化期。此期新梢生长速度明显放慢。生理分化期一般于 5 月下旬至 6 月上旬开始,到 7 月中旬前后结束。生理分化开始后不久即转入形态分化,至秋季落叶前,芽内逐渐分化形成萼片原始体、花瓣原始体、雄蕊原始体和雌蕊原始体。不论分化开始早晚,冬前均可分化形成雌蕊原始体。随后,花芽停止分化,进入冬季休眠状态。

二、桃对环境条件的要求

(一)光照

桃树特别喜光,光照充足、日照时间长,枝条发育充实、花芽分化好、坐果率高、果实品质优良。光照不足时,易发生徒长枝,枝条易枯死,花芽质量差,坐果率低,果实品质低劣。因此,设施栽培桃树,要特别注意调整光照,要经常擦膜,保持采光面光亮、透光率高;地面要铺设反光膜,墙壁张挂反光膜,增强室内光照强度;树体应稀疏留枝,并要采用低干矮冠的自由纺锤形,以利改善设施内光照条件。

(二)温度

桃树喜冷凉,较耐寒。休眠期中,在－22℃的低温范围内,一般不会发生冻害,如果气温低于－23℃以下,则不宜栽培桃树。桃各器官中,花芽耐寒力最弱,一般休眠期能耐－16～－14℃的低温。北方 2 月份温度骤降或温度较低时，花芽容易受冻，有些品种会产生僵芽现象。根系耐寒力较弱，土温降至－10℃以下时，根系会遭受冻害。花蕾期较耐低温，能耐－3℃左右低温，花朵次之，能耐－2℃左右低温，幼果期遇到－1℃低温就会发生冻害，温度越低，时间越长，冻害越严重。桃树休眠期需要通过一定的低温量，才能正常地发芽、开花、结果。一般栽培品种的需冷量为 600～1 200 h。桃树根系生长的最适宜温度为 18～22℃，开花期最适宜温度为12～16℃，枝叶生长发育的最适宜温度为 18～23℃，果实膨大期月平均温度达到 24.9℃时，产量高、品质好，果实成熟期的温度以 28～30℃为好。

（三）水分

桃耐旱怕水涝，根系好氧性强，地面短期积水，就会造成落叶、黄叶甚至引起植株死亡。土壤水分过多，还会引起枝条徒长和流胶现象发生，并能引起果实开裂和病虫害严重发生。但也不能缺水，土壤水分不足会引起根系生长缓慢、枝条生长弱、落果严重、果实质量差。严重干旱会造成大量落叶、甚至导致死树现象发生。因此，在建园时必须考虑选择地下水位低，排水良好的地方。

（四）土壤

桃树适应性强，对土壤要求不严，一般土壤都能栽培，但在有机质含量高、透气性好的壤土、沙壤土地中栽培，其根系发育好，树体健壮。桃树在微酸至微碱性土中都能生长，最适宜 pH 为 5～6.5 的弱酸性土壤，土壤石灰含量高、pH 高于 7.5 以上时，表现缺铁，易发生黄叶病，特别在排水不良时，黄叶病发生更为严重。

第三节　育　　苗

一、苗圃地选择

育苗地选择避风向阳、排水良好的沙壤土地，修好畦田进行播种育苗。

二、种子处理

设施桃栽培的桃苗砧木应选择毛桃做砧木，比较耐涝，生长比较旺，结果比较早。播种前要将毛桃种子和3倍以上的湿沙混匀沙藏3个月以上，这样能保证出苗整齐，生长比较快。

三、播种及播后管理

（一）播种

冀北地区一般采取春天播种，时间掌握在4月上旬，每亩用毛桃种子30 kg左右，提前5 d用塑料薄膜盖在沙藏种子上在阳光下进行催芽，催芽后人工摆放播种并浇水，一般采取畦内10 cm×15 cm株行距进行摆放种子，每畦四行。播种完成后覆盖小拱膜。

（二）播后管理

幼苗出土后逐渐进行放风锻炼苗木，由于毛桃苗生长比较旺盛，只需在苗木长到20 cm时，每亩追施尿素30 kg，之后浇水促长。

四、苗木嫁接及接后管理

（一）嫁接

桃苗嫁接一般采用夏季芽接，成活率高。选择优良品种木质化程度较高的接穗，采集后立即剪去叶片保留叶柄，最好随时采集随时嫁接。嫁接时间一般选择6～8月份进行，采用丁字形或带木质芽接均可。

(二)嫁接苗管理

苗木嫁接一周后，触动叶柄检查是否成活，不成活的立即进行补接，第二年春天苗木萌芽前在接芽上方0.5 cm处剪去，让接芽正常生长即可，当年苗木就可达1.5 m左右。

第四节　设施桃建园

一、设施建造地点的选择

设施桃棚室建设应选择有水源、交通便利、无污染源、方位较好的地段，所选地块要求近3年内没有种过桃树等核果类果树。原来种植大田作物的地块较为理想。最好为沙壤土，pH4.5～7.5，含盐量在0.2%以下，地下水位低于1 m，地势相对较高，排水通畅。

二、栽培设施的建造要求

栽培园区的规划与栽培设施的设计应聘请经验丰富的栽培设施设计建造专家与桃树设施栽培专家共同进行。本书将参照承德地理条件简要介绍日光温室的棚室建造要求。

日光温室长度一般为60～80 m合适，跨度在7～10 m，这样棚内温湿度容易控制，管理方便。视地基高度和跨度看，承德地区建设日光温室一般后墙高3～4 m，保证前棚面采光角度在35°～36°，后坡仰角在33°～35°，三面山墙土层厚度确保在1.5 m以上，或使用达到相应保温条件的其他保温材料，温室朝向角度以正南至偏西5°为宜。

建筑材料可采用竹木、水泥复合材料或钢筋骨架均可，前屋面采用半圆拱形状比较好，比较适合果树生长，棚面覆盖聚氯乙烯无滴膜，并使用 8～10 cm 厚草帘双层覆盖，也可使用大棚专用棉被。

温室间距掌握：后温室与前温室间距掌握在前方温室的脊高的 2.5～3 倍。

三、桃树定植

（一）栽植密度确定

综合各地的经验，桃温室栽培适宜的密度为株行距 1 m×1.5 m或1 m×2 m，每亩栽植 444 株或 333 株。新建园可采用 1 m×1 m 左右株行距栽植，可以达到提前结果并在当年形成一定产量。

（二）品种选择及授粉树配置

中油桃 5 号和春雪是设施栽培桃中比较优良的品种，市场销路也比较好。虽然多数适合设施栽培的桃品种都有一定的自花结实能力，但同一个棚内最好栽培两个品种，可以相互授粉，提高坐果率。

（三）定植前的准备

1. 肥料的准备

定植前要多准备基肥，把各种粪肥发酵后施入温室内并和表土深翻混匀后进行栽植，每亩施入量达到 5 000 kg 有机肥。

2. 土壤的准备

设施果树栽植不同于露地果树的大坑整地，栽植不能过深，实践证明，采取小坑整地或高畦栽植的方式比较好，根系处于地表，地温比较高，以使苗木提早发育，生长较快，一年可达到 5～10 kg 的株产量。

3. 苗木的准备

(1)苗木选择　要求选用根系舒展,侧根3条以上,主侧根长度20 cm以上的苗木。半成苗嫁接部位粗度1.0～1.5 cm;速成苗苗干粗度1.0～1.5 cm,苗高130～150 cm;成苗苗干粗度1.5～2.0 cm,苗高150 cm左右。苗干根颈以上50～60 cm处有饱满芽6个以上。

(2)苗木整理　苗木整理工作在定植前进行,一般为边整理边消毒边定植。苗木整理的主要内容包括按事先定好的规格标准对苗木进行分级(2～3级),同时剪平主根与侧根先端的断口,剪掉嫁接口以上的砧木桩,去除嫁接部位残留的绑缚物等。

(3)苗木消毒　栽植前要将分级修整好的苗木逐捆消毒,彻底杀灭苗干及根系所带病原菌、害虫及虫卵,以减少幼树期病虫害的发生,从而提高定植成活率,保障幼树健康生长。常用的消毒剂有硫酸铜、石灰水、84生防菌等。

(四)定植

1. 定植时期

可先将温室棚体建好后进行栽植,也可先栽树后建棚。如果有建好的温室,可以在现有温室中采取营养杯提前培育苗木的方法,增加苗木的生长时间,当外界温度适宜时再直接栽到温室中,当年就能达到较高产量。

2. 定植技术

栽植时要2人配合,一人拿苗,一人持锨埋土。拿苗人负责把苗木准确地放在定植点上,使苗木根系舒展。埋土后,用脚将穴内土壤踩实,然后再填土至略高于地面,踩实。每栋温室定植完成后,要立即做畦浇足水,3～5 d内浇第二遍水。

3. 定植后管理

第一遍水完全渗入土壤后要及时检查,将倒伏的苗木扶正,用土将露出的根系封严，并及时定干，定干高度在 30～50 cm，前低后高。为保证高定植成活率，定干后要用塑料薄膜袋将苗干套起来，以防止苗干失水，待苗木发芽成活后再将塑料袋摘掉。

第五节　设施桃的栽培管理

一、土壤管理

土壤管理的技术途径与方法主要有土壤改良、施肥、灌水、排水、降低地下水位等。生产者要根据树龄、土壤、气候状况及优质丰产栽培的要求有针对性地选用具体的土壤管理技术。

(一)土壤改良

设施栽培规模相对较小，设施内空间小，栽植密度大，作业不便，因此土壤改良工作应在苗木定植前一次完成。

(二)施肥

施肥要以有机肥为主。在秋施基肥的基础上，根据桃树的年龄时期和各物候期生长发育对养分需求的状况与特点，决定追肥的时期、种类与数量。1～3 年生幼树少施或不施氮素化肥，花芽分化前追施一定数量的钾肥，以促进花芽分化和枝条成熟。除注重秋施基肥以外，追肥以钾肥为主，重点在硬核后的果实速长期进行。

1. 基肥

基肥主要是各种有机肥料，可加入少量速效氮肥和磷肥，酸性土壤可同时混施一定数量的石灰。基肥应秋施，一般在落叶前 30～50 d 施入。每亩施入充分腐熟的优质农家肥 3 000 kg，配合施入适量速效肥，一般每亩施入磷酸二铵 50 kg，硫酸钾 50 kg，尿素 50 kg。基肥采用全园施肥法，将肥料均匀地撒于地面，然后进行耕翻，浇水。

2. 追肥

定植当年，要加强肥水管理，达到当年定植，当年扣棚，次年结果的目的。

在有机肥施足的基础上，当苗木新梢生长到 15～20 cm 时，在离苗木 20 cm 地方每株追施 50 g(一两)尿素，同时灌水，20～30 d 一次，并逐渐增加追肥用量，最多可加到 300 g 以上。

6 月下旬至 7 月上旬每株追施 150～200 g 多元复合肥同时灌水，促进果树形成花芽。到 7 月上旬使用复合型植物生长激素(PBO)150～200 倍液喷洒树体，连续 3 次，控制营养生长，促进形成花芽。9 月份，每个棚施入 4 000～5 000 kg 腐熟的有机肥，均匀撒施在棚内，用 4 齿叉子翻地，然后浇透水，9 月底进入休眠。

(三)灌溉与排水

设施桃一般在果实迅速生长始期追肥后、秋施基肥后和土壤上冻前浇水 3 次，其他时间可根据树体生长反应决定是否需要灌水。

(四)杂草管理

设施栽培栽植密度大、主干低，一般雨季采用清耕法管理，扣棚后至揭棚前结合提高土壤温度的要求，采用地膜覆盖的方法管理。

二、整形修剪

整形修剪是设施桃树栽培的关键技术之一。整形修剪的主要目的：一是建造并维持一定的群体与树体结构，始终将树高与冠幅控制在一定的范围之内，以保证其群体及个体通风透光良好，充分合理地利用光能，为创造高额的生物学产量奠定基础；二是要调节新梢生长与枝类构成，尽快形成并长期保持树冠内具有大量的、较为理想的结果枝，从而为早丰产、优质、高产、稳产奠定基础。

(一)树体结构及树形的选择

(1)树冠高度　设施栽培桃树要特别注意控制树冠高度，使冠层顶部与棚室最高处保持 0.5～1.5 m 的距离，以利于棚室内空气流通。

(2)主干高度　主干高低直接影响果树的空间利用、通透状况与管理作业效率，设施栽培桃树的主干高度以 40～50 cm 为宜。

(3)树形选择　日光温室栽培应选择小冠形，生产中选择树形要灵活掌握，一般棚室前部采用三主枝无主开心形或二主枝无主开心形，干高一般掌握在 20～30 cm，中后部采用纺锤形。

(二)不同时期的整形修剪

日光温室促成栽培中，结果枝的修剪应采用长放、疏间为主，短截为辅的修剪方法。强壮优质结果枝长放或轻打头，细长中庸偏弱结果枝中短截，但要求剪口下有叶芽。

1. 定植当年的修剪与化控

首先进行定干，定干高度从棚前排到后依次为 30、35、40、45、50、55、55、55……定植当年 5 月中旬，选直立生长的第 1 芽枝作中心干培养，并立支柱辅助，以防弯曲。当苗木中心干上的新梢长到 30 cm 时，摘去 5 cm，保留 25 cm，以后同样做法持续到 6 月下旬，增加苗木枝量。定植当年的冬剪以轻剪长放为主，主要是对中心干延长枝进行短截，疏除密生枝、病虫枝和直立旺枝。疏除和重截(留基部 2 个芽)无花枝，对果枝长放不剪。从 7 月中旬开始，视生长情况喷 2～3 次 15%多效唑可湿性粉剂 200～300 倍液，以控制营养生长，促进花芽形成。

2. 二年生及以后的修剪与化控

(1)二年生树要注意继续培养中心干和上层主枝。对中心干延长枝留 40～50 cm，主枝延长枝留 30～40 cm 进行反复摘心，一般一年摘心 2～3 次，以控制生长，促进成花。

(2)对于多年生树如果树体生长较大，表现太密的情况下，可采取留一行去一行的办法，变株行距 1 m×1 m 为 1 m×2 m，对保留下来的树修剪略轻一些，采取中短截，保证下一年树能长满棚，达到正常产量。对于短截后发出来的新梢，仍是按达到 30 cm 后进行摘心，增加树体枝量，持续到新梢控长期。

多年生桃一般在果实采收，完成其修剪后，在大部分新梢长到 20 cm 时喷 200～300 倍 15%的多效唑可湿性粉剂，根据树势决定喷药次数，一般 2～3 次。

3. 冬剪

设施桃冬剪相对比较简单，一年生树重点是剪除病虫枝、无花枝，保留 15～20 个 40 cm 以上的结果枝，有结果枝的尽量多留。二年生以后的，保留 25～40 个结果枝，剪除病虫枝、无花枝和过密枝等。

4. 采后管理技术

棚桃果实采摘后，立即进行重修剪，当年新栽的树除顶端保留 1～2 个新梢外，其余都保留 3～5 个芽进行极重短截，同时采果后每株树追施尿素 200 g，促进新梢生长。

三、休眠与升温

(一)休眠的调节

要想使设施桃树能正常生长结果，在树体生长正常的情况下，必需保证果树有足够的休眠时间才行。冬季严寒的北方地区日光温室促成栽培为加速解除桃树自然休眠的进程，一般在秋季夜间温度降至 10℃以下时扣棚，采取夜间打开草帘，白天盖上草帘，增加休眠温度时间，使果树尽早达到需冷量小时数，当年栽植的一般要多延长几天以防休眠时间统计不够，保证当年栽培成功。

冀北地区由于气温较低，一般到9月底10月初，当外界夜间气温低于7℃时，采取人工捋叶或自然落叶后就可以盖草帘进行休眠了，休眠期温度控制在0～7℃最好，把这个温度范围内的时间累计起来，作为棚内栽培品种需冷量小时数够不够的指标。

(二)升温时间

一般在解除休眠后，开始升温，日光温室栽培中，升温不能过快。第一周温度控制在5～20℃，相对湿度控制在80%～90%；升温头三天，揭一半草帘，控制温度在16℃以内；第四、五天控制温度在18℃以内；第六、七天揭2/3草帘，控制温度在20℃以内；第二周开始全部揭开草帘，温度控制在7～22℃，湿度控制在70%～80%；第三、四周温度控制在7～25℃，湿度控制在60%～70%。

棚室开始升温后，每株树施多元复合肥200 g+尿素100 g，然后灌足水，等表土略干后用黑色地膜覆盖，既保湿又提高地温，促进果树根系快速生长。

四、棚室管理

(一)棚室内环境条件的控制

设施内环境条件，包括温度、湿度、光照、CO_2、有害气体等的控制，是桃树设施促早及延迟栽培的重要内容。

1. 空气温度调控

适宜的温度是保证设施桃树正常生长结果的基本条件之一。桃树休眠及不同器官的生长发育对温度要求不同，因此在栽培过程中，要根据物候进程及时调整和控制棚室内的温度，以保证生产活动的正常进行。桃不同物候期对温度的要求不同，综合各地的经验，桃不同生育期温度与湿度需求见表14-1。

表 14-1　设施桃棚室温度控制指标

生育期	白天温度/℃	夜间温度/℃	相对湿度/%
萌芽期	20～23	3～5	70～80
开花期	20～22	5～10	50～60
幼果期	22～25	8～10	60
硬核期及果实膨大期	23～25	10～15	60
着色期至采收期	25～28	15	60

在桃树设施促早栽培中，花芽萌动期至坐果期的温度管理至关重要。此期温度过高、过低都会影响授粉受精，降低坐果率，因此，生产中要特别注意防止冻害、低温伤害和高温伤害。此外，还必须特别注意有效温度、夜间温度、土壤温度、昼夜温差等对桃各生育期的影响。

夜间温度对桃树物候进展、坐果、果实发育及果实品质、果实成熟早晚都有重要影响。夜间温度过低或偏低是我国桃树设施生产中普遍存在的重要问题之一。适当增加日光温室墙体、后坡及前屋面保温材料的厚度，采用新型保温材料，提高温室的保温性能，以及配备必要的加温设备是提高棚室夜温的有效途径。

2. 土壤温度调控

在日光温室促早栽培中，揭苫升温开始后要尽快提高并维持较高的土壤温度。提高土壤温度具体做法：一是落叶后及时扣棚盖苫，防止土壤结冻；二是白天将温室内的空气温度控制在最适宜温度的上限，以增加土壤蓄热量；三是揭苫升温后及时铺地膜；四是向棚室内的土壤中施入作物秸秆、杂草或牛马粪等有机物，通过有机物发酵时放出的热量来提高土壤温度。

总之，棚室内温度的调节与控制主要是通过保温、加温、通风等方式进行。

3. 湿度调控

湿度过大会造成生长发育不良，增加病虫害的发生，所以当湿度过大时，可采用放风、撒生石灰等措施降低棚室的湿度。同时采用铺地膜、滴灌、膜下暗灌等方法，降低棚室内湿度。整个生长季的湿度要求见表 14-1。

4. 光照调节

良好的光照条件是桃树设施生产正常进行的基本要素之一。桃树设施栽培，特别是日光温室促早栽培，其主要生产过程在光照强度低、光照时间短的冬季和早春进行，因此加强光环境条件的管理就显得尤为重要。

改善棚室内光照条件的措施主要有：

(1)优化棚室结构　在充分考虑桃生长发育特点的基础上尽量减小棚室对太阳光的反射作用，尽量降低温室高度，增加下部光照；减弱支柱、立架、墙体、附属物等遮光影响；选用透光率高耐老化的无滴透明覆盖材料。

(2)要尽量延长光照时间　在棚室温度允许条件下，适当的早揭苫晚放苫。阴天时只要天气状况不太恶劣，都要坚持揭苫，以便利用散射光。有条件的可以采用人工补光的办法延长光照时间，如盖苫后每天人工补光 1～2 h，可起到良好的效果。

(3)挂反光幕布　在中柱南侧，后墙和山墙上挂宽 2 m 的反光幕，可增加室内光照 25％左右，能显著提高桃的产量和质量。

(4)地面铺反光膜　桃成熟前 30～40 d，在树下铺聚酯镀铝膜，将光线反射到树冠下部和内膛的叶片和果实上，以提高下层叶片的光合能力，从而促进果个增大和着色，既提高产量又改善品质。

(5)清洁棚膜　及时清除透明覆盖材料上的尘土和其他杂物，以保持其较高的透光率。

5. CO_2调节

设施桃栽培是在一个封闭程度较高的环境中进行的，晴天时，日出后不久，温室内的 CO_2 浓度便迅速降低，如不及时补充，则会严重影响作物的光合速度和产量。因此，CO_2 施肥是日光温室栽培的一项重要措施，以往的栽培实践表明，CO_2 施肥一般可增产20%～30%，最高可达 50%。温室内白天 CO_2 的适宜浓度因天气状况而异，晴天为 1 000～1 500 mg/kg，阴天为 500～1 000 mg/kg，雨天不施。

生产上补充 CO_2 方法很多：①增施有机物，可于落叶前后增施牛马粪或作物秸秆、枝叶、杂草等有机物；②通风换气，在保证室内温度的前提下，打开通风口，通风换气，通过棚室内外空气的交流，补充室内 CO_2；③使用 CO_2 发生器，利用碳酸氢铵与工业硫酸反应释放二氧化碳；④施用二氧化碳颗粒肥料。需要注意的是，临时采用增施 CO_2 一般在晴天进行，多云天气要少施，在阴天一般不施 CO_2。

（二）撤草苫和揭膜

桃果实采收后或室外夜间温度稳定在 10℃ 以上后撤除草苫并晒干保存。当外界日平均气温达到 15～20℃ 时，便可揭掉薄膜，并卷好存放在通风干燥的地方。揭膜后，如遇干燥强光天气，可适当加盖遮阳网。

五、花果管理

设施栽培，特别是日光温室促早栽培的普通桃及蟠桃品种往往落花落果严重，有效提高坐果率是桃树日光温室促早栽培的关键环节，必须给予高度重视。要提高日光温室促早栽培桃的坐果率，需做好以下几点：

（一）花期温湿度调控

一般设施桃棚升温第 5～7 周即进入花期，棚桃进入花期温度就要控制在10～22℃，湿度控制在50%～60%，有利于花粉生长和授粉受精，促进坐果。进入幼果期温度控制在10～25℃，湿度60%～70%。进入硬核期之后温度控制在15～28℃，相对湿度控制在50%～60%。

(二)花期喷硼及授粉

为了促进棚桃坐果，盛花期使用500倍硼砂+300倍尿素进行喷施，同时要进行人工授粉或放蜂授粉。人工授粉采用毛笔或过滤嘴点授，每天在上午8点到下午4点之间进行，放蜂授粉比较好，在开花前两天把蜂箱放入棚内，让蜜蜂自行授粉即可，一般每亩棚放入两箱蜂为宜。

(三)疏花疏果

花芽膨大期，结合花前复剪疏花蕾，初花期开始疏除弱花、晚开花和畸形花。果实坐住之后，要进行疏果，一般分两次进行，果实豆粒大小时进行第一次，第二次于生理落果后进行定果，二次疏果不能太晚，否则影响产量和果实品质。最终一般大型果长果枝留3～4个果，中果枝留2～3个，短果枝留1～2个；中型果长果枝留4～6个果，中果枝留3～4个，短果枝留2～3个；小型果长果枝留5～8个果，中果枝留4～5个，短果枝留2～4个。

(四)果实套袋

油桃类可不用套袋，毛桃类一般需进行套袋，否则果实着色太重，影响品质。于采前1周左右除袋，果面颜色鲜红，商品品质最好。

(五)促进果实着色和成熟

(1)改善光照、保持昼夜温差、促进着色　主要是着色期增加前屋面透光膜清洁次数，保证前屋面透光良好。果实着色期保持15～18℃的昼夜温差，有利于促进着色及成熟。

(2)果实着色期进行疏梢摘叶处理　在桃果实大小达到标准

果个的着色初期，对影响果实受光的新梢和叶片进行摘除。由于果实生长发育受极性影响，树冠上部和外围果生长速度快，因此疏梢、摘叶处理自上而下逐渐进行。

(3)果实第二次膨大期追施钾肥。

(六)果实采收

进入采摘期，温度不能过高，应控制在20℃左右，否则桃易变软，影响商品质量。棚桃的采摘要根据果实成熟度，成熟一批采摘一批，进行分批上市。

六、病虫害防治

冀北地区设施桃栽培中病虫害发生比较轻，重点是在夏季注意观察防治蚜虫、红蜘蛛、潜叶蛾三种虫害，萌芽后重点防治蚜虫和红蜘蛛两种虫害，使用相应药剂防治即可，病害发生较少，基本稍加预防即可，做到早发现早防治效果最好。

(一)主要虫害及防治

1. 蚜虫

(1)危害特点　保护地桃萌动到开花期，以若虫危害嫩芽、花蕾、子房等。新梢展叶后，群集于叶片背面危害。常造成叶片失绿、滞育、卷曲等。

(2)防治方法　芽萌动期均匀喷5%芽虱净3 000倍液即可预防。

2. 螨类

(1)危害特点　危害叶片，造成叶片失绿、干枯。

(2)防治方法　①叶芽萌动时喷3～5波美度石硫合剂。②落花后喷200螨死净1 500倍液，或在发生期喷15%扫螨净乳油3 000～5 000倍液。③生物防治。

3. 桃潜叶蛾类

(1)危害特点　主要有桃潜叶蛾、桃冠潜蛾。危害特点是幼虫潜入叶肉组织内串食,被害部分表皮变白,严重时整个叶片都被潜食,引起落叶。对花芽的形成、产量和树体生长发育影响极大。

(2)防治方法　①加强桃园管理。秋季落叶后,彻底清除落叶,集中烧毁,消灭越冬蛹和幼虫。②喷洒农药。成虫发生期和幼虫孵化时,喷洒灭幼脲3号或杀铃脲或20%灭扫利乳油2 000倍液,10%氯氰菊酯乳油1 500～2 000倍液。

(二)主要病害及防治

1. 桃炭疽病

(1)症状　主要危害果实、新梢。幼果期发病,受害部变成暗褐色。果肉萎缩并硬化。果实成熟期染病,初期为淡褐色水渍状斑,逐渐扩大成红褐色圆斑,病斑凹陷,上生粉红色小点的分生孢子盘,排成轮状。病斑下果肉变褐腐烂,果实脱落或悬在树上。新梢受害,初期出现水渍状长椭圆形病斑,后变褐色,边缘红褐色,表面生粉红色孢子团,严重时枝条枯死。

(2)防治方法　①从桃树萌芽到发病期剪除病枝,并于落叶前将呈现卷叶症状的病枝剪掉,集中烧毁,以减少病原。②在萌芽前喷3～5波美度石硫合剂,可铲除病原。发病重的地区,在桃树开花前、落叶后和幼果期各喷一次50%多菌灵800～1 000倍液,或70%甲基托布津1 000倍液。

2. 桃树细菌性穿孔病

(1)症状　主要危害叶片、果实和枝条。叶片病斑初期为水渍状圆斑,扩大后成多角形,红褐色或褐色,病斑周围有淡黄色晕环。果实受害产生暗紫色圆斑,稍凹陷,边缘水渍状晕环,遇水病斑出现黏液,有大量细菌。枝条上病斑色暗,春季发展成溃疡枝梢枯死。发生在当年生嫩枝上,形成圆形或椭圆形水渍状暗紫色斑点,后变褐色和紫褐色，稍凹陷，严重时枝条枯死。

(2)防治方法　①清洁果园，及时清除病枝、病叶和杂草。②做好桃园排水，降低园内湿度。③发芽前喷3～5波美度石硫合剂，展叶后可喷硫酸锌石灰液(硫酸锌0.5 kg、消石灰2 kg、水120 kg或硫酸锌0.5 kg、消石灰0.5 kg、水50 kg成比例配制)。也可在生长期喷代森锌500倍液，或落花后15 d到8月间每隔15 d喷1次0.3～0.4波美度石硫合剂，或65%代森锌可湿性粉剂500倍液，均有良好效果。

3. 桃腐烂病

(1)症状　主要危害桃树主干、主枝，其症状不易被发现。初发病时树皮呈淡褐色，外部出现豆状胶点，皮部成椭圆形凹陷，皮层松软腐烂，有酒糟味，逐渐发展到木质部。树体受冻易染此病。

(2)防治方法　①清除病原菌，清洁田园，把修剪的病枝及时烧掉。②春秋两季喷布0.3～0.5波美度石硫合剂，以减少发病。

第十五章　设施葡萄栽培技术

葡萄是世界四大水果之一，栽培面积遍布世界五大洲。葡萄适应性强，易结果，栽培方式和经济利用多样化。葡萄果实风味独特，营养丰富，成熟的浆果中含有15%～25%葡萄糖、果糖和许多对人体有益的矿物质和维生素，其果皮中还含有抗癌活性物质——白黎芦醇，深受城乡人民的喜爱。除常规的露天栽培外，利用园艺设施进行定向栽培，已成为葡萄生产的一个重要分支。

第一节　生物学特性

葡萄是多年生木本藤蔓植物，其植物学形态是由根、茎、叶、芽、花、果穗、浆果和种子组成。根、茎、营养芽和叶属于营养器官，主要进行营养生长，同时为生殖生长创造条件。生殖芽、花、果穗、浆果和种子属于生殖器官，主要用以繁殖后代。

一、生长特性

（一）根系

葡萄的根富于肉质，髓射线发达，能贮藏大量的有机营养物质，秋天养分回流后，根中贮藏大量的营养物质，包括水分、维生素、淀粉、糖等各种有机和无机成分，以待春天供萌芽和枝蔓生长所需。葡萄是深根性作物，根系垂直分布最密集的范围在20～60 cm的土层内，所以，比较耐旱。

葡萄根系的年生长期比较长，如果土温常年保持在13℃以上且水分条件适宜，可终年生长而无休眠期。在一般情况下，每年春夏季和秋季各有一次发根高峰，而且以春、夏季发根量最多。早春土温达到10℃左右时根系开始活动，12～13℃新根开始生长，一般北方露地6月中下旬进入生长高峰；进入7～8月份，由于温度太高，根系暂时停止生长或生长缓慢，到早秋季节，进入第二次生长高峰，一直到11月份。根的最适生长环境为：土壤温度在15～22℃，田间最大持水量在60%～70%。根系一般在－10℃左右时的低温下受到伤害，这是寒冷地区葡萄需要埋土防寒的重要原因之一。

（二）茎

葡萄茎由节和节间组成。茎的节间有横膈膜，有贮存养分和加强枝条牢固性的作用。葡萄的茎细而长，髓部较大，组织较疏松，体重很轻。节上具有卷须，使新梢可以缠绕其他树木或支架向上攀援。新梢节部稍膨大。节上着生叶片，叶互生，叶腋内着生芽眼，叶片的对面着生卷须或果穗。

葡萄地上部分的茎主要包括以下几部分：主干、主蔓、侧蔓、新梢和副梢。葡萄新梢生长迅速，一年中能多次抽梢，但依品种、气候，土壤和栽培条件而不同。一般新梢年生长量可达1～2 m。在年生长期中，新梢一般具有2次生长高峰，如以主梢为代表，从萌芽展叶开始，至开花前，随气温、土温的升高，根系活动旺盛，新梢也随之加速生长，进入第一次生长高峰。第一次新梢生长的强弱，对当年花芽分化、产量的形成有密切关系，长势过强、过弱对开花、坐果都是不利的。此后，随果穗的生长至果实着色，新梢生长速度减缓。新梢第二次生长高峰是以副梢为代表的，当浆果中种子胚珠发育结束后才表现出来，这次生长量一般小于第一次。在高温、秋雨多的地区，8～9月份还可能出现第三次副梢生长高峰。9月下旬以后，气温逐渐下降，生长趋慢，直到10月上中旬才停止生长，至11月落叶进入休眠期。

（三）芽

葡萄的芽可分为冬芽、夏芽和隐芽，三类芽在外部形态和特性上具有不同的特点。早春平均气温稳定在10℃以上时，葡萄的芽开始萌发，随后逐渐伸长，形成新梢。

（四）叶

葡萄的叶为单叶，互生，成叶由叶柄和叶片组成。叶片形状变化较大，全缘或3～5个裂片。

二、结果习性

（一）开花坐果

葡萄的花序是复总状花序或圆锥花序，花序上花的数量随品种而异，一个花序上可以有200～1500个花蕾。它的卷须与花序是同源的，随着树体的营养不同可以相互转化。花序的形成与营养条件有密切关系。营养条件好，花序多，上面的花蕾多；营养条件差，花序发育不完全，花蕾少，有的还带卷须。葡萄花有3种类型：完全花（两性花）、雄性花和雌性花。大多数品种是完全（两性）花，有雌蕊和雄蕊，能自花授粉。少数品种为雌性花，雄蕊向下弯曲，花粉不能发芽，必须进行异花授粉。另外，还有一些品种，可以单性结实，即不通过授粉，子房就可膨大而长成果实。

当气温上升到20℃左右时，欧洲品种即进入开花期。葡萄开花期间的温度对花的开放有很大影响。在15.5℃以下时开花很少，温度升高到18～21℃时开花量迅速增加，气温达35～38℃时开花又受到抑制。在26.7～32.2℃的情况下，花粉发芽率最高，花粉管的伸长也快，在数小时内即可进入胚珠。而在15.5℃的情况下，则需要5～7 d才能进入胚珠。天气正常时葡萄的开花期多为6～7 d。气温越高，开花越早，花期越短。开花期间如遇上低温或阴雨天气，不但花期延长，而且授粉受精不良，影响产量。柱头在花蕾开放后 4～6 d 仍保持受精能力。开花期正是新梢旺盛生长期，结果和生长争夺营养剧烈，因此对容易落花落果的品种如玫瑰香、巨峰等在开花前 3～5 d 对结果枝进行摘心或喷 0.2％硼砂液，有利于提高坐果率。

（二）果实发育

葡萄花序受精结束后形成果穗，果穗上着生果粒。一般葡萄在开花后一周左右，果粒约绿豆大时，有些幼果因子房发育异常或授粉受精不良、缺乏养分，常出现生理落果现象。落果后留下的果粒，根据不同时期果实的生长发育特点和生长的快慢，无论是正常有种子的果粒或是单性结实的果粒，一般需经历快速生长初期、生长缓慢期和第二次生长高峰期三个阶段，整个果实生长动态都具双 S 曲线的特点。第一阶段：从开花、坐果开始到第一次快速生长停止期间，果皮和种子都迅速生长，细胞分裂与细胞增大同时进行，果皮组织中的细胞迅速分裂，可持续 3～4 周，以后主要依赖于细胞体积的增大。第一阶段结束时，种子体积达到最终大小，但胚仍较小。第二阶段：整个浆果的生长速度明显减缓，种皮开始迅速硬化，胚的发育速度加快，胚在这一时期内基本达到最大体积。浆果酸度达最高水平，并开始了糖的积累。第三阶段：这是浆果的第二次快速生长期，浆果的体积和重量的增加量可能超过第一阶段或与之相当。此期浆果体积的增大主要靠细胞的膨大，浆果中糖分迅速累积。与此同时，含酸量持续下降。果实生长的一、二、三期的长短，因品种而异。一般早熟品种第二期短，晚熟品种第二期长。

（三）花芽分化

葡萄的花芽分化实际上是花序形成的过程，葡萄的花芽是混合芽，花序和枝条一齐发生。葡萄的花芽有冬花芽和夏花芽之分，一般一年分化一次，也可以一年分化多次。葡萄的花芽分化可分为生理分化和形态分化两个阶段。决定花芽良好分化的前提，首先是营养状况和外界条件（光照、温度、雨量）的充分满足。营养积累差，外界条件不适宜，如雨量大、气温低，均不利于花芽分化。花芽形成的最适温度为 20～30℃。

一般品种大约在开花期前后，主梢上靠近下部的冬芽先开始花芽分化。随着新梢的延长，新梢各节的冬芽一般是从下而上逐渐开始分化，但最基部的 1～3 节上的冬芽开始分化稍迟，这与该处营养积累开始较晚有关。冬芽内花序原基突状体出现后，进一步形成各级分轴，至当年秋季冬芽开始休眠时末级分轴顶端单个花的原基可分化出花托原基。进入休眠后，整个花序在形态上不再出现明显的变化。一直到次年春季萌芽展叶后，每个花蕾才开始依次分化出花萼、花冠、雄蕊和雌蕊。一般出叶后一周形成萼片，再过一周出现花冠，出叶后二周半至三周雄蕊开始发育，再过一周心皮原始体出现，不久即形成雄蕊。春季花序原基的芽外分化，主要依靠体内上一年的贮藏营养物质。因此，树体贮藏养分积累的多少，对早春花芽的继续分化至关重要。冬芽中的预备芽形成时间一般较主芽晚 15 d，而花序分化较主芽所需时间长。

葡萄在自然生长状态下，夏芽萌发的副梢一般不易形成花穗结果，如通过对主梢摘心，改善营养条件，则能促进夏花芽的分化，使之成为结果枝。花穗发育的大小与夏芽萌发前的孕育时间长短有关。夏花芽的分化，结实力还因品种而异。巨峰一般约有 15％的夏芽副梢有花穗，白香蕉在 20％以上，龙眼仅 3％左右。

由于葡萄的花芽分化与萌芽、新梢生长、开花坐果、浆果发育交叉重叠进行，因此，从萌芽至开花前后及浆果膨大期，需要供应充足的营养物质，同时也要进行夏季修剪（抹芽、疏枝、摘心、疏花、疏果及处理副梢）的措施来促进花芽分化。

三、葡萄对环境条件的要求

(一)温度

葡萄为喜温树种,葡萄原产于暖和的温带地区,不太抗寒,但由于枝蔓较软,便于埋土防寒。葡萄不同器官对低温的抵抗能力不同。成熟良好的枝条能耐－20℃的低温;休眠芽能耐－17℃的低温;根最不抗寒,欧洲种葡萄的根在－7～－5℃时即发生冻害。

(二)光照

葡萄是喜光植物,光照充足有利于生长发育、开花结果和花芽分化。光照不足时果实着色不良,香味减少,品质下降。北方地区光照充足,晴天多,日照时数长,全年日照在 2 700 h 以上,完全能满足葡萄光照的要求。尤其是山地阳坡光照比平原充足,因此果实品质好。在设施条件下,光照条件远不如露地,如栽植密度过大、留枝过多、管理不当,极易造成果园郁闭,影响产量和品质。因此,设施生产中应选择光照充足的地址建园,并确定合理的株行距及正确的修剪手法,必要时采取人工补光措施。

(三)水分

葡萄虽是耐旱植物,但一定的水分对葡萄植株的正常生长和发育起着很重要的作用,且不同的生育期,葡萄对水分的要求也不相同。在葡萄生长初期对水分要求高,到开花时降低。开花时土壤过湿或降雨会阻碍正常受精,引起大量落花落果。浆果生长期对水分要求又增高,浆果成熟时对水分要求最低。在葡萄生长期间,空气的相对湿度以 70%～80%为好,而开花期和浆果成熟期则以 50%左右为宜。而土壤含水量在早春萌芽、新梢生长、幼果膨大期以 70%左右为宜。浆果成熟前后以 60%左右为好。

(四)土壤

葡萄对土壤的适应性很广,除重盐碱地外,在其他类型的土壤上都能生长。但葡萄最适宜的土壤是砾质壤土。设施生产是高投入、高效益，在规划建园时，仍应尽可能避免采用理化性状极端不良的土壤，如重黏土、排水不良的涝洼地、含盐碱量过高以及地下水位过高的土壤。一般要求地下水位能常年控制在 1 m 以下。

四、葡萄的自然休眠习性

葡萄虽然起源于亚热带气候条件，但是在长期的进化过程中，葡萄即保持了亚热带植物周年生长的特点，又适应了温带气候的季节性生长周期，因此，和其他落叶果树一样，葡萄同样具备休眠特性，这一特性使葡萄可以渡过不良的环境条件，尤其是严寒的冬季。

（一）葡萄休眠的特点

葡萄的自然休眠期长，低温需求量大。早熟品种如乍娜、凤凰51、早生高墨、板田良智等低温需求量平均在 850～1 100C. U，而中熟品种如巨峰、龙宝等，低温需求量平均在 1 000～1 600C. U。葡萄植株的休眠期一般是指从落叶后开始，到次年树液开始流动期为止。

棚室栽培葡萄，一定要在满足休眠条件后才可加温。如自然休眠不完全时升温催芽，造成不发芽，或者发芽不整齐，卷须多、花量少，而达不到丰产要求。准确掌握葡萄低温需求量是促成生产中扣棚保温的主要依据，因此在生产中应尽量满足葡萄的自然休眠，以保证设施栽培中植株的正常生长发育。如果没有特殊处理，华北地区的最早扣棚时间应在生理休眠趋于结束的 1 月中下旬。

（二）人工破眠措施

如果想提早上市，超早期促成生产，通常采用“低温集中预冷法”和“石灰氮处理”相结合的方式提前打破休眠，可提早破眠 20～30 d，在生产上已取得较好的效果。

1. 低温集中预冷法

当葡萄秋末落叶后，监测夜间温度在 7℃左右，可及时进行扣棚，并盖上草帘。此时的扣棚不是为了升温，而是为了降温和低温预冷。其方法是：白天盖草帘、遮光，夜间打开放风口，让棚室温度降低；白天关闭所有风口以保持低温。大多数葡萄品种经过 30～40 d 的低温预冷，便可满足低温需求量，可保温生产。此外，采用添加冰块辅助降温的“人工集中预冷”方法和利用冷风机或冷库进行降温的“人工集中预冷”方法，也可使葡萄尽早渡过内休眠期，进而使升温时间提前。

2. 石灰氮处理法

石灰氮的学名叫氰氨基化钙，分子式 $CaCN_2$。石灰氮经过部分水解形成具有破眠效果的有效成分 $HNCN^-$，反应方程式如下：

$$2\,CaCN_2+2H_2O \rightarrow Ca(HNCN)_2+Ca(OH)_2$$

$$Ca(HNCN)_2 \rightarrow Ca^{2+}+2HNCN^-$$

葡萄经石灰氮处理后，可比未经处理的提前 20～25 d 发芽。使用时，每 1 kg 石灰氮，用 40～50℃的温热水 5 kg 放入塑料桶或盆中，不停地搅拌，经 1～2 h，使其均匀成糊状，防止结块。使用前，溶液中添加少量黏着剂或吐温－20。可采用涂抹法，即用海绵、棉球等蘸药涂抹枝蔓芽体，涂抹后可将葡萄枝蔓顺行放贴到地面，覆盖塑料薄膜保湿。使用石灰氮时，应注意以下几个问题。①葡萄枝芽涂抹石灰氮后，应保湿并逐渐升温，切忌升温过速，高温催芽，以免造成新梢徒长、花序小、坐果少与落花落果严重。②石灰氮与水混匀，应充分搅拌，成糊状后方可点涂。③石灰氮有毒，切勿黏于皮肤或飞溅眼中。④石灰氮应干燥避光保存。

五、设施葡萄的生长发育规律

除露天所具有的生长发育模式及生物学习性外，经设施栽培，葡萄的某些生物学特性发生了改变，与露天栽培相比，主要表现在以下几点。

（一）根系对土壤温度敏感

露天条件下，土壤温度与气温基本同步变化，葡萄生长发育也较为正常，器官建造的顺序节奏协调一致。但在设施栽培中，尤其是促成早熟生产，在扣棚保温的前期，往往出现气温上升快而土温上升慢，导致设施栽培的葡萄发芽迟缓或萌芽不整齐，花序抽生慢，坐果率低，落花落果严重等现象。这都与土温低，新根发生受阻或量少，细胞分裂素（CTK）合成供应不足有关。设施条件下，葡萄根系在土壤温度 6～7℃时开始活动；土温上升至 12～13℃时发生新根，在 15～22℃时生长最快。所以在设施促成栽培的前期，应注意提高土壤温度。

（二）完全花、自花结实

大多数设施葡萄品种，花为完全两性花，可自花结实，棚中不必配置另外的授粉树。但异花授粉后，坐果率明显提高。

（三）隔年结果普遍严重

由于设施栽培的条件改变了葡萄固有的生长规律，原结果枝形成的冬芽受棚内光照和营养的影响，花芽分化不良，以致形不成足够的花芽，导致葡萄设施（促成）栽培中独有的隔年结果现象，即扣棚后当年较为丰产，开花坐果良好。但第二年再扣棚的，往往出现绝产或经济产量不足。隔年结果的现象已成为设施葡萄栽培的一大障碍。解决设施葡萄隔年结果的方法，目前生产中主要是通过修剪方法加以调节。

（四）果实发育期延长

经设施栽培，葡萄果实的发育期比露天栽培延长。如乍娜，露天栽培从萌芽到果实采收是 98 d，从开花到成熟是 64 d。而经促成设施栽培，分别是 112 d 和 78 d。其他如凤凰 51、青岛早红、巨峰等都有相似的结果。一般设施栽培的葡萄其果实发育期比露天栽培长10%～25%。因此,在生产目标计划管理及其他生产环节上应加以注意。

（五）叶片质量下降,光合性能低

设施葡萄普遍表现为叶片大而薄,光合性能低的现象。净光合速率(P_n)仅为露天条件下的75%～82%,这主要与叶片质量差、光照强度弱有关。因此,加强设施葡萄的水肥管理,提高营养贮备;控制好发育节奏,增强叶片质量;实行补光栽培和二氧化碳气体施肥,以提高光合性能,增加光合碳素生产。

第二节　主要品种

一、品种选择原则

葡萄设施栽培中选择品种时应遵循如下原则:

以促成早熟为目的的设施栽培,应选择极早熟、早熟和中早熟品种,以利于提早上市。延迟栽培在晚秋、冬初成熟上市的品种,则应选择晚熟品种或容易多次结果的品种。避雨栽培,在品种选择上,主要是穗大粒大、色泽艳丽、味浓芳香、酸甜适口的中早熟鲜食品种。

促成早熟栽培,应选择自然休眠期短、需冷量低,易人工打破休眠的品种,以便早期或超早期保护栽培。

延迟栽培,应选择需冷量和需热量高、果实发育期长或容易多次结果的晚熟、极晚熟品种,以用于延迟栽培。

避雨栽培应选择需冷量低且耐高温、高湿的品种。选择花芽易形成、花芽着生节位低、坐果率高,较易丰产的品种。

设施生产的浆果,基本上以鲜食为主。应选择粒大、穗紧、色泽鲜艳、酸甜适口的品质优佳品种,并要求一定的耐贮运性。选择生长势中庸的品种或利用矮化砧木，以易于调控，适于密植。选择对直射光依赖性不强、散射光着色良好的品种，以克服设施内直射光不足、不利于葡萄果粒着色的弱光条件。设施品种应适应性强，尤其是对温度、湿度等环境条件适应范围较宽，且抗病性较强。

同一棚室在定植品种时，应选择同一品种或成熟期基本一致的同一品种群中的品种，以便统一管理。而不同棚室在选择品种时，可适当搭配，做到早、中、晚熟配套，花色齐全。

二、优良品种

（一）促成早熟栽培优良品种简介

1. 京亚

北京植物园选育的黑奥林实生。露地 7 月上中旬成熟，穗重 340～450 g，稍紧。果粒椭圆，重 8～11 g。皮中厚，紫黑色，果粒厚，肉软多汁，品质中上等。种子 1～2 粒。果实发育期 103 d，极早熟。抗黑痘病，易感灰霉病，不抗湿。要求较高肥水条件，要充分成熟后采收，否则酸度高。丰产性强，适于中短梢修剪。

2. 京秀

北京植物园用潘诺尼亚×60～33 育成，欧亚种。露地 7 月上中旬成熟，果穗圆锥形，重 513 g，果粒椭圆形，重 6～8 g。皮中厚，玫瑰红色。肉脆，甜度大，酸度低，具东方品种群品质。树势中旺，结果枝率 37.5%，结果系数 1.2，较丰产。抗病性较强。上色早，退酸快，可采收时间长，不易落粒或裂果，耐贮运。生长日数 106～112 d，适于中短梢修剪。

3. 京优欧美杂交种

京亚的姊妹系。果穗大，平均穗重 580 g，最大穗重 850 g，圆锥形。果粒着生中等紧密或较紧，平均粒重 10.3 g，最大粒重 18 g，近圆形或卵圆形，红紫或紫黑色，果皮厚，果肉厚而脆，是巨峰系中大粒品种中少有的脆肉型品种之一，味甜微酸，微有草莓香味，接近于欧亚种中优良鲜食品种的风味，可溶性固形物含量14%～19%，含酸量0.55%，品质上等。从萌芽到果实充分成熟的生长日数为112～126 d，在北京8月中旬成熟，但因其上色早，含酸量低，一般可提前10 d左右上市。抗病力较强，无日烧，果刷长，果粒与果肉不易分离，耐运输。棚架或篱架栽培均可，宜中短梢修剪。其缺点是开花遇天气不良时，有大小粒现象，如及时将授粉不良的小果粒疏去，则可获得果粒整齐、穗形美观、高品质的商品果。

4. 乍娜

欧亚种，我国1975年由阿尔巴尼亚引栽成功。露天条件下7月中下旬成熟，果穗长圆锥形，穗大，平均穗重850 g，最大的1 000 g。果粒大，平均单粒重9.7 g，最大的17 g。果粒紧凑，粒粉红色。肉脆、多汁、味甜，具清淡的香味，果皮果肉较易剥离。丰产，产量高，但易裂果。从萌芽到果实充分成熟生长日数为115～125 d，活动积温为2 200～2 500℃，在北京8月上旬成熟，为早熟品种。乍娜在日光温室于1月中下旬萌芽，3月上旬开花，4月中旬果实始着色，5月初浆果成熟。温室栽培中，应特别注意降低棚室湿度，防止湿度过高而引发的病害及裂果。

5. 巨峰

属欧美杂交种。原产于日本。巨峰(系)是目前我国栽培面积最大的中熟鲜食品种(系)。果穗圆锥形，单穗重300～600 g。粒大，平均粒重10 g，最大的可达20 g。皮厚、紫黑色，肉软，味甜多汁，微带草莓香味，为鲜食佳种。从萌芽到果实充分成熟的生长日数为143～146 d，活动积温为3 341.2～3 433.7℃，在北京8月下旬成熟，为中熟品种。露天栽培8月中旬成熟，日光温室中4月底至5月中旬成熟上市。其缺点是落花落果较严重，坐果偏少且果穗不整齐。栽培时应控制花前肥水，注意花前摘心、疏穗、修穗和疏粒。巨峰是目前设施葡萄的主栽品种之一。

6. 力扎马特

又名玫瑰牛奶，欧亚种。果穗大，平均穗重 672.5 g，最大穗重 1 500 g 以上，宽圆锥形，无副穗。果粒着生中等紧密或较疏松，平均粒重 10～11 g，最大粒重达 19 g，长椭圆形或长圆柱形，鲜紫红色，果皮薄，肉质脆，汁多，味酸甜，风味极佳，可溶性固形物含量 13%～16.2%，含酸量 0.6%左右。品质上等。从萌芽到果实充分成熟的生长日数为 128～135 d，活动积温为 3 100～3 200℃，在山东 8 月中旬成熟，为中熟品种。在温室栽培条件下，果实于 5、6 月份成熟上市。抗病力中等，易感染黑痘病、白腐病和霜霉病，多雨年份有裂果，耐运输。宜棚架栽培，中、长梢修剪。

7. 奥古斯特

欧亚种。果穗大，平均穗重 580 g，最大穗重 1 500 g，圆锥形。果粒着生紧密，平均粒重 7.5 g，最大粒重 10.5 g，果粒大小均匀。果皮绿黄色，充分成熟为金黄色，着色一致，果皮中厚，果粉薄，果肉硬而脆，稍有玫瑰香味，香甜适口，可溶性固形物含量 15.5%，酸含量 0.43%。品质佳。从萌芽到浆果充分成熟的生长日数为 100 d 左右，在辽宁兴城 8 月上旬果实成熟上市。在温室生产条件下，果实可于 5 月份成熟上市。抗病性较强，抗寒力中等，不落粒，耐运输。宜小棚架栽培，中梢修剪。

8. 维多利亚

欧亚种。果穗大，平均穗重 630 g，圆锥形。果粒着生中度紧密，平均粒重 9.2 g，最大粒重 12.0 g，长椭圆形，果皮黄绿色，中厚，果肉硬而脆，味甜适口，含可溶性固形物 16.0%，含酸量 0.37%，果皮与果肉易分离。品质佳。从萌芽到果实充分成熟的生长日数为 110 d 左右，有效积温为 2 158.2℃，河北昌黎 8 月上旬果实充分成熟。抗灰霉病能力强，抗霜霉病、白腐病中等，不落粒，耐贮运。宜小棚架或篱架栽培，中短梢修剪。

（二）延迟栽培优良品种简介

1. 秋红

欧亚种。原产于美国。果穗长圆锥形，果穗平均重 700 g 左右，最大的可达 1 500 g。果粒长椭圆形，平均粒重 7 g。果皮深紫色，皮肉易剥离，果肉硬而脆，能切割成片，品质极佳。浆果极耐贮运。露天栽培 10 月中旬成熟。适合于设施延后栽培。

2. 晚红

欧亚种。又名红地球、大红球。果穗圆锥形，平均穗重 500 g 左右，平均粒重 12.20 g。果皮鲜紫红色，皮与果实易剥离，果肉硬而脆，也能切割成薄片，香甜适口，品质上佳。浆果极耐贮运。露天栽培 10 月下旬成熟。适合于设施延后栽培。

3. 红意大利

欧亚种。又名奥山红宝石。果穗圆锥形，平均穗重 650 g 左右，平均粒重 8.2 g。果皮玫瑰红色至紫红色，肉质细脆，成熟后果粒晶莹透明，美如红宝石，品质极佳，耐贮运。露天栽培 10 月上旬成熟。适合于设施延后栽培。

第三节　设施葡萄果园的建立

在充分考虑区域环境、适地适树的基础上，兼顾设施生产的社会条件与生态条件，进行科学规划、规范建园。其主要环节如下。

一、园地选择与改良

（一）园地选择

葡萄抗逆性强，适应性广，对大多数土壤条件没有严格要求。

但设施栽培最好选择土壤质地良好、土层厚、便于排灌的地片建园并构建设施。

单棚建园，平原地应设址于村落南边或周围有防护林带；山丘地应在背风的阳坡建棚，并可直接借助梯田的后坡作棚体后墙，简便易行。多棚连片建园，应细致规划，前后棚之间应留 5 m 左右的间隔，以便留作业通道和避免相互遮阳。不论单棚或多棚连片，建园时都应避免周围有高大的建筑物或其他附属物遮阳挡光。

（二）土壤改良

葡萄设施建园，应加大建园前土壤改良的一次性投入，土壤改良的中心环节是提高有机质含量，增加有机肥的使用数量。有机质含量高的疏松土壤，不仅有利于根系生长，尤其是增加吸收根的发生数量，而且能蓄积更多的地面辐射热能，使地温回升快，持续时间长，对果树的生长发育产生诸多有利影响。一般定植前，每 667 m^2 折合施入充分腐熟的有机肥 3 500～6 000 kg。

二、葡萄设施栽培制度

目前，葡萄设施生产一般有 2 种模式：一是一年一栽制，即栽植后第二年浆果采收后立即拔掉重栽；二是多年一栽制，即栽植一次可连续生产多年。

三、架式与栽植密度

（一）架式

设施栽培中，栽植密度远远大于露地，因此，常用架式为篱架。篱架的架面与地面垂直，沿着行向每隔一定距离设立支柱，支柱上拉铁丝，形状类似篱笆，故称篱架。主要有两种类型，即单壁篱架和双壁篱架。

1. 单壁篱架

单壁篱架的高度一般为 1～2 m。顺葡萄行正中，每隔 6～8 m 立一支柱，每个支柱上拉铁丝 3～5 道。第一道铁丝距地面 50 cm，以上每道铁丝间距 40～50 cm。

2. 双壁篱架

有两种方式，一种是沿葡萄行两侧各设一排支柱，另一种是顺葡萄行设一排支柱，支柱上依铁丝距离的要求设横杆，横杆两端上架设铁丝。

(二)栽植密度

栽植密度依品种特性、立地条件、效益目标及管理技术而定。目前，普遍采用的密度是按株行距(0.5～1.0) m×(1.5～2.0) m，每 667 m^2 栽植 350～900 株；也可按双行带状栽植，双篱壁整枝，则株行距 0.5 m×(1.5～2.0)m。

设施内葡萄篱架栽培和塑料大棚内葡萄棚架栽培行向以南北行向为宜，因为南北行向比东西行向受光较为均匀。

四、栽植时期和方法

(一)栽植时期

在冬季严寒的地区适于春栽，入冬前出圃的苗子，要在湿沙中假植过冬。假植时应注意防干旱、防冻、防涝、防过湿。

春栽可在土温达到 7～10℃时进行，最迟不晚于植株萌芽前。

秋栽应尽可能早地在落叶后进行，有的地方还提倡在落叶前带叶栽植，但最晚必须在土壤冻结前完成。

(二)栽植方法

1. 选用壮苗

对葡萄苗木，壮苗的标准是根系分布均匀、枝蔓粗壮、饱满芽体，无严重的机械损伤及病虫危害症状。

(1)至少应有长度在 15 cm 左右、直径 0.3 cm 以上的骨干根 4～5 条以上，并且根剪口断面新鲜白色。

(2)枝蔓粗壮成熟，茎干高度 50 cm 以上，距根颈 10 cm 处茎干粗度 0.45 cm 以上。

(3)芽眼饱满，距根颈 45 cm 内至少应有 4～5 个健壮活芽。检查时应掰开或剪开芽部，也可用指甲轻轻刮开芽基部，如是鲜绿色，则说明质量良好。

2. 挖定植沟

在栽植前，按适宜行向和株行距进行挖沟或穴。挖 80 cm 宽、深的定植沟，可每 667 m^2 施入 3 000～6 000 kg 充分腐熟的有机肥、100 kg 过磷酸钙，与表层土和中层土充分混匀后回填，并浇水沉实。回填时注意不要打破原有的土壤层次。

3. 小穴栽植

对已经回填并浇水沉实的栽植沟，挖 30 cm×30 cm×30 cm 的小穴进行栽植。定植前，苗木用清水浸泡一昼夜或浸泡泥浆；对根系尤其是主根适当短截，断根剪出平齐的新茬，然后放入穴中，使根系在穴中向四周充分伸展，回填细土，填至一半时，使根土密接，再填土至与地面平。深度以苗木原土印的痕迹与地面平齐为准，并用脚踏实后浇透水。定植后留 3～4 个饱满芽，进行定干。

早春栽植后要立即覆盖地膜，以提高成活率。地膜每株用 1 m^2 或全行覆盖，压实四周。6 月份气温升高后可及时除去。

五、设施葡萄育壮促花技术

(一)浇水施肥

苗木定植后可于 5 月底浇一次水，其他时间可根据天气降雨和土壤墒情酌情浇水，整个生长季一般可浇水 3～4 次。6 月份、

7月份各追肥一次，每次每株追尿素25～50 g，以促苗木生长，前期可追少些，后期多些，施肥后立即浇水。进入8月份，可酌情施磷、钾肥。9月份，及早进行秋施基肥，每亩施有机肥4 000 kg左右。整个生长季，为促苗木生长与花芽分化，可连续多次根外追肥，每隔10～15 d一次，间隔氮肥（尿素）与磷钾肥（磷酸二氢钾）施用，浓度为0.3%～0.5%。

（二）病虫害的防治

萌芽期应防治金龟子、象鼻虫等以免啃食芽子、嫩叶。6～7月份，可喷布40%多菌灵800倍液（其中加杀虫剂）；7月后，可喷布200倍的半量式波尔多液，预防霜霉病、黑痘病、白腐病等。幼苗期要防治霜霉病，如防治不当，可造成毁灭性伤害。方法是结合波尔多液，间隔喷布40%乙磷铝200～300倍液。

（三）及时摘心

在正常条件下，当新梢长至30 cm时就可及早摘心，促使基部副梢萌发，以利于副梢整形，并培养副梢为结果母蔓。当副梢萌发后，应根据副梢生长强弱选留2～4个，多余的及时疏除或摘心。当副梢长至0.6～1.0 m时再摘心，其上的二次副梢留1～2片叶摘心，或尽量不让二次副梢发出，及时疏去夏芽。

（四）立架绑蔓

及时设立支架，拉上铁丝，引缚枝蔓使其直立或斜上生长，这样的新梢生长饱满充实，不要任其在地面上匍匐生长。要使苗木在第二年结果或多结果，必须在当年培养壮苗。

（五）合理冬剪

葡萄植株落叶后及时进行冬剪。生长衰弱，枝蔓少或纤细的植株，在近地表处进行3～5个芽的短梢修剪；生长中庸的健壮枝蔓，可留50 cm左右剪留至壮芽，将其水平绑缚在第一道铁丝的两侧。强旺枝蔓进行长枝修剪，以占领空间。结果母蔓上尽量留饱满的壮实冬芽，为扣棚后丰产奠定基础。

第四节　设施葡萄促成早熟栽培技术

一、扣棚时间

葡萄的自然休眠期较长，一般在自然条件下需要 800～1 600 h 的低温需求量，自然休眠结束多在 1 月中下旬。因此，如无特殊处理，最早扣棚时间应在 12 月底至翌年 1 月上中旬。过早扣棚保温，往往迟迟不发芽，或者发芽不整齐、卷须多，花量少而达不到丰产的要求。如想提早上市，超早期促成生产，可采用“低温集中预冷法”和“石灰氮处理破眠”相结合的方式，这在生产中已收到良好的效果。

二、环境管理

环境管理是设施栽培的重点，应注意以下几个方面：

(一)气温与土温

扣棚前就应提高土温，在扣棚前 40 d 左右，棚室地面充分灌水后覆盖地膜，当扣棚升温时，土壤温度应达到 12℃左右。扣棚后(或低温处理揭帘后)应缓慢升温，不能提温太快，前 3～5 d 应使气温控制在 15～17℃。以后每天上午 8 时左右揭开草帘，使棚室见光升温，下午 4 时左右及时盖上草帘保温。

期间葡萄对温度的要求不一样，应灵活调节，以避免白天高温伤害和夜间低温冻害。萌芽前，夜间最低气温控制在 5～7℃，白天最高温度可达 30℃；萌芽至花前，夜间低温在 7～15℃，白天高温 24～28℃，适温 20～25℃。花期对极限温度敏感，应特别注意调控。夜间最低温在 10～15℃，白天最高温不能超过 30℃，最适温度 22～26℃，以利于授粉受精。浆果膨大期，防止白天温度过高而造成梢叶徒长、生理落果严重，白天气温不能超过30℃。浆果着色至成熟期已进入4月份左右，自然温度开始回升，温度的管理较为容易，白天升温快，注意放风降温，温度应保持在25～30℃，夜间15℃左右，在昼夜温差12～15℃时，有利于浆果着色。

(二)湿度

萌芽前后至花序伸出期，湿度可适当大些，棚室相对空气湿度可达80%～90%；花序伸出后控制在70%左右；花期适度干燥，有利于花药开裂和花粉散出，可维持湿度50%～60%，但过分干燥则影响坐果；其他时期空气相对湿度控制在60%左右。

(三)光照

葡萄是喜光植物，为了增加光照强度，每季最好使用新的棚膜材料，一般以无滴膜为主；及时清除棚膜灰尘污染；尽量减少支柱等附属物遮光；加强夏季修剪，减少无效梢叶的数量；阴天尤其是连续阴天可使用人工光源补光。

(四)二氧化碳气体

葡萄叶片光合作用的二氧化碳补偿点为60～80 g/kg。随着二氧化碳浓度的增加，光合速率明显提高，并且二氧化碳浓度的增加，可弥补由于光照减弱所造成的光合强度的降低。葡萄棚室中二氧化碳浓度的调节除及时通风换气外，增施有机肥是提高棚室二氧化碳浓度的有效途径。

三、花果管理

(一)提高坐果率

设施栽培条件下，结合最适宜环境条件的调控，在加强肥水管理、整形修剪、病虫防治等综合管理的基础上，必须采取多种方法提高坐果率。

1. 控梢旺长

对生长势强的结果梢，在花前对花序上部进行扭梢，或留5～6片大叶摘心，可提高坐果率。

2. 喷施硼肥

花前对叶片、花序喷施一次0.2％～0.3％硼酸或0.2％硼砂溶液，每隔五天左右喷一次，连续喷施2～3次。

3. 喷施赤霉素

盛花期以20～40 g/kg赤霉素溶液浸蘸花序或喷雾，不仅可以提高坐果率，而且可以提早15 d左右成熟。

(二)疏穗、疏粒、合理负荷

合理负荷，及时定产，不仅可以提高品质，而且可以提高坐果率。

1. 疏穗

谢花后10～15 d，根据坐果情况进行疏穗，生长势强的果枝可保留两个果穗，生长势弱的则不留，生长势中庸的只留一个果穗。如果是一年一栽制，每个结果枝留一个果穗即可。

2. 疏粒

落花后15～20 d，进行选择性地疏粒。疏去过密果和单性果，像巨峰葡萄，每个果穗可保留60个果粒。

(三)促进浆果着色和成熟

1. 摘叶与疏梢

浆果开始着色时，摘掉新梢基部老叶，疏除遮盖果穗的无效新梢，改善通风透光条件，促进浆果着色。

2. 环割

浆果着色前，在结果母枝基部或结果基部进行环割，可促进浆果着色，提前7～10 d成熟。

3. 喷施乙烯利与钾肥

在硬核期喷施25×10^{-6}乙烯利加0.3%磷酸二氢钾，可提早7～10 d成熟。

四、设施葡萄生长季修剪

（一）抹芽定梢

在设施栽培中，抹芽定梢的目的是为了调节树势，控制新梢花前生长量。抹芽定梢的具体措施，要根据树势情况而定，树势弱的要早抹早定，树势强旺的要晚抹晚定。一般从萌芽至开花，可连续进行2～3次。当新梢能明确分开强弱时，进行第一次抹芽，并结合留梢密度抹去强梢和弱梢以及多余的发育枝、副芽枝和隐芽枝，使留下的新梢整齐一致。留梢密度，在棚架情况下，一般每平方米架面可保留8～12个；篱架情况下，新梢间隔距离20 cm左右。当新梢长到约20 cm时进行第二次抹芽，并按照留梢密度进行定梢，去强弱、留中庸。当新梢长到40 cm左右时，结合整理架面，再次抹去个别过强的枝梢。并同时进行引缚，以使架面充分通风透光。

（二）引缚

引缚时期，最好是在新梢长到40 cm左右时进行，过早容易折断。对于已经留下的弱梢，可以不引缚，任其自然。对于强梢，可以先“捻”后“引”，或将其呈弓形引缚于架面上，以削弱其枝势。常用的绑扣方法多用“8”字扣和“猪蹄”扣。

（三）去卷须

在引缚新梢的同时，对新梢上发出的卷须要及时摘除，以减少营养消耗便于工作。

（四）扭梢

设施栽培葡萄往往发芽不整齐，有的顶部芽萌发长到20 cm

时，下部芽才萌发。为了结果枝开花前长短基本一致，当先萌动的芽长到 20 cm 左右时，将基部扭一下，使其缓慢生长。这样，晚萌发的新梢经过 10～15 d 生长即可赶上。另外，在开花前对花序上部的新梢进行扭梢，可提高坐果率 20%左右。

（五）新梢摘心

摘心是花前将新梢的梢尖剪掉，以暂时缓和新梢与花穗对贮存营养的争夺，使贮存养分更多地流入花穗，以保证花芽分化、开花和坐果对营养的需要。摘心时期，一般在花前 4～7 d 进行，而对于落花重的品种，以花前 2～3 d 为宜。摘心程度，一般以花上留 7～8 片叶为好，并同时去掉花穗以下所有副梢上的叶片，以增加摘心效果。而对于营养枝摘心，只捏去新梢先端未展叶的柔软部分。

（六）副梢处理

果实生长期，也正是副梢萌发生长高峰，要及时处理，以减少养分分流。对于花前摘心的营养枝发出的副梢，只保留顶端 1～2 个副梢，每个副梢上留 2～4 片叶反复摘心，副梢上发出的二次副梢，只留顶端的 1 个副梢的 2～3 片叶，其余的副梢长出后立即从基部抹去，使营养集中到叶片，以加强光合作用，促进花芽分化和新梢成熟。对于摘心后的结果枝发出的副梢，一般将花序下部的副梢去掉，上部疏去一部分，只留 2～3 个副梢。副梢上留 2～3 片叶摘心，副梢上发出的二次副梢、三次副梢只留一片叶反复摘心。到果实着色时停止对副梢进行摘心，这段时期共摘心 4～6 次。

五、肥水管理

追肥是在葡萄生长发育的不同阶段，对大量需要或缺少的元素进行补充。第一次在坐果后的果实迅速膨大期，以施氮肥为主，施磷、钾肥为辅，每 667 m^2 施入氮、磷、钾比例为 1∶2∶1 的肥料

40 kg左右，以促进枝叶生长和幼果膨大；第二次在浆果着色前，以施磷、钾肥为主，施氮肥为辅。每667 m^2施入氮、磷、钾比例为1∶2∶2的肥料450 kg左右。每次追肥后结合灌水。从幼果膨大至果实成熟期间，为满足葡萄新梢和果实生长发育的需要，除土壤施肥外，还应适当地进行叶面追肥。在幼果膨大期，每隔10～15 d向叶面喷布1次0.3%的尿素或其他以氮素为主的叶面肥，如氨基酸叶面肥，果实着色后每15 d左右喷布1次0.3%～0.5%的磷酸二氢钾。

六、防止设施葡萄"隔年结果"技术

隔年结果是我国葡萄设施生产中特有的和普遍存在的现象。经过一年设施生产后，第二年基本上没有产量。"隔年结果"的调控技术有：

（一）选择性重回缩

葡萄设施栽培在采果后对结果新梢留1～2个芽进行重回缩，利用冬芽萌发的副梢培养第二年的结果母枝；短截的时间越早，部位越低，所形成的新梢生长越迅速，花芽分化越好。修剪后树体当年能形成树冠，对下一季的结果没有不良影响，采后修剪所形成新梢的结果能力与母枝粗度关系密切；采后修剪的时间最晚不迟于6月10日。

（二）营养补充

采果后，可及时追施少量N、P、K三元复合肥，注意数量不可过多并及时浇水。地上部新梢叶片长出后，应及时根外追肥，可喷布0.3%尿素＋0.3%磷酸二氢钾，可每隔5～7 d喷1次，连喷4～5次。

（三）排水防涝

更新修剪后，当雨季来临，要注意排水防涝。

第五节 设施葡萄的病虫害防治

一、主要病害

(一)霜霉病

该病在我国各葡萄产区均有发生,是葡萄的主要病害之一。霜霉病主要危害叶片,严重时也危害新梢、花蕊和幼果。低温、潮湿易引起病害发生。

防治措施:

(1)清除病害传染源 晚秋清扫落叶,剪除病梢,集中烧毁或深埋,减少越冬病源。

(2)加强栽培管理 及时中耕除草,排除果园积水,降低土壤湿度,合理修剪,及时整枝,使架面通风透光。增施磷、钾肥及有机肥,酸性土壤多施石灰,提高植株抗病能力。

(3)药剂防治 发病前喷布 1∶0.7∶200 的波尔多液或 35%的碱式硫酸铜悬浮剂 400 倍液,每隔 10～15 d 喷布一次,连续喷药 2～3 次,控制病害发生。发病初期,应喷布具有内吸治疗作用的杀菌剂,如 40%疫霜灵可湿性粉剂 200～300 倍液,或 58%代森锰锌可湿性粉剂 400～600 倍液、64%乐毒矾锰锌 400～500 倍液或疫霜灵与 50%g 菌丹可湿性粉剂 500～800 倍液混用。根据天气和发病情况,一般喷 2～3 次,每次间隔 10 d 左右。

(二)白腐病

葡萄白腐病又称腐烂病,其病原菌是白腐盾壳霉菌,是葡萄的重要病害之一。在葡萄产区普遍发生。一般年份发病率为 10%～20%,在多雨年份发生率可高达 40%以上,对产量造成的损失极大。该病害主要危害果穗,也可危害叶片及新梢。

防治措施：

(1)清除病源　生长季节随时剪除病蔓、病果和病叶，集中深埋或烧掉。秋末至早春，彻底刮除病皮，摘除病僵果，清扫果园，将病残体带出园外集中烧毁。

(2)加强栽培管理　及时摘心、绑蔓，使架面通风透光，同时，搞好中耕除草、果园排水，降低湿度。合理修剪，防止结果过量。提高结果部位，避免造成伤口，减少病菌侵染。避免偏施氮肥，增施磷、钾肥，提高植株抗病性。

(3)药剂防治　地面施药，铲除越冬病菌。发病严重的果园，在发病前用福美双 1 份、硫黄粉 1 份、碳酸钙 2 份混合均匀后，于园内地面上每公顷撒药 15～30 kg。也可向地面喷布灭菌丹 200 倍液或 2 波美度石硫合剂加 0.5%无氯粉钠混合液或单喷 0.5%无氯粉钠。生长期喷药保护：发病初期每月喷一次 50%福美双可湿性粉剂 500～700 倍液或 12.5%速保得可湿性粉剂 1 000 倍液或福美双与 70%代森锰锌 400 倍液或 65%代森锰锌可湿性粉剂 1 000 倍液的混合液或 70%甲基托布津或多菌灵可湿性粉剂 1 000 倍液，药剂可选用任意一种或交替使用，共喷 3～5 次。

（三）灰霉病

该病的病原菌是灰葡萄孢菌，是设施葡萄生产的重要病害之一。葡萄灰霉病主要危害葡萄的花穗和果实，有时也危害叶片和新梢。花穗发病多在开花前。设施葡萄由于通风不良、湿度过大，易发病。

防治措施：

(1)清除菌源　彻底清除落叶、残枝、病果及其他病残体集中深埋或烧毁。葡萄生长季节如发现病叶、病花穗等，应及时摘除深埋。

(2)加强管理　及时摘除副梢、卷须、不必要的花穗以及过密的叶片，改善通风透光条件。加强设施温湿度环境管理。在夏剪时，应注意避免造成过多的伤口。对于易裂果的品种，应套袋。避免偏施氮肥,多施磷、钾肥。

(3)药剂防治　发病初期可喷洒50%多菌灵可湿性粉剂2 000倍液。开花后用50%托布津可湿性粉剂500倍液,或70%代森锰锌混合剂1 000～1 500倍液喷雾。

(4)贮藏期果实处理　果实采收后应在晴天进行,在运输、贮藏过程中应注意降温和通风。贮藏前可用50%扑海因1 000倍液处理果实。

二、主要虫害

(一)虎蛾

该虫害属鳞翅目虎蛾科。幼虫咬食嫩芽和叶片,常有群集暴食现象,严重时叶片被食光,也能咬断幼穗的小穗轴和果梗,影响葡萄的生长发育,导致产量降低。

防治方法:早春结合葡萄出土上架、整地,在葡萄根部附近及架下挖除越冬蛹;结合葡萄整枝,利用葡萄虎蛾幼虫白天静伏在叶背面的习性,进行人工捕杀;药剂防治:于幼虫初发期喷布50%敌百虫800～1 000倍液或20%杀灭菊酯5 000倍液等。

(二)二星叶蝉

二星叶蝉属同翅目叶蝉科。二星叶蝉又称葡萄小叶蝉。成虫、若虫均在叶背吸食葡萄汁液,被害叶先出现小白点,严重时斑点连片成白斑,全叶失绿或焦枯,引起早期落叶。影响枝条的成熟和花芽分化,虫粪污染果实。一般通风不良、杂草丛生的葡萄园发生较多。

防治方法:彻底清扫葡萄落叶、杂草,集中烧毁,减少越冬虫源;生长季节注意及时抹芽、摘副梢、整枝、铲除杂草,改善通风条件;化学防治可喷布40%乐果1 500倍液,或20%杀灭菊酯5 000倍液等常规杀虫剂。

第十六章　设施草莓栽培技术

草莓属于蔷薇科(Rosaceae)草莓属(*Fragaria*)。草莓果实柔软多汁、芳香浓郁、酸甜可口,深受广大消费者喜爱,是一种经济价值较高的小浆果。草莓果实除鲜食外,还可制成草莓酱、草莓酒、速冻食品等。

草莓是适合设施栽培的树种之一,也是目前我国设施栽培面积最大、栽培技术体系最完善的树种。目前设施栽培主要以日光温室促成栽培、早春大中拱棚半促成栽培为主。通过设施栽培,使得果品淡季上市、反季节销售,具有较高的经济效益和社会效益。草莓是唯一通过设施栽培而实现鲜令果实周年供应的果树;不仅间疏了果实上市时间,避免了集中上市销售导致的市场拥窄和价格低下,而且满足了人民生活水平日益提高对时令果品的高位需求。设施生产的草莓,由于大都在淡季供应市场,尤其在元旦和春节前后上市,价格好,效益高。

第一节　品 种 选 择

一、品种选择的原则

草莓品种很多,品种之间在休眠期长短、抗性、产量品质方面存在较大的差异。在设施栽培中,由于所采用的栽培方式不同,对品种的要求也不同。设施栽培中,品种的选择相当重要。在品种选择上，应考虑以下几点：

（一）栽培形式

根据不同的栽培形式，对栽培的草莓品种加以选择。在设施栽培中，采用早熟促成栽培时，应选择低温需求量少、休眠浅、光补偿点低的品种；半促成栽培一般选择低温需求量稍大、休眠较深的品种；超促成或抑制栽培，目的是为10月份草莓上市，宜选择抗热优良品种。

（二）地区适应性

不同品种对立地条件、气候条件的适应能力不同。在北方应选择休眠期长的耐寒品种。

（三）栽培目的

品种选择均以优质、丰产为重要指标。但设施草莓生产以鲜食为主时，应着重考虑果实的风味、果形；以加工为主时，要考虑色泽、酸度、糖度等问题。设施草莓就近生产、就近销售时，应把品质放在第一位；以远途销售时，应综合考虑，尽量选择硬度大、耐贮运、风味好的品种。

（四）植株抗逆性

设施生产用草莓品种要求抗性强。尤其耐低温、耐弱光、耐高湿，抗病性强。

（五）品种搭配

草莓虽然自花结实力强，但在生产实际中，搭配1～2个授粉品种，可提高产量，减少畸形果率。因而在单棚内确定某一个主栽品种后，最好适当配栽少量授粉品种。栽培面积较大时，要适当考虑早、中、晚熟品种的比例，既能分批上市，又可合理地分配人力、物力。

二、优良品种简介

(一)丰香

日系品种。因其富有香气和高产而被定名为丰香。果实圆锥形,果个较大,平均单果重11.5～14.0 g,最大果35 g,果面鲜红而有光泽,外观艳丽;果肉白色细软致密,香气浓郁,味甜,可溶性固形物含量11%,果肉硬度中等,较耐贮运。植株生长势强,树资开张,叶圆而大,叶厚且浓绿,匍匐茎发生多。体眠浅,打破休眠要5℃以下的低温50～70 h,适宜设施栽培。

(二)红颜

日系品种。该品种果实圆锥形,果个较大,平均单果重30～60 g,最大可达100 g,种子黄而微绿,稍凹入果面,果肉橙红色,质密多汁,香味浓香,糖度高,风味极佳,果皮红色,富有光泽,韧性强,果实硬度大,耐贮运。植株生长势强,植株较高,结果株径大,分生新茎能力中等,叶片大而厚,叶柄浅绿色,基部叶鞘略呈红色,匍匐茎粗,抽生能力中等。休眠浅,打破休眠所需5℃以下的低温积累为120 h,适合促成栽培。

(三)章姬

日本品种。又称牛奶草莓。长势强,果实长圆锥形,一级花序的果平均重38 g,最大115 g。外观较好,香味浓,果肉细腻,口感甜,品质好,含糖量高达14%～17%,深受消费者喜爱,特别适合做采摘,缺点是果皮薄,易破,硬度较小,不耐贮运,不抗白粉病。

(四)大将军(A640)

美国加利福尼亚培育的大果型早熟草莓品种。果实圆柱形,果个特大,果形整齐,最大单果重82 g,一级果平均重38 g;果面鲜红色,着色均匀,有光泽,果实坚硬,耐贮性好,特别适合长途运销。果味酸甜,果实成熟期比较集中,丰产性好。植株大,生长势强壮,叶片大，深绿色，匍匐茎抽生能力中等。生产上要控制氮肥用量，多施有机肥和钾肥，注意防止花期低温。抗病、抗旱，耐高温，适应性强。休眠期短，日光温室栽培可以连续结果。

（五）书香

植株生长势较强，叶椭圆形、绿色。果实圆锥形或楔形、红色、有光泽，种子黄绿红色兼有，果肉红色；一、二级序果平均果重24.7 g，最大果重76 g。风味酸甜适中，有香味。可溶性固形物含量为10.9%，维生素C含量为49.2 mg/100 g，总糖5.56%，总酸0.52%。

（六）红袖添香

中国自育品种，以‘卡姆罗莎’为母本、‘红颜’为父本杂交育成的早熟品种。果个大、一、二级花序果平均单果重50.6 g，最大单果重98 g。果实长圆锥形或楔形，深红色，有光泽。风味酸甜适中，耐储运性、抗病能力与“红颜”相比都有所提升。风味好、产量高，丰产性强，每667 m^2产3 000 kg。

（七）燕香

植株生长势较强，叶圆形、绿色。果实圆锥或长圆锥形、橙红色、有光泽，种子黄绿红色兼有，果肉橙红色；一、二级序果平均果重33.3 g，最大果重54 g。风味酸甜适中，有香味。可溶性固形物含量为8.7%，每100 g果肉维生素C含量为72.76 mg，总糖6.194%，总酸0.587%。

第二节 草莓的生长发育规律

一、生长习性

草莓是多年生宿根性草本植物。植株矮小，呈半平卧丛状生长，株丛高度 20～30 cm。盛果年龄 2～3 年。它的形态器官包括根、茎、叶、花、果实和种子。果实为假果，食用部分系花托发育而成。

（一）根系

草莓的根系属茎源根系，主要从叶柄基部发出。草莓根系在土壤中分布浅，主要分布在 0～20 cm 土层内。根系的水平分布范围，多在 50～80 cm。由于草莓根系分布浅，叶片蒸腾量大，因此，浅土层水分对根系生长影响很大。若生长季缺水，则根系生长不良。另外，草莓根系也不耐涝，水分过多、排水不良会造成土壤缺氧，抑制根系的呼吸作用，不利于根系生长，甚至会使根系窒息而死。

（二）茎

草莓有新茎、根状茎和匍匐茎。

1. 新茎

草莓当年萌发的短缩茎称新茎，一般呈弓形，着生于根状茎上，是草莓发叶、生根、长茎、形成花序的重要器官。新茎上密集轮生具有长柄的叶片，叶腋着生腋芽，腋芽具有早熟性，有的当年萌发成新茎分枝，有的萌发成匍匐茎。新茎顶芽到秋季可分化成混合芽。春季当混合芽萌发出 3～4 片叶时，就在下一片未展出的叶片的托叶鞘内长出花序，并开花结果。新茎下部发出不定根，第 2 年新茎就成为根状茎。

2. 根状茎

由新茎转化而来的木质化了的多年生短缩茎。上一年新茎上的芽，翌年萌发又抽生新茎，其上叶片全部枯死脱落后，形成外形似根的茎叫根状茎，相当于木本果树的二年生枝和多年生枝。根状茎是草莓营养物质的重要贮藏器官，对草莓春季生长和开花结果有重要作用。

草莓新茎部分未萌发的腋芽，是根状茎的隐芽。当草莓地上部分因某种原因受损伤时，隐芽能发出新茎，新茎基部形成新的不定根，很快可恢复生长。

3. 匍匐茎

是草莓新茎上的腋芽萌发形成的，又称走茎。匍匐茎是草莓的一种特殊地上茎，茎细、节间长。匍匐茎与花序是同源器官，是草莓繁殖的重要器官。匍匐茎寿命较短。匍匐茎苗产生不定根扎入土中形成独立苗后，与母株的联系逐渐中断。正常情况下 2～3 周匍匐茎苗就能独立成活。

匍匐茎苗发生的多少与品种有关。一般地下茎多的品种，发生匍匐茎较少。2～3 年生的植株，发生匍匐茎的能力最强，一年生的植株和四年生以上的老株，发生匍匐茎较少。同一品种，结果多的产生匍匐茎少而晚，结果少的产生匍匐茎多而早。匍匐茎与花、果争夺养分，因此，在繁殖苗木时应及早去掉花蕾，而在结果为目的时应及早摘除匍匐茎。另外，匍匐茎的发生与日照时间和温度有密切关系。日照时数 12～16 h，气温在 14℃ 以上时，发生较多；日照时数低于 8 h，温度在 14℃ 以下时不发生或少发生匍匐茎。匍匐茎的发生与母株经过低温时间的长短有关。草莓在冬季休眠期间，品种对低温的要求完全满足时，匍匐茎发生早而多，且生长旺盛，如果不能充分满足要求，匍匐茎发生的晚而少，甚至不发生。大棚晚熟栽培，由于苗本身已顺利通过生理休眠，所以匍匐茎发生多，生长快；日光温室条件下的促成栽培大都没有完全通过生理休眠，加之结果量大，消耗养分多，匍匐茎发生就少。

在育苗时，一般不让母株结果，减少营养消耗，促进匍匐茎发生。没有通过休眠的苗不能做育苗母株。另外，生长调节剂对匍匐茎的发生也有影响。赤霉素对部分品种匍匐茎发生有促进作用。一些匍匐茎发生少、繁殖困难的品种，赤霉素有一定的促进作用，但也只有在低温得到满足时才有效。一般施用浓度为 30～

50 μg/g。

(三)叶

草莓的叶为基生三出复叶,叶柄细长,一般 10～25 cm,叶柄上多生茸毛,叶柄基部与新茎相连的部分有对生的两片托叶,叶柄中下部有两个耳叶,叶柄顶端着生 3 个小叶,叶缘有锯齿,缺刻数为 12～24 个。

(四)芽

草莓的芽可以分为顶芽和腋芽。

顶芽着生于新茎的尖端,向上长出叶片和延伸新茎。顶芽在夏季结果后进入旺盛生长期,秋季随着温度下降、日照缩短,开始形成混合花芽,叫顶花芽。第二年混合花芽萌发,先抽生新茎,在新茎上长出 3～4 片叶后,即抽生花序。

腋芽着生在新茎叶腋,也叫侧芽。腋芽具有早熟性,在开花结果期可以萌发成新茎分枝,形成新茎苗。夏季新茎上的腋芽萌发抽生匍匐茎。秋天,新茎上的腋芽不抽生匍匐茎,有的可以形成侧生混合花芽,叫侧花芽,第二年抽生花序;未萌发的腋芽可成为潜伏芽。

二、结果习性

(一)花

1. 花的形态

大多数草莓属完全花。草莓的花由花柄、花托、萼片、花瓣、雌蕊群和雄蕊群几部分组成。草莓抽生花序数量依品种、种苗状况、栽培地区不同而不同。每个新茎少则抽生一个,多则抽生数个,每个花序着生 3～30 朵花。

2. 开花授粉

当气温平均达 10℃以上时,草莓开始开花。花序上花的级次不同，开花先后不同。一个花序可持续 20 d 左右。多级次花是在开放过程中逐步形成的，草莓花期可持续几个月。花药开裂时间一般是 9～17 时，以 11～12 时开裂最多。花药开裂的适宜温度为 13.8～20.6℃，湿度最高限界是 94％。花粉在开花后 2～3 d 内生命力最强。花粉发芽最适温度为 25～27℃。

温度是影响两性器官发育的重要因子。低温使雄蕊败育。草莓虽然在平均温度 10℃以上能开花，但有些品种在气温低于 14℃时散粉却很少。一般花期遇 0℃以下低温或霜害时，可使柱头变黑丧失受精能力。花蕾抽生后遇 30℃以上高温，花粉发育不良，45℃时抑制花粉发芽。草莓能自花结实。但如有蜜蜂授粉则坐果率提高，畸形果减少。

（二）果实

草莓的果实是由花托膨大形成的，在植物学上叫聚合果，栽培上叫浆果。其果实表面附着许多经受精后子房膨大形成的瘦果，通常把它叫种子。瘦果与果面平齐、凸出或凹陷，具体着生情况因品种而异。瘦果与果面平齐的品种，果实一般较耐贮运。草莓果实增长与种子多少有密切关系。没有种子的果实，或坐不住果，或果实不增长。同一果实中，着生种子的部位生长，不着生种子的部位则不生长。如果授粉受精不均匀，就会产生畸形果。

（三）花芽分化

草莓在较低的温度（气温 17℃以下）和短日照（12 h 以下）的条件下开始花芽分化。草莓花芽形态分化开始的标志是，生长点明显隆起，肥大，呈半圆状，随后半圆形呈现凹凸不平，即进入花序分化期。草莓新茎顶芽和腋芽都可形成花芽。一般新茎分枝多，分化的顶花芽就多。

在花芽的形成条件中，低温比短日照更为重要。短日照条件下17～24℃也能进行花芽分化，而30℃以上，花芽停止分化。但温度低于5℃，花芽分化停止，植株进入休眠状态。在夏季高温和长日照的条件下，只有四季草莓才能分化花芽，而一般草莓多在9月或更晚开始花芽分化。生产上可采取断根处理、营养钵育苗、低温处理、遮光处理以及短日照处理等措施促进花芽分化。

三、草莓对环境条件的要求

(一)温度

草莓对温度的适应性比较强，但喜凉爽，不耐热。草莓不同器官的生长发育对温度要求不同，在不同生长阶段对温度要求也有差异。

草莓根系在土温达2℃时根开始活动，10℃时开始生长，15～20℃根系生长最快，23℃以上根系生长受到抑制，超过35℃根系死亡。秋季当土温降至5℃以下时，开始进入休眠，当温度降至－8℃时，根系发生冻害，低于－12℃时，根系会被冻死。

草莓地上部在气温达5℃时开始生长，生长最适温度为20～25℃。30℃以上光合作用受到抑制，叶片出现日灼。15℃以下光合作用减弱，10℃以下生长不良。生长期间如遇－7℃低温，地上部即遭受冻害，－10℃以下时，植株会冻死。

草莓花芽分化适宜温度为10～17℃，高于30℃或低于5℃时，花芽分化受到抑制。草莓开花期适宜温度为25～28℃。超过28℃，花粉发芽受到影响，当温度低于0℃或高于40℃时，对授粉受精产生不良影响，导致畸形果。果实成熟期最适温度，白天24℃、夜间15℃。温度过高，果实提前成熟，果个变小，影响果实品质；温度低，果个虽能增大，但会推迟成熟期，上市较晚。

(二)光照

草莓是喜光植物，但又比较耐阴，在轻度遮荫的条件下其结果良好。其光饱和点为 20～30 klx，光照强时，植株低矮粗壮，果实含糖量高，香味浓；光照不足，叶片薄，叶柄、花柄长，果个小，味酸、品质差。

（三）水分

草莓根系分布浅，植株小而叶片大，蒸发面积大，对水分的要求较高。苗期缺水，阻碍茎、叶的正常生长；开花期缺水会使花期缩短，不利于授粉受精；结果期缺水，影响果实的膨大发育，严重地降低产量和质量，但果实接近成熟时又要适当控水，否则易引起果实霉烂；草莓繁殖圃地缺水，匍匐茎发出后扎根困难，明显降低出苗率。另一方面草莓又不耐涝，不仅需要土壤中有适当的水分，还要求有足够的空气。长时期积水会影响植株的正常生长，降低抗寒性，严重时会使植株窒息死亡。因此雨季应注意排水。现蕾至开花期土壤水分供应要充足，以田间持水量 70%为宜，果实膨大期应保持在 80%左右。另外，草莓花期空气湿度不能太大，一般以空气相对湿度 40%～60%为好，超过 80%会影响花药开裂与授粉，畸形果增多。

（四）土壤

草莓对土壤适应性强。但要达到高产，必须栽植在疏松、肥沃、透水、通气良好的土壤中。草莓适于在地下水位不高于 80～100 cm，pH 5.6～6.5 的土壤中生长。沼泽地、盐碱地、石灰土、黏土和沙土不经改良都不适宜栽植草莓。

草莓一般不宜连作，否则易造成土传病虫害发生严重。如需连作，则应对土壤进行消毒，土壤消毒可用 1%的甲醛溶液或 0.5%高锰酸钾溶液喷洒土壤，也可用氯化苦、溴甲烷等气体在棚内熏蒸。

四、草莓的自然休眠习性

草莓生长至深秋，当气温降到5℃以下并伴随短日照条件时，植株开始休眠。草莓通过最深休眠期要求一定量的低温积累，这种低温量同时也具有打破休眠的作用。不同品种对低温量的要求不同。草莓休眠的特性在设施栽培中极为重要，不同的设施栽培条件，应选择适宜的品种。按休眠的深浅来分：有深休眠和浅休眠。一般浅休眠品种适合温室和大棚促成栽培，深休眠品种适合半促成栽培。

（一）草莓休眠特点

草莓为常绿植物，休眠期叶片仍呈绿色不落叶，只呈现矮化现象。草莓休眠的具体表现为：叶面积缩小，叶柄变短，并平行于地面，不再发生匍匐茎，植株呈矮化状态。

草莓的休眠也有自然休眠和被迫休眠两个阶段，但草莓又与落叶果树不同，自然休眠不太明显，具有相对性。处于自然休眠的植株，如果给予适当的温度条件，植株也能生长、开花、结果。生产上常利用草莓这一休眠特性，采取各种措施调节温度变化和光照时数，使草莓不进入休眠期或提早通过休眠期或延长休眠期，来改变草莓再次生长和开花结果的时间，达到不同时期获得果实，延长草莓鲜果供应时期的目的。

（二）影响草莓休眠的因素

影响草莓休眠的因素有内部因素和外部因素。内部因素包括遗传特性与植物激素，外部因素主要是温度、光照。其次，营养物质与休眠也有关。

1. 品种特性

不同品种自然休眠时间长短不同，根据草莓所需低温量的多少，把草莓品种划分为寒地型品种、暖地型品种和中间型品种。寒地型品种，如全明星、哈尼、盛冈16等品种，需低温量较多，在5℃以下需经600～800 h才能通过自然休眠；暖地型品种，如春香、丰香、丽红、静香等，需低温量较少，在5℃以下只需50 h就能解除自然休眠；宝交早生、新明星、戈雷拉等中间型品种，在5℃以下需400～500 h解除自然休眠期。

2. 温度与光照

休眠发生的外部条件是短日照和低温，其中短日照的影响是主要的。自然条件下，当旬平均气温降至5℃以下休眠最深。所以，草莓只有在5℃以下并积累足够的低温量，才能解除休眠。如果低温积累量不足，即使给予高温和长日照条件，植株也不能正常开花结实。

3. 激素

植物激素与休眠有密切关系。脱落酸是引起休眠的主要激素物质。据报道，脱落酸的含量与植株需要的低温总量有关。植株体内脱落酸含量越多，需要的低温量就越多，需要解除休眠的时间就越长。

4. 营养物质

草莓休眠与植株体内碳水化合物含量有关。加强秋季管理，增加碳水化合物积累，能使草莓正常进入休眠；如果施入氮肥过多，植株营养生长过旺，碳水化合物积累较少，就会推迟进入休眠。

（三）打破草莓休眠的方法

根据草莓休眠的成因，可采取以下措施提早解除休眠。

1. 苗木冷藏

把草莓苗放在冷库中，利用人为的低温满足草莓对低温的要求，打破草莓休眠。据有关研究表明：－2～7℃是打破草莓休眠的有效温度，最适温度为0～5℃。当温度在－3℃以下时会使草莓造成低温伤害,3℃以上又容易引起现蕾、展叶。所以,草莓苗冷藏的温度以略低于最适温度更有利于解除休眠,一般品种冷藏的适宜温度为－1～2℃,冷藏时间1个月左右。

2. 长日照处理

草莓植株在接受一定量低温后,给予长光照处理(光照时间在13 h以上),能使草莓尽快觉醒转入生长。具体做法是:先让草莓在露地接受相当于该品种需低温总量的60%以上,然后保温,给予补光。补光方法有傍晚补光;即日落后连续照光2～4 h;半夜补光,即在深夜23时至翌日2时连续照光3 h;间歇补光,从日落到天明每小时照光5～10 min。照光时,每10～14 m^2用一盏100 W的白炽灯,灯距地面1.5～1.8 m。

3. 赤霉素处理

赤霉素是一种促进植物生长的激素,它可以起到长日照效果。据研究,赤霉素处理2～3 d可见成效,比用延长光照时间打破休眠效果快。赤霉素在高温条件下使用效果好,一般喷施赤霉素时,棚内温度应维持在25℃以上。赤霉素在植株体内持续时间短,一般只持续10 d左右,所以,除了自然休眠期短的品种喷1次外,一般品种喷2～3次,每次间隔时间为7～10 d。喷施浓度为5～10 mg/kg,喷施量每株5mL,喷施部位为心叶。

第三节　设施草莓育苗技术

为了确保栽后成活和高产,秧苗的质量是十分重要的。因此,育苗是草莓生产中不可缺少的一个重要环节。草莓生产上主要以匍匐茎分株繁殖方法培育苗木。匍匐茎形成的秧苗与母株分离后称为匍匐茎苗。

一、苗圃的建立

（一）苗圃地与种苗选择

1. 苗圃地选择

苗圃应选在地势平坦、土质疏松、有机质丰富、地下水位低、排灌方便、光照充足、微酸性或中性的砂壤土地块上。其前茬不能种植过草莓、番茄和马铃薯等，并应距离一般草莓生产园 50 m 以上，以便控制蚜虫传播。

2. 种苗选择

选择品种纯正、健壮、无病虫害的脱毒植株作为繁殖生产用苗的母株。其标准：展开叶 4 片以上，根茎粗度 1.0 cm 以上，全株鲜重 30 g 以上，中心芽饱满，叶柄粗壮，叶色黄绿，不徒长，具有较多新根，无病虫害和机械损伤。

（二）苗床准备

苗圃选好后，每 667 m^2 施腐熟有机肥 5 000 kg，过磷酸钙 30 kg 或磷酸二铵 25 kg。结合施基肥，深翻土地，使地面平整，土壤熟化。耕匀耙细后做成宽 1.2～1.5 m 的平畦或高畦，畦埂要直，畦面要平，以便排灌。定植前土壤要适当沉实，以防定植后浇水时幼苗栽植深浅不一或露根。

（三）母株定植

春季日平均气温达到 10℃ 以上时定植母株。按照株距 50～80 cm，行距 100～120 cm 将母株单行定植在畦中间，植株栽植的合理深度是根茎部与地面平齐，做到深不埋心，浅不露根。

（四）苗期管理

1. 土壤水肥管理

定植后要立即浇水，定植 1 周内，保证充足的水分供应。适时覆盖地膜，以利于提高地温、保持水分并防除杂草。为促使早抽生、多抽生匍匐茎，在匍匐茎开始抽生时可喷施一次赤霉素（GA_3），浓度为 50 mg/L。匍匐茎大量抽生时，结合灌水施一次复合肥，在母株两侧 15～20 cm 处开沟施入。另外，也可以每间隔 7 d 叶面喷施一次 0.5%尿素。

2. 植株管理

当大部分种苗开始发生匍匐茎后，及时撤出覆盖的地膜，并进行引茎和压茎，即把匍匐茎顺直摆正，将其在母株四周均匀摆布，当匍匐茎长至一定长度出现子苗时，在生苗的节位处挖一个小坑，培土压茎，促进子苗生根。压匍匐茎是一项经常性的工作，子苗随时发生应随时压茎，后期发生的匍匐茎生长期短，生长弱，应及时去掉，以便集中养分供应前期子苗的生长。见到花蕾立即去除，去除时间越早越好，以免消耗养分，有利于早生多生匍匐茎。去除花蕾是育苗的关键性措施，不可忽视。

3. 病虫害防治

草莓病毒主要由蚜虫传播，为了防止母株受到蚜虫的侵害，必须防治草莓蚜虫。育苗期高温多雨容易发生炭疽病，应注意预防。

二、营养钵假植育苗

在 6 月中旬至 7 月中下旬，选取 2 叶 1 心以上的匍匐茎子苗，栽入直径 10 cm 或 12 cm 的塑料营养钵中。育苗土为无病虫害的肥沃表土，加入一定比例的有机物料，以保持土质疏松。适宜的有机物料主要有草炭、山皮土、炭化稻壳、腐叶、腐熟秸秆等，可因地制宜，取其中之一。另外育苗土中加入优质腐熟农家肥 20 kg/m^3。将栽好苗的营养钵排列在架子上或苗床上，株距 15 cm。栽植后浇透水，第一周必须遮阳，定时喷水以保持湿润。栽植 10 d 后叶面喷施 1 次速效氮肥，之后不再追氮肥，而只追施磷钾肥，每 10 d 喷施一次。及时摘除抽生的匍匐茎和枯叶、病叶，并进行病虫害综合防治。后期，苗床上的营养钵苗要通过转钵断根。

三、壮苗标准

选用优质壮苗是获得丰产的基础。草莓壮苗标准是：具有5～6片大叶，根茎粗度1.2 cm以上，根系发达，苗重30 g以上，顶花芽分化完成，无病虫害。

第四节　设施草莓栽培管理

一、栽培方式

（一）促成栽培

促成栽培是指人为创造低温、短日照条件，促使草莓提早进行花芽分化，提前定植，提早上市；或在草莓尚未进入休眠期，低温来临之前开始保温，使其连续开花结果。一般采用人工智能温室、日光温室、保温塑料大棚等设施，进行草莓的促成栽培，果实可在11月份上市，收获时间能延长至翌年5～6月，产量高，经济效益好。北方地区使用日光温室栽培。促成栽培生产实际中，一般采用需冷量低的品种（5℃以下低温积累50～150 h）。适宜品种主要有章姬、枥乙女、春旭、丰香、女峰、鬼怒甘、幸香、春香、大将军等。

（二）半促成栽培

半促成栽培是指采用钢架塑料大棚、竹木结构拱棚栽培，草莓果实上市时间较促成栽培晚，一般在春节后上市。草莓在自然条件下进行花芽分化，并满足低温需求，在自然休眠解除后，再提供生长发育需要的环境条件，提前开花结果上市。采用此种栽培形式，一般选用需冷量较少的品种（5℃以下低温积累200～750 h）。

如用需冷量低的品种，开始保温时间可早一些；若使用需冷量稍大的品种，则开始保温时间要晚一些。适宜半促成栽培的草莓品种有达赛莱克特、草莓王子、丽红、土特拉、爱桑塔、宝交早生等。

（三）简易设施栽培

简易设施栽培一般指采用小拱棚或地膜覆盖栽培，较露地提早上市，可调节集中上市的矛盾，是上市较晚的栽培形式。简易设施栽培形式，可选用需冷量较多的品种（5℃以下低温积累 800 h 以上）。

（四）抑制栽培

在草莓花芽分化后，采用冷藏秧苗的办法，使其停止生长，延长休眠期，使草莓收获期相对延迟的栽培方式。原则上所有草莓品种均可进行抑制栽培，因抑制栽培的时间不同，品种对抑制栽培的适宜程度有差异。

二、定植

（一）园地选择

应选背风向阳、渗透性好、pH 5.5～6.5 的平坦肥沃土地，有灌水条件或有深井汲水条件。日光温室方位角以面向正南为最佳，偏东西方向角度越小越好。

（二）定植前准备

1. 土壤消毒

采用太阳热能消毒的方式，具体的操作方法是：将土壤深翻，灌透水，土壤表面覆盖地膜或旧棚膜。为了提高消毒效果，建议在覆盖地膜或旧棚膜的同时扣棚膜，密封棚室。土壤太阳热消毒在 7、8 月份进行，时间至少为 40 d。

2. 整地施肥

先将上茬作物根、草根铲除净，然后浅翻 20～30 cm 将地整平。每 667 m^2 施腐熟农家肥 3 000～5 000 kg，磷酸二铵或复合肥 30～40 kg、钾肥 15～20 kg。

（三）栽植

1. 栽植密度与方式

采用大垄双行的栽培方式，垄台高 30 cm，上宽 50～60 cm，下宽 70～80 cm，垄沟宽 20 cm。株距 15～18 cm，小行距 30～35 cm，每667 m^2 定植 8 000～10 000 株。

2. 栽植时期

在华北地区可分为花芽分化前的 8 月上中旬和花芽分化后的 10 月上旬两个定植时期。冀北承德地区一般是在 8 月至 9 月定植。花芽分化前定植既不能过早，也不能过晚。过早，气温高，苗木成活率低，苗长得弱；过晚，则到花芽分化期生长时间短，秧苗不壮，花芽分化会受到影响。

3. 栽植方法

栽苗时，将苗的弓背向沟道一侧，使花序着生在同一方向，栽植数量为 1 穴 1 株，栽植深度以“上不埋心，下不露根”为宜。栽后要使土壤保持湿润状态，山地砂质壤土可灌一次透水（返青期），但在上棚膜前 10 d 或排水较差的土壤（包括平地），一定不能漫灌。苗返青后，要及时锄草松土，并喷布多菌灵 500～600 倍液，或甲基托布津 800～1 000 倍液，喷布要均匀周到，上棚升温前，要喷药 2～3 次。

三、定植后管理

（一）定植后至扣棚前的植株管理

定植后至扣棚升温前，植株将会继续完成顶芽分化，并开始第一腋花芽分化。因此,应控制植株旺盛生长,以植株横向加粗生长为主。控制旺长,一是要控制肥水,少施或不施氮肥,浇水只要保持地表湿润即可;二是温度过高时,用遮阳网或草帘遮阳,即可降低温度,又能缩短日照时间,可促进植株花芽分化。

(二)扣棚时间的确定

在草莓第一腋花芽分化以后,而且外界最低气温已降到5~7℃时,是草莓促成栽培扣棚保温的最佳时期。承德地区在10月中旬。扣棚后温室内夜间气温再次降到5~7℃时,就要开始在夜间覆盖草帘保温。

(三)扣棚后至开花前的植株管理

1. 覆盖地膜

扣棚后应及时覆盖地膜,一般要求在扣棚10 d后至顶花序现蕾前完成。在覆膜前,先要清除老叶和病叶,然后埋设并调试好滴灌设施。

2. 赤霉素处理

赤霉素有促进草莓生长、打破休眠和促进成熟的作用。喷赤霉素时间可在保温后至花蕾出现30%之前喷2次:第一次用1 g赤霉素加水90 kg;间隔10 d后进行第二次喷施,1 g赤霉素加水180 kg。喷施时重点喷心叶,喷雾要细匀,喷施后把室温略为提高,促使顶花芽提前开花。喷施赤霉素时一定要掌握准时间,喷施过早,会把腋花芽变成匍匐茎;喷施过晚,起不到促进开花作用,只能促进叶柄生长。尤其注意不能超量喷施。

(四)温室内环境调控

1. 棚室温度管理

北方日光温室覆盖棚膜是在外界最低气温降到8~10℃的时候。日光温室草莓从萌芽开始至第一茬果上市,生长期需要75~

80 d,营养生长期适温为30℃左右,开花期22～25℃,采果期20～25℃,各阶段夜间温度不能低于6℃。具体各发育期的温度如表16-1.

表16-1　棚室温度要求

生长期	白天	夜间
现蕾前	28～30℃(最高不高于35℃)	12～15℃(最低不低于8℃)
显蕾期	25～28℃	8～12℃
花期	22～25℃	8～10℃
果实膨大期和成熟期	20～25℃	6～8℃

2. 棚室湿度管理

整个生长期都要尽可能降低棚室内的湿度。生长期空气湿度过大容易感染病害;开花结果期湿度过大,影响受精,容易产生畸形果和发生病虫害。要求盛花期一般不宜浇水。若花期湿度过大,中午时要及时换气排湿。空气相对湿度应保持在50%左右。果实膨大期和成熟期空气湿度应保持在60%～70%。

3. 光照调节

草莓虽然喜光,但属于短日照植物，草莓在苗期和结果期对光照没有严格要求。从光合作用角度讲,日照时间越长越好。但草莓在花芽分化期间对日照长度有严格要求,这个时期日照在12 h以下、8 h以上最好。温室草莓覆膜后花芽分化基本结束,初冬季节光照不足,可采用电照补光措施,在前坡后1/3处每2 m垂一个60 kWh白炽灯,距地面1.5 m,盖帘后照至22时即可。

(五)水肥管理

1. 水分管理

地膜覆盖前充分灌足水,在生长和结果前期一般很少灌水。

此期若浇水过多，则会因为空气湿度大而引发病虫害，尤其是花期湿度过大，还会影响授粉受精，并产生畸形果。开花坐果后，果实迅速膨大，需水量增多，可适当加大灌水量，一般可 10 d 左右浇一次透水。温室内浇水时，不能采取大水漫灌，而要采取膜下灌溉或膜下滴灌的方式，做到“湿而不涝，干而不旱”。判定植株是否缺水，应以叶片的“吐水”现象为标准。若早晨草莓叶缘锯齿上有一圈水滴泌溢出来，则表示植株不缺水；否则，需要补充水分。

2. 施肥管理

草莓从移栽进温室到开始结果，生长期很短，需要养分很多，基肥以腐熟的有机肥为主，配施氮、磷、钾复合肥；除施足底肥外，还要通过地下追肥和叶面施肥予以补充。

(1)基肥　一般每 667 m^2 施农家肥 3 000 kg 及氮、磷、钾复合肥 50 kg 作为基肥，基肥占总施肥量的 75%～80%。

(2)追肥　日光温室草莓生长发育几个关键时期的追肥：第一次顶花序现蕾期，覆盖地膜后及时进行叶面喷肥，促进植株健壮生长和顶花序提早现蕾。此期若植株长势较弱，可喷施尿素 200～300 倍液；若植株生长较旺。可喷施磷酸二氢钾 300 倍液。此期还可喷施硼酸 300 倍液，用以提高坐果率及大果率。第二次顶花序转白膨大期，以氮、磷、钾肥料混合施用，此期应加大追肥量，一般半月追施 1 次，每 667 m^2 追施磷酸二铵 10 kg 混加硫酸钾 7 kg，也可追施草莓复合肥。第三次顶花序果采收至腋花序果实发育期，以磷、钾肥为主。一般 15～20 d 追肥一次。追肥与灌水结合进行。肥料中氮、磷、钾配合，液肥浓度以 0.2%～0.4% 为宜。

(3)微量元素　适时叶面喷施硼、钙等微量元素，提高果实的韧性及硬度，增强果实的耐贮运能力及外观品质。

(六)花期至成熟期的管理

花期不宜喷施叶面肥和农药，若发现病虫害，可使用烟雾剂进行熏蒸治疗。

1. 花果管理

(1)授粉　草莓属于自花授粉,如能人工补充授粉,果个增大,畸形果减少,可进一步提高产量。补充授粉方式有3种:①品种搭配授粉,一个温室可栽2～3个品种,互相授粉;②人工辅助授粉,在开花旺季,可利用放风、人工点授、用扇等借助外力授粉;③养蜜蜂授粉。每666.7 m^2地可养1箱蜂,利用蜜蜂授粉时,打药时将蜂箱搬出来,以防药害,并在放风口加遮纱网,防止蜜蜂飞走。

(2)疏花疏果　疏花时先疏掉高级次的小花和弱花,然后在疏果时再疏掉小果、病果、畸形果,一般每个花序可保留6～12个果。

(3)果下垫草　果实膨大后逐渐下垂在地面上,容易造成果面不卫生或地下害虫咬果与烂果。在草莓结果期将梳理好的稻草或者芦苇、山草等4～5棵平铺在花下,用来托果。

2. 植株管理

一是摘除匍匐茎和老叶,每天要巡视检查,发现长出的匍匐茎和衰老叶、病害叶要随时摘除,功能叶每株留10～12个,防止消耗养分,也有利于通风透光。二是掰芽,在顶花序抽出后,选留两个方位好而壮的腋芽保留,其余掰掉。三是去花茎,采果后的花序要及时去掉。

四、设施草莓的病虫害防治

(一)主要病害及防治

1. 草莓病毒病

(1)症状　通常表现为隐症或症状不明显,致使长势衰弱,新叶展开不充分,叶片小而无光泽、黄化、群体矮化,产量下降,品质变劣,畸形果增多。草莓病毒病主要通过蚜虫等刺吸式口器的昆虫、线虫等介体传播侵染。

(2)防治方法　实行倒茬轮作;消除病源,铲除并销毁老病苗;利用脱毒组培技术繁殖无病毒种苗;建立无病毒种苗制度,应用脱毒组培苗;及时有效防治蚜虫、线虫等;化学方法或高温方法进行土壤消毒。

2. 草莓灰霉病

(1)症状　叶片受侵染以后,开始发现不明显的褐色水渍状斑点,在潮湿的条件下,长出一层灰色的孢子。叶柄、果柄受侵染后变褐,常环绕叶柄果柄,使侵染部分萎蔫、干枯;表现在果实上初期病斑呈淡褐色油渍状小斑点,以后急剧扩大到整个果实,使之软化并在表面产生棉絮状菌丝,菌丝顶端长出灰色粉状霉——分生孢子。不熟果发病后果实常由干僵变成干腐,花瓣受害后变成黄褐色。果成熟期是病害盛发期,高湿是其发病的重要条件,连阴雨天促成病害的流行。

(2)防治方法　合理密植,一般每 667 m^2 栽植 8 000～10 000 株;早春及时清除枯病老残叶,减少越冬病原菌;蕾期前用 50%的速克灵 800 倍液,50%扑海因 500～700 倍液,50%多菌灵 500 倍液喷雾,均有较好的防治效果;果实膨大期可在果下垫少量秸秆,降低浆果表面湿度,已感病浆果应单独收集带出棚外深埋。

3. 白粉病

白粉病为草莓最常见的病害之一,设施内发生尤其严重。草莓地上部分都能感染此病,但多发生在老叶、果实和果柄上。

(1)症状　受感染的叶上形成薄薄的白细绒,成熟的浆果感染症状明显,像涂上白粉一样。叶片变成革状,粗糙,叶片上卷,后期干枯。花蕾、花感病后,花瓣变为粉红色,花蕾不能开放。果实感病后,果面覆盖白粉状物,果实着色差;早期果实受害后,停止发育后枯死。干燥及高湿的条件下都可造成病害的蔓延。

(2)防治方法　选用抗病品种;病害发生初期用 25%的三唑

酮可湿性粉剂 3 000～5 000 倍液或 50％多菌灵可湿性粉剂 2 000 倍液喷雾。另外,要及时摘除早期病叶、病果。

4. 芽枯病

芽枯病也称草莓立枯病,主要危害花蕾、芽及新生幼叶。此病由立枯丝核菌侵染所致,多湿、多肥条件下发病较重。设施栽培中,设施内高温、高湿更易发病,种植密度过大、老叶过多、栽植过深、侧芽过多的情况下最易感病。

(1)*症状*　感病后花蕾及新生芽出现青枯,而后逐渐变褐而枯死。芽枯部位常有霉状物产生,且多有蛛网状白色或淡黄色丝络形成。展开叶较小,叶柄和托叶带红色,然后从茎叶基部开始变褐。

(2)*防治方法*　育苗时严禁使用病株做母株。栽植时密度合理,不宜过深;灌水不宜过多,特别是不能淹苗。及早拔除病株,通风换气。从现蕾期开始,喷多抗霉素 1 000 倍液 3～5 次或用克菌丹 800 倍液喷 5 次左右,每次喷药间隔期 7 d 左右。

(二)主要虫害及防治

1. 蚜虫

(1)*症状*　危害草莓的蚜虫有多种,常见的有桃蚜、棉蚜。蚜虫在草莓上全年都有发生。蚜虫多在幼叶、叶柄、叶的背面吸食汁液,蜜露污染叶片和果实,并使叶弯曲变形,有的还是病毒的传播者,其传毒造成的危害大于它本身为害所造成的损失。蚜虫以成蚜在草莓植株和老叶下面越冬。

(2)*防治方法*　蚜虫以药剂防治为主。在开花前喷 2 000～3 000 倍敌杀死或 50％辟蚜雾 2 000 倍液、40％氧化乐果 1 500～2 000 倍液均有良好的效果。现蕾后如有蚜虫发现,应采取设施内熏蒸法防治。用 50％灭蚜烟剂熏治,既可避免果实受农药污染,又能起到良好的防治效果。

2. 红蜘蛛

(1)症状　危害草莓的红蜘蛛有多种,以二点叶螨居多。红蜘蛛多在叶背食汁液危害,受害叶片的叶面呈黄白色,叶片皱缩,严重时整个叶片枯黄死掉。红蜘蛛一年发生数代,繁殖力极强。以成虫潜伏在土缝或杂草根部越冬,并在越冬寄主上繁殖。

(2)防治方法　红蜘蛛主要靠药剂防治,灭扫利 3 000 倍液或杀螨利果 2 000 倍液均有良好的防治效果。另外,叶螨类多在下部叶背越冬,早春及早摘除老叶有预防效果。

3. 草莓卷叶蛾

(1)为害症状　幼虫危害叶子,常见受害叶子上卷,绿色幼虫潜在中间吐丝结网,继续危害。

(2)防治方法　开花前喷 1 次 40%乐果乳剂 800～1 000 倍液;采收后喷 1 次 50%马拉硫磷 1 000～1 500 倍液。

第四部分
中草药人工栽培技术

第十七章　黄芩规范化栽培技术

黄芩又名山茶根、黄芩茶、土金茶根、鼠尾芩、条芩等；属唇形科黄芩属，多年生草本植物；入药部位为根，茎、叶亦有一定药用价值；具有清热燥湿、泻火解毒、凉血安胎等功效，现代药理研究认为，黄芩有抗炎抗变态、抗微生物、解热降压、利尿利胆、解痉镇静和抗癌等作用，俄罗斯专家研究证明，黄芩具有抗肿瘤转移作用。主产于河北、山东、陕西、内蒙古、黑龙江等。尤其是承德所产黄芩，质坚色正、品质好、疗效高而驰名中外。“热河黄芩”深受国内外中医药用户的欢迎，是承德最具特色的中药材之一。

第一节　黄芩植物学形态特征

黄芩为直根系。主根粗壮，圆柱形，外皮黄褐或棕褐色，断面金黄色。茎呈四棱形，单生或数茎簇生，多分枝，直立或半直立。叶片为单叶对生，披针形，全缘。花为总状花序，顶生，花偏向一侧，花冠蓝紫色（个别有白色、淡蓝色和粉红色），二唇形。果实（种子）为小坚果，生于宿萼内，肾形，黑色或黑褐色，千粒重 1.5～2.3 g。

第二节　黄芩生物学特性

一、生长习性

黄芩喜温和气候，耐严寒较耐高温。在年平均气温 4～10℃，≥10℃的年积温 2 500～4 000℃，无霜期 120～180 d 地区均可生长。喜阳较耐阴。小苗喜湿润，成株耐旱怕涝。对地块要求不太严格，平、山、肥、薄地均能生长；但以土层深厚，疏松肥沃，排水、渗水良好，中性或偏碱性的壤土、沙壤土或腐殖质壤土为宜。低洼易涝及黏土地不宜。

二、种子萌发出苗特性

黄芩种子发芽率中等，为 70%左右，寿命 2 年左右；发芽温度范围较宽，15～30℃都能正常发芽；最适温度 20℃左右，最低温度 10℃(30 d 方能发芽)。黄芩种子萌动发芽慢，出苗时间长(3～5 d 始发芽，8～10 d 发齐芽)，3 月中下旬：30～45 d，4 月上中旬：25 d 左右。(承德中部)播种至出苗所需天数：4 月下旬至 5 月上旬需 15～20 d，5 月中下旬播种需 10 d 左右，6～8 月需 7～10 d。种子小、顶土能力差，出苗保苗困难。

三、地上部分的生长发育

在承德中部种子繁殖的黄芩：5 月下旬前播种的，当年可开花结实并获得部分成熟的种子；7 月前播种适时出苗的，当年可开花，难获成熟种子；9 月上旬前播种的，当年能出苗；10 月及以后播种的，来春出苗。

春季适期播种及时出苗的一年生黄芩：6 月下旬至 7 月上旬开始开花；8 月中下旬种子开始成熟，且开花结实直至霜枯。茎叶较耐寒,直至严霜方枯。二年生以上的黄芩,4 月中下旬返青,6 月下旬左右开花,8 月中旬左右种子开始成熟,9 月中、下旬枯萎。1～3 年内,植株高度和地上鲜重、干重随年限增长而增加。

四、根系生长

主根前三年生长正常,根长、根粗、单根鲜重、干重都随生长年限加长而明显增加。第四年,部分主根开始枯心,且逐年加重,至 7～8 年全部枯心。同时,黄芩生长还表现出:第一年以长根长为主,第二、第三年以长粗、增重为主;第四年以后,生长速度逐渐减慢。

五、干物质积累分配

一年生黄芩,8 月上旬以前以地上干物质积累为主,8 月上旬至 9 月上旬,为生长中心转移阶段,9 月上旬以后以地下为主。多年生黄芩,7 月中旬前以地上生长为主,且以茎叶为主;7 月中旬后,地上干物质由茎叶向花果转移;8 月中旬以后,干物质向地下转移加快;9 月中旬以后,地下干物质积累最快。

第三节 黄芩规范化栽培技术

一、选地

选土层深厚、疏松肥沃、排水良好,阳光充足的壤土、砂壤土或腐殖质壤土,平地、缓坡地均可;退耕还林地也可。忌黏土和低洼易积水地。

二、施肥、整地与做畦

农家肥每 667 m^2 施 2 000～4 000 kg,深耕 25 cm 以上,精细

整地，达到深、透、细、实、平、足。做成宽 1～2 m 的平畦或小高畦（床面宽 65～70 cm，沟宽 30～35 cm，高 10 cm）。

三、播种保苗

1. 播种期

有水浇条件的 4 月中旬前后，地下 5 cm 地温稳定在 15℃时为宜；无水浇条件的旱地，应于早春、雨季或初秋（套播），一般春播在 3～4 月，秋播 9～10 月。

2. 播种方法

行距 40～45 cm 宽幅条播（播幅 10～15 cm），覆土 1～1.5 cm，不宜超过 2.5 cm，镇压保湿。

3. 播种量

干种子 0.75～1.0 kg/667 m^2。

4. 保苗技术

(1)保苗难的原因。

①种子小，顶土力差。

②萌发慢，出苗时间长。

③春季风多雨少气候干旱，蒸发快，保墒困难。

(2)综合保苗技术。

①选好地块。

②选好发芽率发芽势都高的黄芩种子。

③适时精细整地。

④适时精细播种；播前浸种、催芽。浸种：A. 150 倍的植物氨基酸稀释液浸种 8～12 h；B. 25 mg/L 的赤霉素溶液浸种 12 h；C. 将种子用 40～45℃温水浸泡 5～6 h 或室温下冷水浸种 12～24 h。催芽：将吸足水的黄芩种子，捞出稍晾，置于 20℃下保湿催芽，待

部分种子裂口露白时即可播种。

⑤播后覆盖保墒(薄膜、碎草、秸秆、树叶等)。但覆盖不宜过厚。

⑥雨季套播:7 月下旬至 9 月上旬在大豆或玉米地套种黄芩。

⑦育苗移栽的优点、不足、适宜情况及主要技术环节介绍如下。

三大优点:省种;延长生长季节;利于确保全苗。

两个不足:移栽费工;主根叉多,商品外观差。

适宜采用的两种情况:种子昂贵;旱地缺水,直播保苗困难。

五个主要技术环节:A. 选地做畦。选疏松肥沃,温暖、向阳,水源方便的地方。做成畦面宽 120～130 cm,畦埂宽 50～60 cm,需要而定的平畦。B. 施肥整地。在做好的畦内,每平方米均匀撒施 7.5～15 kg 腐熟的优质农家肥和 25～30 g 磷酸二铵,施后于畦内 10～15 cm 深的土壤充分拌匀,随后精细整地,砸碎土块,捡净石块、根茬,搂平畦面待播。C. 适时播种。4 月上旬前后播种。首先在畦内浇足水,水渗后按 6～7.5 g/m^2 干种子的播量均匀撒施于畦内,随后覆盖 0.5～1.0 cm 的过筛肥沃细土,覆盖保墒。D. 苗床管理。出苗后及时通风;炼苗去膜(苗高 3～5 cm 时);拔草间苗(苗高 5～7 cm 时按苗距 3～4 cm 间适时疏苗,拔出杂草;视具体情况适当补水补肥。E. 移栽定植。当苗高 7～10 cm 时,按行距 40 cm 和 10 cm 交叉栽植 2 株的株距进行开沟定植,栽后覆土压实并及时浇水,也可先开沟浇水,水渗后再移苗覆土。旱地无灌水条件者应结合降雨定植。

四、田间管理

1. 去除薄膜

齐苗后选阴天或晴天傍晚将膜去除。

2. 间定苗、补苗

在苗高 5～7 cm，按苗距 6～8 cm 交错定苗，达到 60～75 株/m^2。

3. 中耕除草

适时中耕除草，第一年中耕除草 3～4 遍，第二年以后每年中耕除草 1～2 遍即可。

4. 追肥

第一年于定苗后至封垄前，第二年以后于春季返青后至封垄前，每年一次，每公顷每次追施尿素、磷酸二铵、氯化钾各 7.5～12.5 kg。开沟条施，施后覆土。

5. 镇压蹲苗

幼苗期，选晴天下午，用脚顺垄轻踩或用石、木滚子轻压黄芩地上部分，每隔 3～5 d 压一次，连压 3 次左右。

6. 灌水与排水

出苗前保湿，其他时期旱灌涝排。

7. 去除花枝

非采种田块，于现蕾后开花前，选晴天上午，分批去除花枝。

五、病虫害防治

1. 地下害虫

用 90％敌百虫晶体拌毒饵防治(200～250 g 药加水 1.5～2 kg，拌 10 kg 炒香的豆饼或 25 kg 鲜菜鲜草)。

2. 黄翅菜叶蜂

主要危害种子。防治：①成虫盛发期 800 倍的敌敌畏溶液喷雾防治；②幼虫期 40％乐果乳油 1 000 倍液喷雾防治。

3. 根腐病

①生长期间适时中耕松土；②雨季适时排除田间积水；③及时拔除病株、病穴用5%石灰水消毒；④增施磷、钾肥；⑤发病初用50%多菌灵500倍液灌根。

4. 茎基腐病

在采用根腐病防治结合农业防治的基础上，于发病初期喷施50%多菌灵和80%代森锌1∶1的600～800倍液。

5. 叶枯病

发病初期用50%多菌灵可湿粉1 000倍液喷雾。

6. 菟丝子

①初期人工彻底摘除；②鲁保一号喷雾防治；③100倍的胺草磷或地乐胺喷雾防治。

六、黄芩留种采种

黄芩留种可与药材生产结合进行，留种田适当增加氮肥和磷肥的追肥数量。黄芩采种应随熟随采，分批采收，一般于花枝中下部宿萼变为黑褐色、上部宿萼呈黄色时，手捋花枝或将整个花枝剪下，稍晾晒，随后脱粒清选，放阴凉通风干燥处备用。

七、根部采挖与加工

1. 生长年限

承德及北方冷凉地区以生长2～3年采挖根部为宜。

2. 采挖季节

春季黄芩出苗后选晴天采挖。

3. 采挖方法

用犁翻或人工镐刨，应尽量避免主根伤断，及时去掉茎叶，抖净泥土,及时晾晒。

4. 晾晒加工

将黄芩根部按大、中、小分开,选择向阳、通风、高燥处晾晒,晾晒过程中应避免水洗或雨淋,否则使根变绿变黑,失去药用价值;半干后撞皮2～3次,撞下的根尖及细侧根单独收藏。无老皮者,半干后将根条理顺,再晾干出售。

5. 产量

一年生黄芩,其黄芩苷含量7%左右,达不到药典9%的标准,2～3年生黄芩苷的含量最高可达13%～18%,所以除了注意采收季节,还要注意药材的生长时间。商品干药材产量为二年生亩产150～200 kg,三年生亩产300～400 kg。

八、黄芩贮藏

在清洁、无异味、通风、干燥的场所或药材专用仓库温室下贮藏。仓库应具备通风除湿设备及条件,药品商品应放在货架上,不宜直接与墙壁和地面接触。室温控制在30℃以下,相对湿度70%～75%,商品含水量≤13.0%。夏季高温季节注意防潮、防霉变、防虫蛀,发现受潮及时翻垛、通风或晾晒。

第十八章　柴胡规范化栽培技术

柴胡系伞形科柴胡属多年生草本药用植物。根、茎、叶均可入药。具有和解表里、疏肝、升阳、解郁等功效，主治感冒发热、寒热往来、胸胁胀痛、月经不调、子宫脱垂、脱肛等病症。主要品种有：

南柴胡：又名红柴、狭叶柴胡。茎多单生、少有丛生，粗壮、坚硬直立，基部有许多棕色纤维状叶柄残基。主根较细、有侧根。

北柴胡：又名黑(紫)柴胡、竹叶柴胡，茎高 45～65 cm。

上述两种柴胡虽然名称和形态各异，但它们的共同点是耐干旱、高温、抗寒能力强。不仅种植方法相同，而且均在我国南北广大地区都有栽培。

第一节　形态特征

多年生草本，株高 45～65 cm。主根圆柱形，分枝或不分枝，质坚硬。茎直立丛生，上部分枝。叶互生，基生叶倒披针形，基部渐窄成长柄；基生叶长圆状披针形或倒披针形，无柄，先端渐尖呈短芒状，全缘，有平行脉 5～9 条，背面具粉霜。复伞形花序腋生兼顶生，伞梗 4～10，总苞片 1～2，常脱落。花小，鲜黄色，萼齿不明显；花瓣 5，先端向内折；雄蕊 5；雌蕊 1，子房下位，花柱 2，花柱基黄棕色。双悬果宽椭圆形，扁平，分果瓣形，褐色，弓形，背面具 5 条棱。花期 8～9 月；果期 9～10 月。

第二节　生长习性

柴胡常野生于海拔 1 500 m 以下山区、丘陵的荒坡、草丛。路边、林缘和林中隙地。适应性较强，喜稍冷凉而又湿润的气候，较能耐寒、耐旱，忌高温和涝洼积水。

种子有生理后熟现象，层积处理能促进后熟，但干燥情况下，经 4～5 个月也能完成后熟过程。发芽适温为 15～25℃，发芽率可达 50%～60%。种子寿命为 1 年。植株生长的适宜温度为 20～25℃。

第三节　栽培技术

一、整地施肥

柴胡宜选择沙壤土或腐殖质土的山坡种植。切忌在黏土或积水洼地种植。最好在新建果园内实行果药间作。先要全面深翻土地，清除杂草、石块后，每亩施腐熟的厩肥 1 500～2 000 kg，然后耙平整细作成 1.3 m 宽的畦。坡地可只开排水沟，不作畦。

二、育苗

用种子繁殖，细粒料种子发芽率约 50%。播种前用 40～50℃温水浸种 24 h，使种子吸足水分，以便及早出苗。在 3 月中下旬或 4 月间，当温度在 20℃以上，且土壤湿润时，播种后 7 d 柴胡即可发芽出土。而低于 20℃时则要 10 d 以上才能出苗。方法是：先在苗床开平底浅式播种沟，沟宽 20 cm，沟距 10 cm。均匀将已拌细沙的种子撒播后，用土筛盖细土。厚度以盖没种子为度。喷水后、盖草保湿，每 667 m^2 播种量 0.8～1.2 kg。

三、定植

当苗高 6 cm 时，挖出带土的小苗定植到已经整地、下肥和作床的大田中去。株行距 10 cm×15 cm。定植后要浇透定根水。

四、田间管理

柴胡定植后当年生长较缓慢，一般都不封行。应分别在定根长叶后、雨季到来之前、雨季结束后，用小锄轻轻地锄草松土。当苗高 15 cm 时，应在中耕除草后每 667 m^2 施硫铵 7～8 kg、过磷酸钙 14～15 kg、氯化钾 3～4 kg。到第二年长出花芽时，要及时中耕和追施氮、磷、钾肥。并随时搞好排灌工作。

五、病虫害防治

1. 锈病

危害茎叶。防治方法：清洁田园，处理病株；发病初期用 25％粉锈宁 1 000 倍液喷雾。

2. 斑枯病

危害叶片。防治方法：清洁田园；轮作；发病初期用 1∶1∶120 波尔多液或 50％退菌特 1 000 倍液喷雾。

3. 黄凤蝶

幼虫危害叶、花蕾。发生时除人工捕捉外，每隔 7 d 喷洒一次 90％敌百虫 800 倍液或青虫菌 300 倍液。

4. 赤条椿象(臭屁虫)

6～8 月靠一根吸管吸取嫩枝、叶柄、花蕾的汁液，使植株生长不良。除人工捕捉外，用 90％ 敌百虫 800 倍液喷洒。

六、采收与加工

在1～3年内，每年在霜降前用镰刀收割地上茎叶，晒干或晾干。第一年一般每亩可收割干茎叶150～250 kg；第二年收割500～600 kg；第三年根、茎叶总产仅550 kg。其中南（红）柴胡的根、茎各占50％；北（黑）柴胡根部产量略高于南柴胡。根部挖出后抖去泥土，切除残茎，将整块根域切成段后晒干即可。产品以粗长、整齐、质坚硬、不易折断、无残茎和须根者为佳。再用塑料薄膜袋扎紧防潮。质量要求：茎叶青翠、根部颜色新鲜有清香。

第十九章　板蓝根规范化栽培技术

板蓝根属十字花科二年生草本作物，也称菘蓝，具有清热解毒、凉血利咽的功能，主治湿毒发斑、高热头疼、流行性感冒、大头瘟疫、发斑发疹、黄疸、痢疾、痄腮、流行性腮腺炎、急性传染性肝炎、丹毒、痈肿等疫病，是常用中草药之一，市场销售量较大。板蓝根以地下根入药，故为板蓝根，地上叶入药称为大青叶。是一种经济效益较高的中草药植物。主产于安徽、山西、河北、陕西、内蒙古、江苏、黑龙江等省（自治区），根据承德气候条件各县区均可种植。

第一节　生物学特性

一、对生态环境的要求

板蓝根喜温凉环境，耐旱、耐寒、忌积水，适应性强，对土壤要求不严，一般以微碱性的土壤最为适宜，pH 6.5～8 的土壤都能适应，喜疏松、肥沃、湿润的沙质土壤，低洼积水地易造成烂根，不宜栽植。

二、生长发育

板蓝根株高 40～100 cm，主根长圆柱形，肉质肥厚，呈淡黄色，茎直立、上部多分枝。茎生叶有柄，矩圆形或披针型全缘，复总状花序、花黄色，角果矩圆形。板蓝根3月上旬为抽薹期，3月中旬为开花期，4～5月下旬为结果和果实成熟期，6月上旬即可收获。板蓝根为越年生长的长日照型植物，按自然生长规律，秋季种子萌发出苗后，是营养生长阶段，露地越冬经过春化阶段，于翌年早春抽薹、开花、结实而枯死，完成整个生长周期。生产上为了利用植物的根和叶片，一般春季播种，延长营养生长时间，秋季或冬初收根，期间还可收割1～3个叶片，以增加经济效益。

第二节　规范化栽培管理

一、选地整地

选择地势平坦、排灌良好、肥沃、土质疏松的沙质壤土，深翻20～30 cm，沙土地可稍浅些，施足基肥，基肥种类以厩肥、绿肥和焦泥灰为主，每667 m^2施优质农家肥2 000 kg、草木灰100 kg、复混肥30 kg、磷肥20 kg，再浅耕1次，然后打碎土块，耙细整平，作高畦以利排水，畦宽1.5～2 m，高20 cm。

二、繁殖方法

采用种子繁殖，4月上旬播种，常用宽行条播或撒播。播种前将种子用30%～40%温水浸泡2～3 h，捞出晾干，按行距25～30 cm开沟、沟深2～4 cm，将种子拌细沙土均匀撒播在沟内，播后再施一层薄粪和细泥，按种子千粒重、发芽率、混杂度定每667 m^2用种量，一般为1～2 kg，保持畦面土壤湿润，播后7～10 d即可出苗。秋播留种田可以在8月上旬至9月初播种，幼苗在田间越冬，第二年继续培育。

三、规范化田间管理

(一)间苗和定苗

播种后,苗高 3～8 cm 时开始间苗,苗高 15 cm 左右,按株距 7～10 cm 定苗。

(二)中耕除草

苗出齐后及时进行中耕除草,以后间隔 10～15 d 除草 1 次,要保持田间无杂草,以有利于植株叶片的生长,当叶长大封行后,只拔除大草,不再中耕。

(三)追肥

在间苗时施清水粪。结合中耕除草追施氮肥,每 667 m^2 施腐熟稀人粪尿 800～1 000 kg 或尿素 10～15 kg,并加施磷肥 12 kg,混施。每次采叶后每 667 m^2 追施一次人畜粪水 1 500 kg,硫酸铵 5～7 kg。

(四)水分管理

生长前期水分不易太多,以促根部向下生长。后期可适当多浇水,夏季天气干旱,要及时浇水,多雨季节,应注意开沟排水,以防止烂根,如遇伏天干旱天气,可在早晚灌水,切勿在阳光暴晒下进行,以免高温烧伤叶片。

四、病虫害防治

(一)霜霉病

主要危害叶片,在叶片背面产生白色或灰白色霉状物,严重时可使叶片枯黄。春夏梅雨季节,发病最为严重。

防治方法:一是清洁田园,处理病株,减少病原,通风透光。二是合理轮作。三是选择排水良好的土壤种植,雨季及时排水。四是化学防治，用40%乙磷铝2 000～3 000倍液或1∶1∶(100～200)倍的波尔多液喷雾，每隔7 d喷一次，连喷2～3次。

(二)菌核病

危害全株，从土壤中传染，基部叶片首先发病，向上蔓延至茎、茎生叶、果实。发病初期呈水泽状，后为青褐色，最后腐烂。在多雨高温的6～7月发病重，茎秆受害后，布满白色菌丝，皮层软腐，茎中空，内有黑色不规则的鼠粪状菌核，使整枝变白倒伏而枯死，种子干瘪，颗粒无收。

防治方法：水旱轮作或与禾本科作物轮作；增施磷肥；开沟排水，降低田间湿度；使用石硫合剂于植株基部；发病初期用65%代森锌500～600倍喷雾，隔7 d喷一次，连喷2～3次。

(三)白锈病

5月中旬发生，患病叶面出现黄绿色小斑点，叶背长出一隆起的外表有光泽的白色脓包状斑点，破裂后散出白色粉末状物，叶长成畸形，后期枯死。

防治方法：不与十字花科作物轮作；选育抗病新品种；发病初期喷洒1∶1∶120波尔多液。

(四)根腐病

病原为皮镰孢菌，发病适温29～33℃。采用75%百菌清可湿性粉剂600倍液或70%敌克松1 000倍液进行喷药防治效果最佳。

(五)菜粉蝶

幼虫自5月份开始危害嫩叶，6月份危害严重，应抓住关键时期进行防治，常用农药有生物农药BT乳剂，每667 m^2 施用100～150 g，或用90%敌百虫800倍液喷雾防治。

(六)桃蚜

一般春天危害刚出现的花蕾，影响种子产量。用1.8%的生物农药阿维菌素喷杀。

第三节 采收、留种、加工

春播板蓝根每年割叶两次，第一次在6月中旬进行，选晴天，离地面5 cm左右从基部割下，薄薄地摊于地面，晒干。第二次在8月下旬收割，伏天高温季节不能收割大青叶，以免引起成片死亡。10月份刨根。由于根生长较深，刨时应靠畦边用铁锹挖30～60 cm的深沟，顺沟将根刨出，去掉泥土，剪去茎叶，晒干即可，每667 m^2可收获鲜根500～800 kg。留种。春播板蓝根，隔行刨收，留下越冬行，在9月初播种，出苗后露地越冬。秋播第2年3～4月种子成熟时将地上部割掉，挖取地下根部时，先在畦边用铁锹挖60 cm深的沟，仔细顺沟方向将根刨出加工。将采收的根拌掉、洗净，晒至70%～80%干时扎成小捆，再晒至全干。以上方法均在翌年5～6月份收种。留种田应加强肥水管理，封冻前浇一次冻水，翌春追肥浇水，促使茎叶生长。

第二十章　甘草规范化栽培技术

甘草为豆科植物甘草的干燥根及根茎，别名甜草根、粉草等。甘草性味甘、平，具补脾、益气、润肺止咳、缓急止痛、缓和药性之功能，主产于内蒙古、甘肃、新疆，此外东北、河北、山西等地亦产。

第一节　形态特征

甘草为多年生草本，高达 30～80 cm，根茎多横生。主根甚长，粗壮，外皮红棕色。茎直立，有白色短毛和刺毛状腺体。奇数羽状复叶，小叶 7～17 枚，卵形或宽卵形，先端急尖或钝，基部圆，两面有短毛及腺体。蝶形花冠淡紫色。荚果扁平，呈镰刀状或环状弯曲，外面密生刺毛状腺体。花期 6～7 月，果期 7～9 月。

第二节　生长习性

甘草原产地属大陆性干旱、半干旱的荒漠地带，特点是干旱，雨量少，光照强，温差大。甘草长期生长在该气候条件下，使其具有抗寒耐热、耐旱、怕涝和喜光的特性，而且特别喜欢钙质土，中国东北、西北及华北干旱地区均可生长。

种子具硬实现象，硬实率在 70%～90%，－5～20℃变温发芽良好，一般在 50%以上，种子寿命 1～2 年。种子直播的第四年可采挖，根茎繁殖的 2～3 年可采挖，种植时间 4～5 年。

第三节　栽培技术

一、选地、整地

栽培甘草应选择土层深厚、地下水位低的沙壤土，耕翻 30 cm 左右即可。目前多实行平作，极少作高床。为排水良好及灌溉，也可将地整成小畦，施入基肥。整地最好是秋翻，春翻必须保墒，否则影响出苗、保苗。

二、繁殖方式

生产上以种子繁殖为主，也可以根茎繁殖。

(一)种子繁殖

播种前用 60℃温水浸泡数小时，用碎玻璃渣与种子等量混合研磨半小时，也可用浓硫酸(浓硫酸：水为 1：1.5)浸种约 1 h 即可。春播在 3～4 月，秋播在 8～9 月。条播按行距 50 cm 开浅沟，沟深 3 cm，将种子均匀撒入沟内，然后覆土。穴播者按穴距 10～15 cm 开穴，每穴播种 3～5 粒，每 667 m^2 用种量 2～3 kg。播后保持土壤湿润，可在苗床上盖草，土层干旱时要浇水，播后两三周出苗。

(2)根茎繁殖

在春、秋季，挖出根茎，截成 5 cm 左右的小段，每段应有芽 1～2 个，埋到地下，深度根据土壤湿度约 20 cm。

(3)分株繁殖

在甘草老株旁能自行萌发出很多新株，在春季或秋季挖出栽植。

三、田间管理

（一）灌水

应视土壤类型及盐碱度而定：酸性无盐碱或微盐碱土壤，播后可灌水；土壤黏重或盐碱较重，应播前灌水，抢墒播种，播后不灌水，以免土壤板结和盐碱度上升。人工栽培甘草的关键是保苗，一般植株长成后不进行浇水。

（二）中耕除草

一般在出苗的当年进行中耕除草，从第二年起甘草根分蘖，杂草很难与之竞争，不需要中耕除草。

（三）施肥

播前要施足底肥，以厩肥为好。每年生长期可于早春追施磷肥，甘草根具根瘤，有固氮作用，一般不缺氮素。

四、病虫害防治

（一）锈病

5～6 月发病，危害叶片。防治方法：①集中病枝烧毁；②发病初期喷 90％敌锈钠 400 倍液。

（二）褐斑病

5～6 月发病，危害叶片。防治方法：①集中病枝烧毁；②发病初期喷 1：1：(100～160)波尔多液或 70％甲基托布津可湿性粉剂 1 500～2 000 倍液。

（三）白粉病

5～6 月发病，危害叶片。防治方法：喷 0.2～0.3 波美度石硫合剂。

五、采收与加工

在秋季9月下旬至10月初，地上茎叶枯萎时采挖。甘草根深必须深挖，不可刨断或伤根皮，挖出后去掉残茎、泥土，忌用水洗，趁鲜分出主根和侧根，去掉芦头、主须、支杈，晒至半干，捆成小把，再晒至全干。也可在春季于甘草茎叶出土前采挖，但以秋季采挖质量好。

六、留种技术

于秋季待荚果干燥、颜色加深时采摘，晒干，打下种子，簸去杂质，放阴凉处通风干藏。根茎繁殖时，选如手指粗的根茎截成10～15 cm小段，每段1～2个芽，按沟距30 cm、深5 cm将根茎节段平放沟底，覆土压实。

第二十一章　其他中草药栽培

第一节　桔梗高产栽培技术

桔梗,别名土人参铃铛花,为桔梗科桔梗属多年生草本植物。桔梗可药食兼用,以地下根茎作药用,具有宣肺、利咽祛痰、排脓之功效。用桔梗加工的桔梗菜、桔梗丝、桔梗果脯等保健食品不仅味美可口,且有医疗保健之功效,深受城乡人民喜爱。桔梗又是一种出口创汇产品,主要出口到韩国、日本、美国等,具有较高的食用、药用和经济价值。桔梗适应性强,栽培技术比较简单,我国南北方均可栽培,并适宜大面积栽培,有着广阔的发展前景。种植桔梗,每 667 m^2可收桔梗(两年生肉质根)鲜品 800～1 200 kg,以每千克桔梗 5.5 元(鲜品)保护价计,可获收益 4 500～7 000 元。因此,适当发展桔梗生产,是促进当地的农业结构调整,农民们发家致富的一条有效途径。

一、整地与施肥

桔梗适宜生长在较疏松的土壤中,梗不宜连作,选地势高,排水好,土层深厚,疏松肥沃,富含有机物的沙壤土田块,深耕细作,所耕深度 30 cm 以上。结合整地,施足基肥:每 667 m^2施有机肥 2 000 kg(或饼肥 100 kg),磷酸二铵 20 kg,硫酸钾 20 kg。将地块整平耙碎,四周疏通排水沟,等待播种。

二、选用良种

桔梗种子应选择 2 年生以上非陈积的种子，播种前进行发芽试验，保证种子发芽率至少在 75%以上。发芽试验的具体方法是：取少量种子，用 40～50℃的温水浸泡 8～12 h，将种子捞出，沥干水分，置于布上，拌上湿沙，在 25℃左右的温度下催芽，注意及时翻动喷水，4～6 d 即可发芽。

三、施肥

桔梗在大田播种前每 667 m^2 可施农家肥 2 000～3 000 kg，N、P、K 复合肥 40 kg，过磷酸钙 30 kg，为防治蛴螬可在翻倒农家肥时每吨施入 1 kg 甲敌粉与农家肥混合均匀在翻地前施入，后期追肥主要用清粪水或尿素，可在当年 7 月和第二年 7～8 月份用尿素 25 kg 或清粪水进行追肥提苗。清粪水每 667 m^2 每次可施 2 000 kg 左右，浓度可在 10%左右，追肥后若浓度较大应及时用清水洗苗。

四、播种

桔梗用种子繁殖。一般北方在四月中下旬播种，播前可将种子用温水浸泡 24 h，或用 0.3%高锰酸钾浸种 12～24 h，取出冲洗去药液，晾干播种，可提高发芽率；播种前撒上农家肥，将地翻耕耙细整平（深翻 30 cm）；播种行距 15～25 cm，播深 1～2 cm；播后盖草保温保湿，干旱时要浇水保湿；每 667 m^2 用种量控制在 1.5～2 kg。

五、田间管理

（一）补苗定苗

出苗后及时撤去盖草，苗齐后及时松土除草。苗高 4 cm 左右时，若缺苗，宜在阴雨天补苗。苗高 8 cm 左右时按株距 8～10 cm 定苗。

（二）追肥

桔梗在整个生产过程中应追肥三次：第一次追肥在桔梗苗两对真叶时，每 667 m^2 追施尿素 5 kg；第二次追肥在立秋前后，每 667 m^2 追肥尿素 5 kg，磷酸二氢钾 5 kg；第三次追肥在桔梗生长一年后的入冬前，每 667 m^2 在桔梗田表层撒施有机肥 1 000 kg，尿素 10 kg，磷酸二氢钾 10 kg。施肥要结合降雨或灌溉进行。

（三）排灌

桔梗怕水渍，因此阴雨天气应立即排水。干旱天气也就及时浇水。

（四）化学调控

桔梗茎秆较软，遇风雨易倒伏。适当控制茎秆高度可防止倒伏，以利桔梗正常生长。在二年生桔梗株高 15 cm 时，用缩节胺喷施一次，连喷 3 次即可。

（五）去除花蕾

在盛花期喷 1 000 mg/kg 乙烯利 1～2 次，可有效除去花蕾，增产 45％。

（六）留种

选栽培两年以上无病虫害的壮苗留种。在收获前剪去小侧枝和顶端部分花果，以集中营养，使上部果实充分成熟。

六、病虫害防治

（一）斑枯病

这种病是由真菌引起的，5～6 月份发病较多，植株叶片上出现连片斑点，多为黄白色。可用下面方法防治：①秋季烧毁病株，消除菌源。②实行深耕轮作。③雨季加强排水，降低田间湿度。

④用65%代森锌600倍液喷洒。

（二）根腐病

发病初期根局部呈黄褐色，后期腐烂变黑，植株枯萎。可用50%退菌特600倍液喷洒。

（三）地老虎

可采用早晨捕杀或毒饵诱杀的方法加以防治，也可用75%辛硫磷乳油700倍液灌根毒杀。

（四）蚜虫与红蜘蛛

可多用40%的乐果2 000倍液喷杀害虫。

五、收获与加工

（一）采收

桔梗生产周期为二年。采收期可在秋季9月底到10月中旬或次年春桔梗萌芽前进行。秋季采收体重质实，质量较好。一般在地上茎叶枯萎时采挖，过早采挖根部尚未充实，折干率低，影响产量；收获过迟不易剥皮。起挖时，防止挖断主根。

（二）加工

鲜根挖出后，去净泥土、芦头，用竹刀、木棱、瓷片等刮去栓皮，洗净，晒干或烘干。皮要趁鲜刮净，时间长了，根皮就难刮了。刮皮后应及时晒干。当日加工不完，可用沙埋起来，防止外皮干燥收缩，这样容易去皮，折干率仅为30%。桔梗质量以根条肥大、色白或略带微黄、体实、具菊花纹者为佳。

第二节　苦参栽培技术规程

苦参，又叫苦骨、牛参、川参，为豆科植物，具有清热、燥湿、杀虫、利尿之功效,治疗热毒血痢、肠风下血、黄疸尿闭、赤白带下、阴肿阴痒、小儿肺炎、疳积、急性扁桃体炎、痔满,脱肛、湿疹、湿疮、皮肤瘙痒、疥癣麻风、阴疮湿痒、瘰疬、烫伤等。外用可治疗滴虫性阴道炎。

一、生物学特性

苦参野生于山坡草地、平原、丘陵、路旁、沙质地和红壤地的向阳处。喜温暖气候。对土壤要求不严,一般土壤均可栽培;但以土层深厚、肥沃、排灌方便的壤土或沙质壤土为佳。

二、栽培技术

(一)选地、整地与施肥

苦参为深根性植物,宜选择土层深厚、肥沃、排灌方便、向阳的黏壤土、沙质壤土或黏质壤土栽培。每 667 m^2 施入充分腐熟的堆肥或厩肥 3 000 kg,捣细撒匀,深翻 40～50 cm,耙平整细,作成 1.3 m 宽的高畦。

(二)繁殖方法

1. 种子繁殖

7～9 月,当苦参荚果变为深褐色时,采回晒干、脱粒、簸净杂质,置干燥处备用。播种前要进行种子处理。方法:用 40～50℃温水浸种 10～12 h,取出后稍沥干即可播种;也可用湿沙层积(种子与湿沙按 1∶3 混合)20～30 d 再播种。另外,用 95%～98%的浓硫酸处理 60 min,也能提高种子发芽率。于 4 月下旬,在整好的高畦上,按行距 50～60 cm、株距 30～40 cm,开深 2～3 cm 的穴,每穴播种 4～5 粒处理好的种子,用细土拌草木灰覆盖,保持土壤湿润,15～20 d 出苗。苗高 5～10 cm 时间苗,每穴留壮苗 2 株,也可育苗移栽。

2. 分根繁殖

春、秋两季均可进行。秋栽于落叶后进行，春栽于萌芽前进行。春、秋栽培均结合苦参收获进行。把母株挖出，剪下粗根作药用，然后按母株上生芽和生根的多少，用刀切成数株，每株必须具有根和芽2～3个。按上述株、行距栽苗，每穴栽1株。栽后盖土、浇透水。

3. 田间管理

(1)合理排灌　天旱及施肥后要及时灌溉，保持土壤湿润。雨季要注意排涝，防止积水烂根。

(2)中耕除草　苗期要进行中耕除草和培土，保持田间无杂草和土壤疏松、湿润，以利苦参生长。

(3)追肥　在施足基肥的基础上，每年追肥2次：第1次在5月中、下旬进行，每667 m^2施稀粪水2 000 kg；第2次在8月上、中旬进行，以磷、钾肥为主。贫瘠的地块要适当增加施肥次数。

(4)摘花　除留种地外，要及时剪去花薹，以免消耗养分。

三、采收加工

根可在栽种2～3年后的8～9月茎叶枯萎后或3～4月出苗前采挖。刨出全株，按根的自然生长情况，分割成单根，去掉芦头、须根，洗净泥沙，晒干或烘干即成。鲜根切成1 cm厚的圆片或斜片，晒干或烘干即成苦参片。

第三节　白术规范化栽培技术

白术，别名于术、浙术、祁术、冬术等，为菊科苍术，属多年生草本植物白术的干燥根状茎。有补脾健胃、燥湿行水、安胎止汗等作用。白术喜凉爽、温和气候，怕高温、多湿或过于干旱。在气温

30℃则生长受到抑制。地下部生长以 26～28℃为最适。较耐寒，幼苗能耐短期霜冻，成株能耐－10℃的低温。对土壤要求不严，酸性的轻黏土或微酸性的沙壤土均能生长，但以疏松肥沃，排水良好的沙壤土为优。粗沙地、涝洼地、重盐碱地不宜种植。忌连作，也不宜与白菜、马铃薯、花生等轮作，前作以禾本科为宜。

一、精细选地、整地与施肥

选用土层较厚、疏松较肥沃、排水良好的沙质壤土地块，在播种前一个月翻土，或在头年冬天进行翻土，使土壤经过冰冻充分风化，耙细整平。每 667 m^2 施厩肥或堆肥 2 000～3 000 kg，土地经过处理后，做成 120～130 cm 宽的高畦或平畦，畦面呈弧形，中间高，四周低。

二、播种育苗

白术用种子系列，2 年收获。第一年播种培育术栽，第二年定植并收获产品。

（一）播种

一般 4 月中下旬播种，播前将种子放入 25～30℃的温水中浸泡 12～24 h，然后捞出置于 25～30℃的条件下保温保湿催芽，待种皮裂口、胚根露白时即可播种。播种时，按行距 15～20 cm，开深 4～6 cm、宽 8～10 cm 的沟，将处理好的种子均匀撒入沟内，覆土 3 cm，稍镇压，最后畦面盖草保湿；或者于畦面上满畦撒播，播后覆土 1 cm，稍压实，再盖草保温保湿。每 667 m^2 播种量条播 4～5 kg，撒播 6～8 kg。每 667 m^2 育苗田可栽植大田 4 670～6 670 m^2。

（二）苗期管理

播种后，北方 15～20 d 即可出苗。出苗后，去除盖草，间去密生苗和病弱苗，及时锄草；苗高 3～6 cm 时浅锄，利于在天气干旱时浇水或在行间插枝条或覆盖草以达到遮阳的目的。苗高 5～6 cm时，按株距 5 cm 左右定苗；根据苗情，苗期追肥 1～2 次，7 月下旬根茎膨大期，每 667 m^2 追施粪肥 2 000～2 500 kg 或尿素 10 kg。遇旱及时浇水，雨季及时排水，非留种株现蕾后应及时剪除。

（三）术栽的收获与贮藏

10 月中旬至 11 月下旬，于茎叶枯黄时，将地下根茎挖出，除去茎叶和须根，剔除病、伤根茎后，置室内通风干燥处摊晒 2～3 d，待表皮水分干后，选室内干燥阴凉处进行层积沙藏。先按术栽的多少，用砖砌一长方形小池，池底铺 5 cm 清洁河沙，上铺 10～15 cm 术栽，再盖沙、铺术栽，至堆高 35～40 cm 时，于堆中央插一把秸草，术栽上盖 6～7 cm 河沙即可。层积期间应经常检查，以免术栽发芽和霉烂。

三、适时栽植

北方于 4 月上、中旬将沙藏的术栽取出，选形状整齐、无病虫害、芽头饱满、根群发达、表皮细嫩、顶端细长、尾部圆大的术栽作种，并按大小分级分别栽植；凡术栽畸形，顶部为木质化的茎秆，细根粗硬稀少，主根粗长和在低山熟地种的，则品质低劣，种植后生长不良，容易感染病害，不宜选择。栽植时，于畦内按行距 25～27 cm、株距 20 cm、挖深 6～7 cm 的穴，每穴放大术栽 1 个或小术栽 2 个，芽头向上，栽入穴内，覆土与地面平，稍镇压即可。

四、田间管理

（一）中耕除草

出苗以后要勤中耕除草，一般要进行 3～4 次，第一次可稍深，以后几次宜浅，封行后不再中耕。但遇大雨后，应及时疏松表土。

（二）追肥

一般追施 2～3 次。苗高 15 cm 左右时追第一次肥，每 667 m^2施硫酸铵 10 kg；第二次于现蕾期，每 667 m^2施腐熟粪肥 2 000 kg，加复合肥 10 kg。

（三）灌水与排水

栽植后若土壤水分不足或遇干旱，应及时浇水，以确保及时出苗。生长期间遇天气干旱，也要适时适量灌水。白术忌涝，雨季应注意及时排水防涝。

（四）摘蕾

7 月上、中旬白术现蕾时，除留种株外，应及时将蕾剪除，以减少养分消耗，促进根茎生长。

五、特殊管理

（一）摘除花蕾

为了促使养分集中供应根状茎促其增长，除留种株每株 5～6 个花蕾外，其余都要适时摘蕾，一般在 7 月中旬至 8 月上旬，即在 20～25 d 内分 2～3 次摘完。摘花在小花散开、花苞外面包着鳞片略呈黄色时进行，不宜过早或过迟，摘蕾过早，术株幼嫩，会生长不良，过迟则消耗养分过多。以花蕾茎秆较脆，容易摘落为标准。一手捏住茎秆，一手摘花，须尽量保留小叶，防止摇动植株根部，亦可用剪刀剪除。摘蕾在晴天，早晨露水过后进行，免去雨水浸入伤口，引起病害或腐烂。

（二）盖草防旱

白术种植于山地，因山地土壤结构较差，保水力弱，灌溉不便，在谷雨后和大暑前，白术地可盖鲜草一层，防止土壤水分过分蒸发，在平原地区，边进行盖草工作，另外，可用地膜法，即防旱又防杂草生长和病害发生。

（三）选留良种

在白术摘除花蕾前，选择术株高大、上部分枝较多、健壮整齐、无病虫害的术株为留种用，每株花蕾早而大的花蕾作种，剪去结蕾迟而小的花蕾，促使种产饱满。立冬后，待术株下部叶枯老时，连茎割回，挂于阳光充足的地方，10～15 d后脱粒，去掉有病虫害、瘦弱的种子，装在布袋或纸袋内贮存于阴凉通风处。如果留种数较多，不便将茎秆割回，可只将果实摘回放于通风阴凉处，干后将种子打出贮存，备播种用。

六、病虫害防治

白术的主要病害有四种，即立枯病、根腐病、白绢病和铁叶病。播种前用70%甲基托布津700倍液浸术栽防“四病”的同时，立枯病在白术齐苗后用20%敌克松600倍液或77%稳杀得800倍液喷洒预防；根腐病在5月中旬开始发病前用“高综合剂”700倍液或75%百菌清600倍液浇根防治；白绢病在5月下旬发病前用20%甲基立枯磷800倍液浇根预防，以上两种病在第一次施药后，每隔15～20 d施药预防一次，连喷4～5次，防效可达95%以上。铁叶病在4月中旬喷一次等量式波尔多液，或“高综合剂”700倍液后、加强田间检查，出现发病中心及时喷药防治。

白术害虫主要有蚜虫、蛴螬、金龟子等。蚜虫在每百株白术虫量达700头以上时，及时用40%乐果1 000倍液喷杀。防治蛴螬、金龟子和根蚜等地下害虫，播种时或结合施根茎肥时用50%辛硫磷、50%甲胺磷1 000倍液浇根防治，其他病虫害也要及时防治。

七、采收与加工

白术一般在10～11月，下部叶变黄，上部叶变脆易折断时收获。过早收获，干物质未充分积累，质嫩，折干率低；过晚易受霜冻，或新芽萌生，消耗养分。收获时选晴天，土壤干燥时，挖出全株，剪掉茎叶，去掉泥土，准备生晒或烘干。生晒需15～20 d，直至晒干，称生晒术。将白术大小分开，置烘房或火炕上。炕干时开始火力可猛些，掌握在75℃左右，待有水汽上升，白术表面开始发热时可将温度下降到60～70℃，经2～3 h后，将白术上下翻动一次，再继续烘5～6 h至八成干，在室内堆放7～10 d，再行烘干，直至翻动发出清脆的“喀喀”声。白术以个大、质坚硬、体重、断面色黄白、干燥、无须根、不油熟、无虫蛀、香气浓者为佳。每667 m^2可收鲜药材800～1 000 kg，加工干药材250～300 kg。

八、注意事项

科学育苗：白术在播种前翻土，覆盖杂草，烧土消毒，防止病虫害发生，将种子与沙土混合并加入新高脂膜播入田间，驱避地下病虫，隔离病毒感染，加强呼吸强度，提高种子发芽率。幼苗出土后用新高脂膜喷施在植物表面，防止病菌侵染，提高抗自然灾害能力，提高光合作用效能，保护禾苗茁壮成长。

合理管理：移栽时选择形状整齐、无病虫害、芽饱满的幼苗。并及时灌溉排水、合理施肥、中耕除草、摘除花蕾、盖草防旱，并适时喷施药材根大灵，促使叶面光合作用产物（营养）向根系输送，提高营养转换率和松土能力，使根茎快速膨大，药用含量大大提高，促使块茎生长肥大，提高产量。同时加强对病虫害的综合防治，并喷施新高脂膜增强防治效果。在秋末要做好越冬防寒保温工作，确保安全越冬，以保来年的丰收。

第四节　白芷栽培技术规程

白芷别名祁白芷、川白芷、杭白芷、香白芷等，为伞形科当归属植物。多年生草本,植株高大,达 2～2.5 m。根粗壮,圆锥形。茎粗大,中空,具细纵棱。喜温和湿润气候和阳光充足的环境,在荫蔽的环境生长不良。根可以入药,有祛病除湿、排脓生肌、活血止痛等功能。主治风寒感冒、头痛、鼻炎、牙痛、赤白带下、痛疖肿毒等症,亦可作香料。

一、选地与整地

白芷适应性很强,耐寒、喜温和湿润气候,属根深喜肥植物,在黏土、土壤过沙、土层浅薄地块中种植则主根小而分叉多,亦不宜在盐碱地栽培,应选择在土层深厚、土质疏松、肥沃的沙质土壤地块为宜。每 667 m^2 施厩肥或堆肥 3 000 kg,配方肥 30 kg,深耕 30～40 cm,做宽 1.2～1.5 m 的高畦或平畦。

二、种子繁殖

用当年新种子播种,隔年的种子发芽率低。春播一般在 4 月中下旬播种,一般采用条播,按行距 30 cm,开深 1～1.5 cm 的浅沟,将种子均匀播入沟内,覆土后稍加镇压,使种子与土壤紧密接触,浇水,温度在 25℃左右时,半月可出苗。每 667 m^2 用种子量约 1 kg。畦播,畦宽 100～200 cm,高 16～20 cm,畦面应平整,畦沟宽 26～33 cm;耕地前每公顷施堆肥草木灰 150 kg 左右。

三、田间管理

(一)间苗

苗高 5 cm 左右时,间除细弱和过密的苗;苗高 10 cm 时,按株距 15 cm 定苗。

(二)中耕除草

出苗后第一次只浅松表土,之后加强中耕除草,促使根系下扎;植株封垄后不再中耕除草。发现提早抽薹的植株应及时拔除。

(三)追肥

白芷是喜肥作物,施肥不适,常导致提前抽薹开花。所以苗期要控制肥水供应。6~7 月为白芷营养生长期,需要大量营养和水分,此时应开始追肥和浇水,每 667 m^2 施尿素 10 kg 并多施一些磷、钾肥,施肥后浇水。

四、病虫防治

主要病害有斑枯病,危害叶部,严重时叶片枯死,用 1∶1∶120 的波尔多液喷雾。主要虫害有黄凤蝶,幼虫为害叶片,用 90%敌百虫 800 倍液喷雾。

五、采收加工

白芷以根入药。春播的在当年 10 月采挖。割去地上部分,挖出根部,除去泥土晒干。每 667 m^2可收干货 250~300 kg,高产者可达 500 kg。

第五节　防风栽培技术规程

防风为伞形科多年生草本,以根入药,株高 50~70 cm,根粗壮垂直生长。全株无毛,主根粗长,表面淡棕色,散生凸出皮孔。根颈处密生褐色纤维状叶柄残基,成熟果实黄绿色或深黄色,长卵形,具疣状突起,稍侧扁。防风适应性较强,耐寒、耐干旱,喜阳光充足、凉爽的气候条件,适宜在排水良好、疏松干燥的沙壤上中生长,主要成分含珊瑚菜素、前胡内酯、防风酚、挥发油等。味甘、辛,性温。有解表、祛风除湿等功能。主治风寒感冒、头痛、发热、无汗关节痛、风湿痹痛、四肢拘挛、皮肤瘙痒等症,野生于草原、林缘、沙质土壤,耐寒、耐旱,忌过湿和涝。一般亩产 300~500 kg。

一、选地整地

防风是深根性植物,主根长可达50～60 cm,种植防风应选择地势高燥向阳、排水良好、土层深厚的、靠近水源、排水良好的沙质壤土最为适宜,土壤pH 5.5～6.0的耕地为宜。防风是多年生植物,秋整地,深翻,粗耙,同时需施足基肥,每667 m^2用厩肥3 000～4 000 kg及过磷酸钙15～20 kg,用旋耕机将肥料充分旋于土壤中。

二、播种

春播一般在4月中下旬,将种子在30～40℃水中浸泡48 h吸足水分后拌入三倍湿沙于适宜温度下催芽10～12天后播种或于种子刚裂开嘴时播种,机械播种,行距20 cm,播深2～3 cm。每667 m^2播种量1.5～2 kg。播种后至出苗前需保持土壤湿润,促使出苗整齐。

三、田间管理

(一)间苗

当苗高10～15 cm时按6～7 cm定苗,以留拐子苗为好。

(二)除草培土

及时除草防止草药齐长,一般于7～8月封垄,同时可施入硫酸铵20～25 kg催苗,当一年生防风生长较小时可在秋后一次培土,保护根部越冬,次年追施入过磷酸钙20～30 kg壮根。防风抗旱能力强,一般不需要浇灌。雨季应及时排水,防止积水烂根。

(三)除草并培土

6月前需进行多次除草,保持田间清洁。植株封行时,先摘除老叶,后培土壅根、以防倒伏;入冬时结合清理场地,再次培土以利于根部越冬。

(四)追肥

每年 6 月上旬或 8 月下旬需各追肥 1 次，用人粪尿、过磷酸钙或堆肥开沟施于行间。

(五)摘薹

二年生植株除留种外，发现出薹应及时摘除，以免消耗养分而影响根部发育及根木质化，失去药用价值。

四、病虫害防治

(一)白粉病

注意通风透光，增施磷钾肥，增强抗病力；发病前喷 0.2～0.3 波美度石硫合剂，生育期喷 50%甲基托布津可湿性粉剂 600～800 倍液，或 25%粉锈宁可湿性粉剂 800 倍液防治。

(二)斑枯病

可选用 70%代森锰锌可湿性粉剂或 77%可杀得可湿性粉剂 500 倍液，或 50%多菌灵可湿性粉剂喷雾防治，药剂应轮换使用，每 10 天喷 1 次，连续 2～3 次。

(三)根腐病

发现初期及时拔除病株，并在病株周围撒上石灰粉消毒。

(四)黄凤蝶

5 月开始危害，在防治上，用杀虫灯或捕虫网捕杀；幼龄期喷 80%敌敌畏乳油 1 000 倍液。

(五)黄翅茴香螟

现蕾开花期发生，在早晨或傍晚用 2.5%溴氰菊酯 3 000 倍液喷雾防治，每 10 天喷 1 次，连喷 2～3 次。

五、采收加工

秋冬季收，根据生长情况而定，根长 30 cm，粗 1.5 cm 以上时采收，采收过早产时低，采收过迟根部木质化，根部挖出后除净残留茎叶、泥土、晒到半干时去掉须根，按长短粗细分级捆成小把。晒干即可。要求以身干、无虫蛀、无霉变，无须根及毛头根条粗壮，断面皮色浅棕色，木质部浅黄色为优。

六、选留优种

选生长旺盛、没有病虫害的二年生植株。增施磷肥，促进开花、结实饱满。待种子成熟后割下茎枝，搓下种子，晾干后放阴凉处保存。另外，也可以在收获时选取粗 0.7 cm 以上的根条作种根，边收边栽，或者在原地假植，等明春移栽定植用。

第六节　穿山龙栽培技术

穿山龙别名穿地龙、穿龙骨、地龙骨等，为薯蓣科多年生草本药用植物，以根茎入药。具有活血舒筋、祛风止痛、止咳平喘等功效。

一、选地与整地

选地与整地，根茎主要分布于土壤土层，宜先取土壤疏松、肥沃的沙质壤土种植。每 667 m^2 施基肥 3 000～4 000 kg，深耕 30 cm，耙细整平，做宽 1.2～1.5 m 的畦。

二、育苗播种

(一)种子处理

播种前 1 个月以上，对种子进行沙藏处理。先将种子放入冷水中浸泡 48 h,然后捞出沥干水分,再与 3 倍于种子量的湿沙混合拌匀。沙子湿度以手握成团、松手散开为宜。拌均匀的种子装入透气袋中,在背阴高燥处,将种子摆在地上,用土将种子埋严,覆土 10～15 cm,播种前 10 d 左右取出种子,准备播种。

(二)播种方法

1. 撒播法

4 月下旬至 5 月上旬在做好的畦上均匀撒种,为使播种均匀,应将种子处理时拌的沙子与种子一同撒播,播后覆土 1～2 cm,用木板轻轻镇压,覆盖稻草 1～2 cm,以利遮阴保湿。

2. 条播法

在畦上开沟,行距 15 cm 左右,沟深 2～3 cm。将种子均匀撒入沟内,覆土 1～2 cm,覆盖稻草 1～2 cm,以遮阴保湿。

三、田间管理

(一)间苗与定苗

小苗出土后长至 10 cm 左右,生长出 3～4 片真叶时,应疏去过密的弱苗、病菌,保留强壮的幼苗,株距 5 cm。

(二)移栽

小苗生长 1 年后,于秋季地上植株枯萎后进行移栽,或在第 2 年春季化冻后移栽,按行距 40 cm、株距 30 cm 开沟摆苗,覆土 5 cm 后压实。

(三)中耕除草

对育苗田应做到见草就除,保持苗床无杂草。移栽田中的杂草要及时铲除,保持土壤疏松无杂草。

(四)搭架

当苗高 30 cm 时应及时搭架,可用 2 m 左右长的竹竿和树枝条作架枝，插在植株外侧处，将 4～5 个相邻的竹竿上端绑在一起，便于通风透光。当藤茎长到 2～2.5 m 时要摘心。

（五）病虫害防治

1. 病害

穿山龙苗高达到 15 cm 时，便缠绕在架条上生长；苗高达到 1 m 左右时，因雨量大、空气湿度高，易发生叶腐病，叶片呈烫状，使植株逐渐枯萎，应提早预防。小苗在生长期，每隔 10～15 d，叶面喷施 50%多菌灵 800 倍液，防治效果明显。

2. 虫害

小苗在生长期，危害幼苗的主要害虫有蝗虫、红毛虫，可用 2.5%功夫乳油 1 000 倍液喷雾防治。

四、采收加工

穿山龙种子繁殖需 5 年，根茎移栽需 3 年可采收。秋末冬初挖出根茎，洗净泥土，去掉外皮及须根，切段，晒干供药用。根茎粗长，含土黄色皂素 1.5%以上，质地坚硬的为佳。

第七节　丹参栽培关键技术

丹参为唇形科多年生草本植物的干燥根及根茎，别名血参、紫丹参、赤参、红根等。具有活血祛瘀、养血安神、消肿止痛、凉血消痈等功能。丹参分布广，适应性强，野生于林缘坡地、沟边草丛、路旁等阳光充足、空气湿度大、较湿润的地方。喜温和气候，较耐寒，一般冬季根可耐受－15℃以上的低温，生长最适温度 20～26℃，空气相对湿度 80%为宜。产区一般年平均气温 11～17℃，海拔 500 m 以上，年降水量 500 mm 以上。

一、选地与整地

丹参为根类药材，根系发达，应选择地势向阳、土层深厚疏松、土质肥沃、排水良好的沙质壤土栽种，黏土和盐碱地均不宜生长。忌连作，可与玉米、小麦等作物或非根类中药材轮作，或在果园中套种，而不适于与豆科或其他根类药材轮作。前茬作物收割后整地，深翻 30 cm 以上，翻地同时施足基肥，每 667 m^2 施农家肥 1 500～3 000 kg。耙细整平后，做成宽 80～130 cm 的高畦，雨水较少的地区可开平畦，并开好排水沟，利于排水。

二、繁殖方法

丹参的繁殖方法较多，主要有种子繁殖、分根繁殖、扦插繁殖等。这里我们将主要介绍种子繁殖和分根繁殖。

(一)种子繁殖

可育苗移栽或直播。

1. 育苗

丹参种子于 6～7 月间成熟，采摘后即可播种。在整理好的畦上按行距 25～30 cm 开沟，沟深 1～2 cm，将种子均匀地播入沟内，覆土，以盖住种子为度，播后浇水盖草保湿。用种量每 667 m^2 0.5 kg，15 d 左右可出苗。当苗高 6～10 cm 时间苗，一般 11 月份左右，即可移栽定植于大田。3 月中、下旬用种子按行距 30～40 cm 开沟条播育苗，种子细小，盖土宜浅，以见不到种子为宜。播后浇水盖地膜保温，半月后在地膜上打孔出苗可植大田，苗高 6～10 cm 时间苗，5～6 月可定植于大田。一般种子繁殖的生长期为 16 个月。

2. 直播

3 月份播种，采取条播或穴播。穴播行距 30～40 cm，株距

20～30 cm，穴内播种量 5～10 粒，覆土 2～3 cm。如果遇干旱，播前浇透水再播种，半月左右即可出苗，苗高 7 cm 时间苗。

(二)分根繁殖

栽种时间一般在当年 3 月中下旬，也可在前一年 10 月中下旬立冬前栽种，冬栽比春栽产量高，随栽随挖。

选种要选一年生的健壮无病虫的鲜根作种，侧根为好，根粗 1～1.5 cm，老根、细根不能作种。栽种时间一般在 3～4 月份，在准备好的栽植地上按行距 30～40 cm、株距 20～30 cm 开穴，穴深 3～5 cm，穴内施入农家肥，每 667 m^2 1 500～2 000 kg。将选好的根条切成 5～7 cm 长的根段，一般取根条中上段萌发能力强的部分和新生根条，边切边栽，大头朝上，直立穴内，不可倒栽，每穴栽 1～2 段，盖土 1.5～2 cm，压实。盖土不宜过多，否则妨碍出苗，每 667 m^2 需种根 50～60 kg。栽后 60 d 出苗。为使丹参提前出苗，并且增加丹参生长期，可用根段催芽法，于 11 月底至 12 月初挖深 25～27 cm 的沟槽，把剪好根段铺入槽中，约 6 cm 厚，盖土 6 cm，上面再放 6 cm 厚的根段，再上盖 10～12 cm 厚的盖土，略高出地面，可防止积水，天旱时浇水，并经常检查以防霉烂。第二年 3 月底至 4 月初，根段上部都长出了白色的芽，即可栽植大田。采用该法栽植，出苗快、齐，不抽薹，不开花，叶片肥大，根部充分生长，产量高。

三、田间管理

(一)中耕除草

采用分根繁殖法种植的，常因盖土太厚，妨碍出苗，因此，3～4 月幼苗出土时要进行查苗，如发现因盖土太厚或表土板结，应将穴土挖开，以利出苗。丹参生育期内需进行 3 次中耕除草，苗高 10～15 cm 时进行第一次中耕除草，中耕要浅，避免伤根。第二次在6月，第三次在7～8月进行，封垄后停止中耕。育苗地应拔草，以免伤苗。

（二）施肥

丹参在移栽时作基肥的氮肥不能施用太多，否则将会影响成活，即使成活，苗期也会出现烧苗症状。中期可施用适量氮肥，以利于茎叶的生长，为后期根系的生长发育提供光合产物。第一次除草结合追肥，雨天进行，一般以施氮肥为主，以后配施磷钾肥，如肥饼、过磷酸钙、硝酸钾等，最后一次要重施，以促进根部生长。第一、二次每667 m^2 可施腐熟粪肥1 000～2 000 kg，过磷酸钙10～15 kg或肥饼50 kg。第三次施肥于收获前2个月，应重施磷钾肥，促进根系生长，每667 m^2 施肥饼50～75 kg，过磷酸钙40 kg，二者堆沤腐熟后挖窝施，施后覆土。在丹参生长发育旺盛时期应施加适量的微肥。

（三）排灌水

丹参系肉质根，怕田间积水，故必须经常疏通排水沟，严防积水成涝，造成烂根。但出苗期和幼苗期需水量较大，要经常保持土壤湿润，遇干旱应及时灌水。

（四）摘花薹

除了留种株外，对丹参抽出的花薹应注意及时摘除，以抑制生殖生长，减少养分消耗，促进根部生长发育，这是丹参增产的重要措施。

四、病虫害防治

（一）根腐病

防治方法：选择地势高的地块种植；雨季及时排除积水；选用健壮无病种苗；轮作；发病初期用救腐愈600～700倍液浇灌；拔除病株并用石灰消毒病穴。

(二)叶斑病

防治方法:发病前喷1:(120～150)波尔多液,7 d一次,连喷2～3次;发病初期用50%多菌灵1 000倍液喷雾;加强田间管理,实行轮作;冬季清园,烧毁病残株;注意排水,降低田间湿度,减轻发病。

(三)根结线虫病

防治方法:选地势高燥,无积水的地方种植;与禾本科作物轮作,不重茬;建立无病留种田;每667 m^2用2%阿维菌素5 000倍液稀释,浇灌根部。

(四)蚜虫

防治方法:用10%吡虫啉1 000倍液喷雾,7 d喷1次,连喷2～3次。

(五)蛴螬、地老虎

防治方法:用50%辛硫磷乳油500倍液,浇灌根部。

五、留种技术

丹参花期为5～8月,一般顶端花序先开花,种子先成熟,但花序基部及其下面一节的腋芽萌动并不断生出侧枝和新叶,这样不断有新的花序产生,种子的成熟时期也不一致,这就要求采收种子时应分批多次进行,6月份花序变化成褐色并开始枯萎,部分种子呈黑褐色时,即可进行采收。采收时整个花序剪下,置通风阴凉处晾干,脱粒后即可进行秋播育苗。供春播用的种子应阴干贮藏,防止受潮发霉。

六、采收与加工

(一)采收

春栽于当年10～11月地上部枯萎或翌年春萌发前采挖。丹参根入土较深，根系分布广泛，质地脆而易断，应在晴天较干燥时采挖。先将地上茎叶除去，在畦一端开一深沟，使参根露出，顺畦向前挖出完整的根条，防止挖断。

(二)加工

挖出后，剪去残茎。如需条丹参，可将直径 0.8 cm 以上的根条在母根处切下，顺条理齐，暴晒，不时翻动，7～8 成干时，扎成小把，再暴晒至干，装箱即成“条丹参”。如不分粗细，晒干去杂后装入麻袋者称“统丹参”。有些产区在加工过程中有堆起“发汗”的习惯，但此法会使有效成分含量降低，故不宜采用。

第五部分
农业生产标准

第二十二章　绿色食品 日光温室黄瓜无土栽培技术规程

标准化生产是发展现代农业的重要标志之一，是农产品融入国内、国外两大市场的客观要求，本书将编者近年制定的有关省、市地方标准成果和两项部颁绿色农产品肥料、农药使用准则选编入书，以其指导农业规范化、标准化生产。

1　范　　围

本标准规定了绿色食品 日光温室黄瓜无土栽培的术语和定义、产地条件选择、育苗、轮作、基质配比、施肥、播种、田间管理、病虫害防治、收获及产品质量等技术。

本标准适用于承德地区绿色食品日光温室黄瓜无土生产，并可为其他地区作借鉴。

2　规范性引用文件

下列文件对于本文件的应用是必不可少的。凡是注日期的引用文件，仅注日期的版本适用于本文件。凡是不注日期的引用文件，其最新版本(包括所有的修改单)适用于本文件。

(NY/T 391)《绿色食品 产地环境质量标准》

(NY/T 393)《绿色食品 农药使用准则》

(NY/T 394)《绿色食品 肥料使用准则》

3 术语和定义

下列术语和定义适用于本标准。

3.1 无土栽培

不用天然土壤栽培作物，而将作物栽培在营养液中，这种营养液可以代替天然土壤向作物提供水分、养分、氧气、温度，使作物能够正常生长并完成其整个生命周期。可以分为基质培和水培两种。本标准中所指无土栽培为基质培。

3.2 基质

可以固定作物根系的固体物质，同时具有吸收营养液、改善根系透气性的特点。

4 产地环境条件

4.1 气候条件

无霜期在120 d以上，年活动积温在2 500℃以上。

4.2 环境条件

产地环境条件应符合NY/T391绿色食品生产的要求。

5 肥料和农药的使用原则和要求

5.1 肥料的使用原则和要求

允许和禁止使用的肥料种类按NY/T394执行。

5.2 农药的使用原则和要求

允许和禁止使用的肥料种类按NY/T393执行。

6 育 苗

6.1 品种选择

6.1.1 接穗选择

日光温室越冬茬和冬春茬黄瓜栽培，选择的品种必须具备耐低温、高湿、弱光、长势强、不易早衰，抗病性强的品种。如津优36、津优38、津典302、冬峰、雪豹等品种。春茬黄瓜栽培由于温度逐渐升高，所以在品种选择上应着重选择抗病性强的品种，如春冠5号、津优系列等。

6.1.2 砧木选择

砧木品种应选择嫁接亲和力、共生亲和力、耐低温能力强，生产出的瓜无异味，保持黄瓜品种的原有风味的砧木品种。目前普遍采用的是黑籽南瓜，但白籽南瓜更适合作为砧木材料。

6.2 种子处理

6.2.1 黄瓜浸种催芽

每667 m^2定植田需种子125～150g。用55℃水温汤浸种，并迅速用木棍搅拌，当水温降至30℃左右时，继续浸泡4～6 h，捞出经2～3次清洗后用纱布包起放置28～30℃条件下催芽。经36 h即可出芽播种。

6.2.2 南瓜浸种催芽

南瓜种子浸种催芽前先测定发芽率，一般南瓜种子千粒重250g左右，若选用芽率在90%左右的南瓜种子，667 m^2需播种量1∶5 kg。南瓜浸种、催芽方法基本与黄瓜相同。浸泡时间比黄瓜略长，需6～8 h，催芽时间需48～72 h。一般白籽南瓜播种时间应较黄瓜晚2～3 d，黑籽南瓜则应晚6～7 d。

6.3 育苗基质

可直接使用成品基质，也可自制育苗基质。配制方式如下：选用蛭石、草炭与充分腐熟的有机肥以 2∶4∶4 的比例混匀，1 m^3 基质加氮磷钾为 15∶15∶15 的复合肥 1 kg，加 70％多菌灵 150 g，与基质混匀后盖上薄膜闷 5～7 d，揭膜后晾 3～5 d 天可安全播种。

6.4　育苗方式

采用育苗盘育苗，撒播播种，育苗盘规格为(30～40) cm×(50～60) cm。

6.5　播种时间

不同茬口育苗时间不同。越冬茬适宜播种时间约为 8 月上中旬。冬春一大茬适宜播种时间约为 10 月上中旬。春茬适宜播种时间约为 12 月上中旬。

6.6　苗期管理

6.6.1　温度管理

苗期温度见表 1。

表 1　苗期温度管理

时期	适宜日温/℃	适宜夜温/℃
播种至齐苗	25～30	18～20
齐苗至嫁接	20～22	12～16
嫁接后 1～3 d	25～28	17～19
嫁接后 4～6 d	22～26	16～17
嫁接 7 d 后	22～28	12～14

6.6.2　水分管理

育苗前将育苗基质一次性浇透，到出苗前不再浇水。子叶平展后，若苗床出现缺水症状时，适量补水。

6.6.3　嫁接

6.6.3.1　嫁接前的准备

按 6.3 中配方的基质装于 10 cm×10 cm 营养钵中，整齐摆放备用。嫁接夹用 70％代森锰锌溶液浸泡消毒 40 min，捞出晾干待用;准备适量刀片;育苗床提前一天浇足水,保证起苗时土质疏松少伤根;搭好嫁接操作台。

6.6.3.2 嫁接时秧苗标准

黄瓜子叶展平,真叶显露,茎粗0.3～0.4 cm,株高7～8 cm。南瓜子叶展平,第一真叶半展开时,茎粗0.4～0.6 cm,株高8～9 cm。

6.6.3.3 嫁接方法

采用靠接法,去掉南瓜的生长点,用刀片在幼苗上部距生长点下0.8～1 cm处和子叶平行方向自上而下斜切一刀,角度35°～40°,深度为茎粗的1/2,刀口长0.6～0.8 cm。黄瓜苗距生长点1.2～1.5 cm处和子叶平行方向由下向上斜切一刀,角度30°～35°,刀口长0.6～0.8 cm,深度为茎粗的2/3,将黄瓜舌形切口插入南瓜的切口中,使两者的切口相互衔接吻合,接后黄瓜和南瓜子叶平行,黄瓜在上南瓜在下,用夹子固定后,栽入营养钵内,浇足水分,扣上拱棚。

6.6.3.4 嫁接后的管理

(1)温室度管理　嫁接完毕前3 d,白天保持25～28℃,夜间17～19℃,湿度95%～98%,出现萎蔫时适量遮阴,在保证不萎蔫的前提下尽量多见光。嫁接后4～6 d白天温度降至22～26℃,夜间16～17℃,湿度85%～90%,一般在13点前后给予遮阴1～2 h,其他时间可充分见光。7 d后进入正常管理,白天22～28℃,夜间12～14℃,逐步撤掉小拱,用70%安泰生喷洒一次,以防苗期病害发生。结合喷药,加入少量叶面肥,确保嫁接苗健壮。

(2)断根　一般在嫁接后12～13 d,在接口下1 cm处用小刀断掉黄瓜根。断根最好分两次完成,第一次先用扁口钳蘸70%安泰生溶液在断根部位捏一下,挤出汁来,第二天再彻底断掉。

(3)倒方,除掉南瓜侧芽　为改善光照条件,增加营养面积,需进行一次倒方。间距按20 cm×20 cm均匀摆开,结合倒方,将南瓜长出的侧芽及时去掉。

7 无土栽培槽建造及基质配方

7.1 栽培槽的建造

将地整平，利用红砖搭建宽 72 cm，高 36 cm 的槽，长度依温室跨度而定，槽底铺一层塑料薄膜，将基质与原土壤隔离。槽间保持约 70 cm 的距离。

7.2 基质配方

依据《土壤环境质量评价标准》(NY/T 391)，选用废弃的炉渣或重金属元素汞(Hg)≤0.30 mg/kg、镉(Cd)≤0.30 mg/ kg、铅(Pb) ≤50 mg/ kg、砷(As)≤20 mg/ kg、铬(Cr)≤120 mg/ kg 的尾矿渣将大颗粒筛除后，与成品草炭按 6∶4 的比例混合，按照 7.1 中所述的槽体大小，每槽添加充分腐熟的有机肥 50 kg，氮磷钾比例为 15∶15∶15 的复合肥 1 kg，充分搅拌均匀。

7.3 基质填充方式

将筛出的大颗粒炉渣或尾矿渣铺于最底层，厚度约 6 cm，在其上铺一层单层编织袋，然后再将混匀的基质填于槽内。使用3～5 年可全部更换一次。

8 定 植

8.1 定植前准备

首次种植的温室可直接进行定植。如需进行连作，则应进行高温闷棚，在前茬作物清除后，将槽内基质翻动一次，补充有机肥后浇透水，用废旧地膜覆盖，将温室棚膜盖严，闷 30 d 左右。定植前 3～5 d，将棚膜揭开，晾晒备用。

8.2 定植密度

畦面双行定植，行距 60 cm，株距 45 cm。

8.3 定植方法

采用水稳苗方法，先定植后覆膜。定植后10～15 d，充分缓苗后，覆上地膜。

9 田间管理

9.1 温度管理

定植后温度管理见表2。

表2 定植后温度管理

时期	适宜日温/℃	适宜夜温/℃
定植至缓苗	28～35	18～20
缓苗至根瓜坐瓜	20～22	12～16
盛瓜期	25～30	16～18

9.2 水肥管理

9.2.1 浇好前三水，首先要浇足定植水，促进缓苗。在定植后10～15 d，浇足浇透缓苗水，采用滴灌方式浇灌。至根瓜采收选择"冷尾暖头"的晴天上午浇第三水。

9.2.2 随着采瓜量的增加，及时补充养分。一般在第四水开始随水追肥，每667 m^2追磷酸二氢钾10 kg，以后每隔一次随水追氨基酸液肥1次，每次用量为200 mL/667 m^2，配合使用其他水溶性生物菌肥，同时适当叶面喷施钙肥及微量元素，最后一茬瓜采收前20 d停止追肥。

9.3 植株调整

当植株长到6～7片叶后开始甩蔓时，及时拉线吊蔓。在栽培行上方的骨架上拉12＃铁线，用聚丙烯捆扎绳吊蔓，上端拴在铁丝上，下端拴在秧苗的底蔓上。随着茎蔓的生长，茎蔓往吊绳上缠绕。并注意随时摘除老叶和落蔓。

10 病虫害防治

坚持“预防为主，综合防治”的植保方针，采用抗（耐）病虫品种，以农业防治为重点，生物（生态）防治与物理、化学防治相结合的综合防治措施。

10.1 农业防治

选用抗病良种，培育无病壮苗，加强栽培管理，培育健壮植株，清洁田园。采用豆科与黄瓜、叶菜与黄瓜、黄瓜与茄科等轮作换茬，减少中间寄主或初浸染源，创造适宜的生育环境条件，妥善处理废弃物，降低病源和虫源数量。

10.2 物理防治

黄板诱杀：每 20 m^2 悬挂 20 cm×20 cm 黄板一块。诱杀蚜虫、白粉虱。

防虫网：温室放风口处铺设防虫网，规格为 40 目。

杀虫灯：4 月中旬至 8 月底，温室外每 2 hm^2 挂设杀虫灯一盏。

10.3 生物防治

利用天敌诱杀害虫：天敌捕食螨捕食红蜘蛛、蓟马等；丽蚜小蜂捕食白粉虱。

10.4 化学防治

应使用符合 NY/T393 要求的农药，主要需防治的病虫害有：蚜虫、潜叶蝇、霜霉病、白粉病、灰霉病等。

11 采收及采后储运

11.1 采收

根瓜要及时采收以免坠秧，其他瓜条要在商品性最好的时机采收，并及时摘除弯瓜和畸形瓜等。

11.2 采后储运

采收后要及时包装、入库，避免二次污染。

第二十三章　绿色食品　灰树花（板栗蘑）仿野生栽培技术规程

1　范　　围

本标准规定了绿色食品　灰树花生产的产地环境条件、菌种及栽培袋质制作和仿野生关键技术。

本标准适用于冀北长城沿线板栗栽培区，并可为其他相近似地区所借鉴。

2　规范性引用文件

下列文件对于本文件的应用是必不可少的。凡是注日期的引用文件，仅注日期的版本适用于本文件。凡是不注日期的引用文件，其最新版本（包括所有的修改单）适用于文件。

GB 7096 食用菌卫生标准

GB 9688 食品包装用聚丙烯成型品卫生标准

GB/T 12533 食用菌杂质测定

NY/T391 绿色食品 产地环境技术条件

NY/T393 绿色食品 农药使用准则

NY/T528 食用菌菌种生产技术规程

NY/T749 绿色食品 食用菌

3　术语和定义

下列术语和定义适用于本标准。

3.1　仿野生

将人工驯养或培植的动植物，放在人为创造并模拟的野外环境下自然生长。本标准关键技术是培养料中板栗木屑超过50%，在板栗树下作畦栽培。

4　产地环境条件

4.1　环境条件

产地环境应符合NY/T391的要求。

4.2　气候条件

年平均气温7～14℃，无霜期125 d以上，年降水量400 mm以上。

4.3　土壤条件

以壤土、黄沙土为主的栗树栽培区，要求地势平坦，土层深厚、排水良好、土壤腐殖质含量较低、pH 5.5～6.5的东西向栗树行。

5　菌种及栽培袋制作

5.1　菌种制作

按照NY/T 528要求制作菌种。

5.2　栽培袋制作

5.2.1 所用菌料包装袋为耐126℃高温，符合GB 9688卫生规定的聚丙烯塑料袋要求。

5.2.2 培养料符合 NY/T 749 的规定。

5.2.2.1 阔叶树木屑 80%(其中板栗树木屑 50%以上)、白糖 1%、麦麸 16%、玉米芯 1%、硫酸钙 1%、石灰粉 1% 。

5.2.2.2 硬杂木屑 67%(其中板栗树木屑 50%)、玉米粉 10%、麦麸 10.5%、白糖 1%、石膏 1%、过磷酸钙 0.5%、山地土 10%。

5.2.2.3 硬杂木屑 65%(其中板栗树木屑 50%)、麦麸 20%、山地土(腐殖土)15% 。

5.2.3 培养料要搅拌均匀。操作时先将配方中的糖、石膏溶于水后掺入料中,充分搅拌均匀,含水量达到 60%~65%时,闷堆 1~2 h 后装袋。

5.2.4 培养料装袋,松紧度要适宜,袋壁要光滑,料面要平,扎口要紧。

5.2.5 常压灭菌,每锅装 3 000~5 000 袋为宜。用蒸汽使菌袋达到 100℃,持续 24 h,灭掉料中有害的杂菌。

5.2.6 在接种箱或无菌室内接种,将栽培袋、菌种、接种工具等放入接种箱内熏蒸消毒,接种人员按照无菌操作进行,菌种盖满培养料表面。

5.2.7 接种后的料袋,在清洁干燥事先消毒过的发菌室中避光培养,料温保持在 25±3℃ ,空气相对湿度控制在 70 %以下。定期通风,保证空气新鲜,发现杂菌污染要及时隔离处理。当菌丝长透料并开始爬上培养基表面,要给予散射光照, 以促使菌丝体扭结。

5.3　栽培袋质量要求

菌丝长势旺盛,无杂菌污染、无酸臭味。

6 仿野生关键技术

6.1 场地选择

在板栗树下选择树行内相对平整的非耕作场地栽培，要求水源充足，交通便利，通风良好，地势高、不积水，土壤选择腐殖质含量低的壤土、黄沙土。以东西向栗树行为好，以利建棚生产。

6.2 挖畦

畦为东西走向，长 2.5～5 m，宽 45～50 cm，深度随菌棒长度或直径而定，如菌棒长 17 cm 立栽，畦深为 25 cm；菌棒长 50 cm 直径 10 cm 横栽，单层摆放，畦深为 18 cm；双层摆放，畦深为 30 cm。畦间距 30～50 cm，行距 80～100 cm，畦做好后暴晒 2～3 d，畦内撒少许生石灰防治虫害，以见白为准。

6.3 定植

6.3.1 定植时间

冀北山区一般在 4 月中下旬，平均气温 15℃，5 cm 地温 10℃以上开始定植。

6.3.2 开袋入畦栽培

6.3.2.1 栽培前一天向畦内浇透水。

6.3.2.2 开袋在晴天无风的早晚进行，避免阳光直射菌袋。脱袋前将手和工具用 75％的酒精棉擦拭消毒，脱袋时用刀具将塑料袋剪开，取出菌棒入畦栽培。有被污染的菌棒，将霉变的部分去除即可。

6.3.2.3 脱袋后入畦栽培，紧密摆满，保持菌棒上面平整。菌棒直径 12 cm，单层直立紧密摆放，每平方米 65～70 个菌棒；菌棒直径 9 cm，双层横向每平方米摆放 24 棒为一组，单层横向摆放 12 棒为一组。

6.3.2.4 摆完菌棒后在畦四周筑成一圈宽 15 cm、高 10 cm 的土埂做护帮，然后把塑料布一边塞入菌棒和畦间隙中，另一边向上翻滚包住土埂，再用土压实。

6.3.2.5 菌棒表面覆土应选择干净湿润过筛后的耕层以下沙壤土。覆土分两次进行，第一次将菌棒间隙填满，把菌棒全部盖住，厚度约 1.5 cm，浇一次水，将覆土层浇透，不要浇大水，防止菌棒浮起；待水渗后进行第二次覆土，进一步将菌棒间隙填满，保持覆土厚度 1.5～2 cm，浇第二次水，调整土壤水分含量，浇水时掌握少量多次原则，在 1～2 d 内把土层湿度调到适宜湿度，以用手捏土粒成团又不黏手为准。

6.3.2.6 调整好土壤含水量后，土层上铺一层核桃大小的石子，间隙 3～5 cm，以减少浇水时泥土溅到菇柄上。

6.4 搭建出菇棚

出菇棚分为拱型和坡型两种形式。

6.4.1 坡棚搭建

坡面朝南，先在畦北面用木条间隔 1.5 m 一根插在地上作为支柱，支柱高 50～60 cm，上用一根横杆固定在支柱顶端作为支架，再用木条在出菇棚南面间隔 30～40 cm 将木条一头插入地下，另一头搭在支架上固定好，上面铺一层塑料布，塑料南面直接落在地上用土压实，出菇棚北面和两侧塑料布垂到地面上，不要固定，最后在出菇棚坡面压上草苫。

6.4.2 拱棚搭建

使用竹片间隔 50～60 cm 一根，把两头分别插在畦的南北两侧土埂上固定好，使竹片形成拱形，后在拱上盖塑料布，南面塑料布用土压实固定，北面不固定，拱棚两端留有通风口，在拱棚上铺上草苫，拱棚南面草苫要落在地上盖严，北边的草帘子要高于地面 20～30 cm。

6.5 出菇管理

6.5.1 出菇前管理

6.5.1.1 温度管理

一般定植后 10 d 内，每天中午通风 1～2h，温度控制在 10～

15℃；10 d后，每天中午通风2～3 h，温度控制在15～20℃；出菇前7～10 d时，温度保持在20～26℃，每天通风3～4 h。

6.5.1.2 湿度管理

采用通风和浇水的方法控制棚内土壤湿度和空气湿度。一般栽培覆土后10 d内不能浇大水，要根据土壤湿度每天适当喷水，喷水量以保持地面不干燥为准，棚内空气相对湿度控制在60%～70%；覆土10 d以后2～3 d浇一次水，提高棚内空气湿度，浇水量控制在水面没过石子，水很快渗完为好，使棚内空气相对湿度达到70%～80%；出菇前7～10 d时，要每天浇水一次，使地表保持相对湿润，棚内相对湿度在80%～90%。

6.5.2 出菇后管理

6.5.2.1 温度管理

在4月气温不高时要少通风，菇棚以保温为主，太阳落山前要盖严草帘和塑料布，5月份后逐渐进入高温高热期，要以降温为主，多通风，当棚内温度超过25℃时，采取加遮阳网、浇水和通风等措施降温，棚内温度达到30℃以上时，就要在出菇棚上加覆盖物或喷水降温。

6.5.2.2 湿度管理

在菇蕾刚形成阶段，以喷水为主，出菇后每天向棚内喷水3～4次，相对湿度控制在80%～95%，不能直接向菇蕾上喷水，避免把菇蕾上的黄水冲掉，一般经过3～5 d栗蘑分枝长大后才可以在菇体上喷水。如遇干旱天气，每天中午浇一次大水，畦内不能积水，更不能淹没栗蘑。采收前1～2 d不能向菇体喷水。

6.5.2.3 光照管理

栗蘑在菇蕾形成后就需要较强的散射光，生产中可通过调节通风口大小控制棚内光照强度，在菇蕾形成初期，使棚内光强达到150～300 lx。栗蘑分枝进入到子实体形成阶段，光照强度可以增加至300～500 lx。

6.5.2.4　CO_2/O_2管理

从菇蕾形成后，栗蘑对氧气需求量增加，要加大通风量，每天早晚各通风 2～3 h，应结合湿度控制来进行通风，在低温大风天气少通风，浇大水前后、无风天气要多通风，菇蕾形成的初期少通风，在 3～5 d 后菇体生长期多通风，通风要避免强风直接吹到菇体上。

6.6　采摘

6.6.1　成熟期确定

栗蘑从菇蕾形成到采收的时间会因温度差异而有所不同，要根据子实体生长情况而定，一般八分熟就要采收，要成熟一朵采摘一朵。

6.6.2　采收标志

确定采收时期的方法有两种，一种是辅助标志，一种是永久标志。

6.6.2.1　辅助标志

菌盖外缘有一轮小白边，这就是菌盖的生长点，当生长点界限不明显，边缘稍向内卷时就可以采摘，对于颜色浅的菇体则参照永久标志。

6.6.2.2　永久标志

栗蘑幼时菌盖背面为光滑白色，在成熟后菌盖背面会形成菌孔，以栗蘑刚形成菌孔为永久标志，作为最佳采收时期。

6.6.3　采摘方法

采摘时要尽量保证栗蘑完整，方法是将两手伸平插入栗蘑底下的根部，然后双手用力向上抬起，栗蘑根部就会断开，采下后再用刀将黏在栗蘑上的泥土等杂物去掉，小心放入容器内即可。

6.7　采后管理

栗蘑一般出菇 3～4 潮。所以每次采收后，要清理好菇畦，不要损坏栗蘑根部，要在根部铺上一层新土，采摘后的菌畦，3 d 内不要浇水，要让菌丝自然恢复生长，在停水 3 d 后可以浇一次大水，水可以浇到畦深的一半，接下来按出菇前的方法进行管理，15～20 d 后就会出下一潮菇。

6.8　病虫害防治

6.8.1　杂菌污染处理

夏季高温季节，尤其是在第一潮菇采收后易受杂菌污染，可向污染处直接撒上生石灰杀菌。

6.8.2　病虫害防治

允许和禁止使用的农药种类按 NY/T393 执行。使用农药时可向出菇棚四周喷洒，禁止直接向菇体喷洒农药。

第二十四章　绿色食品 月光枣栽培技术规程

1　范　围

本标准规定了绿色食品　月光枣栽培的产地条件选择、肥料和农药使用的原则和要求、育苗、建园、土肥水管理、整形修剪、花果管理、病虫害防治。

本标准适用于承德枣栽培区,并可为其他相近似地区所借鉴。

2　规范性引用文件

下列文件中对于本标准的引用是必不可少的。凡是注日期的引用文件,仅注日期的版本适用于本标准。凡是不注日期的引用文件,其最新版本(包括所有的修改单)适用于本标准。

(NY/T391)《绿色食品　产地环境技术条件》

(NY/T393)《绿色食品　农药使用准则》

(NY/T394)《绿色食品　肥料使用准则》

3　产地条件选择

3.1　环境条件

产地环境符合 NY/T391　绿色食品　产地环境技术条件要求。

3.2　气候条件

年平均气温 8～14℃，无霜期 130 d 以上，年降水量 400 mm 以上。

3.3　土壤条件

pH5.5～8.5 沙土、壤土、黏土均可栽培。

4　肥料和农药使用原则和要求

4.1　肥料使用原则和要求

允许使用和禁止使用肥料的种类按 NY/T394 执行。

4.2　农药使用原则和要求

允许使用和禁止使用农药的种类按 NY/T393 执行。

5　育　苗

5.1　苗圃地选择

苗圃地选择符合本标准第 3 章要求的前提下，选择交通便利，无危险性病虫害，不重茬、连作的土地。

5.2　砧木苗的培育

5.2.1　种子

砧木种子采用酸枣仁，选用充分成熟的果实，去除果肉、杂质，洗净种子并阴干、机械脱壳。种子纯净度 95%以上，发芽率 80%以上。

5.2.2　整地

播种前进行耕翻和精细整地，施足底肥(每 667 m^2 施腐熟有机肥 4 m^3)，整平作畦。

5.2.3　播种

播种时间一般在 4 月上旬至 4 月下旬为宜。播种量每667 m^2

3～4 kg。

5.2.4　播种方法

采用宽窄行播种，窄行行距 30 cm，宽行行距 60 cm，播种沟深 1～2 cm，播种后覆土，并覆盖地膜。

5.2.5　定苗

幼苗长到 5～7 片真叶时，按株距 15 cm 进行间苗、补苗，补栽苗木后立即浇水。留苗量 9 500 株/667 m^2。

5.2.6　中耕除草

浇水和雨后，中耕除草。

5.2.7　追肥

定苗时，结合灌水追肥，第一次追施尿素每 667 m^2 7.5～10 kg，第二次追肥应在 6 月下旬至 7 月上旬，追施复合肥 15～20 kg/667 m^2，雨季注意排水，后期控水控肥。

5.2.8　摘心、断根

苗高 30 cm 以上时进行摘心和断根。

5.3　嫁接

5.3.1　接穗采集

选择品种纯正、生长健壮、无病虫害的月光枣作为采集母株，选用发育充实、芽体饱满、无病虫害的一年生枣头为接穗，于萌芽前的休眠期进行采集。

5.3.2　接穗处理

采集的接穗剪成单芽枝段，选用高熔点石蜡进行蜡封，蜡液温度为 90～95℃，封蜡后，放在 1～5℃的冷库、地窖中贮存。

5.3.3　砧木

砧木地茎 0.4 cm 以上。也可利用野生酸枣做砧木，就地嫁接。

5.3.4　嫁接时期与方法

嫁接时期 4 月中旬至 5 月中旬为宜，嫁接位置距地表 3～

4 cm。采用劈接、腹接等方法。

5.3.5　检查成活率、解绑

嫁接 20～30 d 后检查成活率，并进行补接。苗高 40 cm 左右时解除绑缚物。

5.3.6　除萌、立支柱

及时除萌，一般需除萌 2～3 次。当苗木高度 40 cm 左右时立防风柱绑缚新梢。

5.3.7　中耕除草

及时铲除杂草，灌水、雨后疏松土壤。

5.3.8　肥水管理

7 月以前追肥两次，第一次追施尿素 10～15 kg/667 m^2，第二次追施复合肥 15～20 kg/667 m^2，结合施肥浇水。

5.4　苗木出圃

在秋季落叶后至土壤结冻前进行，起苗前进行灌水，保持根系完整、不劈裂、不失水、茎干无机械损伤。

5.5　苗木分级

出圃时按分级要求进行分级，详见表 1。

表 1　苗木分级

项目	苗高/m	地茎粗/cm	主根长度/cm	侧根长度/cm	侧根粗度/mm	侧根数量/条	整形带内饱满芽数量/个	其他
一级苗	≥1.2	≥1.5	≥20	≥20	≥2	≥6	≥5	接口愈合良好，无病虫为害，茎干无机械损伤
二级苗	≥1.0 <1.2	≥1.0 <1.5	≥20	≥15	≥2	≥6	≥5	

5.6　苗木检疫

在分级同时按照《植物检疫条例》进行苗木检疫。

5.7　苗木包装、运输

苗木按规格每50株一包装，注明产地、品种、数量和等级。运输途中注意检查，及时补水保湿。

5.8　苗木保管

苗木不立即栽植的应进行假植或在0～4℃冷库中贮存。

6　建　园

6.1　园地选择

园地选择符合本标准第3章要求的前提下，选择交通便利，无危险性病虫害，不重茬、连作的土地。

6.2　栽植密度

平地，株距1.5～2 m，行距3～4 m。山地等高线栽植，株距2～3 m，行距3～4 m。

6.3　整地

秋季进行沟状或穴状整地，沟状整地规格为(宽×深)(60～80 cm)×60 cm，穴状整地规格为(长×宽×深)60 cm×60 cm×60 cm；挖出的表土与底土分开堆放，挖好后，按每株30 kg有机肥和表土混合后回填，填至沟、穴将平时浇透水沉实。

6.4　栽植时期

土壤解冻后至萌芽期进行。

6.5　苗木处理

栽植前将苗木根系浸水12～24 h，进行根系修剪、消毒和促根处理。

6.6　栽植方法

按照定植株行距，在回填好的沟、穴中间挖定植穴，栽植时应使苗木根系舒展，栽植深度以苗木根茎与地面相平为宜，栽后踏实、灌水、覆盖地膜。

6.7　定干

栽植后在饱满芽处定干，干高 60～80 cm，套塑料筒保温保湿。

7　土肥水管理

7.1　土壤管理

幼树期行间间作矮秆作物。结果期采用行间带状生草管理，行间种植禾本科、豆科类浅根性牧草，刈割后覆盖树盘内。

7.2　施肥

7.2.1　基肥

以有机肥为主，化肥为辅。果实采收后尽早施入，秋季没有施基肥的枣园，在春季土壤解冻后补施。施肥方法为环状沟施或放射状沟施，施肥量为施腐熟有机肥 2～3 m^3/667 m^2。

7.2.2　追肥

追肥时期为萌芽前、果实膨大期，生长前期以氮肥为主，生长中后期以磷钾肥为主。适宜的施肥量为每产 100 kg 鲜枣施纯氮 1.6～2 kg，五氧化二磷 0.9～1.2 kg，氧化钾 1.3～1.6 kg。施肥方法为多点穴施，施肥后浇水。

7.2.3　叶面喷肥

花期喷施 0.3％尿素加 0.2％硼砂水溶液或者氨基酸叶面肥 500 倍液两次，花后至采收喷 0.2％～0.3％尿素加 0.2％～0.3％磷酸二氢钾溶液或氨基酸液肥 500 倍液 3～4 次。可结合喷药进行。

7.3　灌水和排水

7.3.1　灌水

根据墒情每年灌水 2～3 次，土壤含水量低于田间持水量 60％时需灌水，落叶至土壤封冻前灌冻水。

7.3.2　排水

雨季前疏通果园内外排水沟，雨季及时排水。

8　整形修剪

8.1　修剪原则

整形修剪应有利于早成花、早结果、早丰产、成形快、高产、稳产、优质。

8.2　树形

8.2.1　自由纺锤形

在直立的中心干上，均匀地排布 12～15 个结果枝组，干高 50～70 cm，主枝基角为 80°～90°，树高 2.5 m 左右。整形时在距地面 50～70 cm 处，选择角度大、生长健壮的枝条自下而上培养枝组，结果枝组下强上弱，下大上小。培养时可采用二次枝重短截、夏季摘心、拉枝等措施，主干上枝组 3～5 年更新复壮一次，更新时，在枝组基部 6～10 cm 处重截，培养新枝组。

8.2.2　小冠疏层形

有中心干，全树 5～8 个主枝分 2～3 层着生在中心干上，第一层 2～3 个，第二层 1～2 个，第三层 1～2 个，主枝上不设侧枝，直接培养大中型枝组，干高 50～70 cm，主干直立，树高 2.5 m 左右。整形时在距地面 50～70 cm 处，选留 3 个长势均匀，角度适宜（基角 45°～60°），方位好，层内距 10～20 cm 处的枝条培养为第一层主枝；距第一层主枝 70～80 cm 处选留 2～3 个枝条作第二层主枝；第三层距第二层 50～60 cm，选一个枝即可，在 1、2、3 层上直接培养大、中、小结果枝组。

8.3　修剪

8.3.1　幼树期修剪

增强树势，加速分枝，迅速形成树冠。第 2～3 年根据树势定干，剪口下第一个二次枝疏除，促发中心干生长。多留枝、少疏枝，促使树冠的形成。

8.3.2　结果期修剪

更新枝组，改善通风透光条件，稳定产量，提高品质。疏除重叠枝、衰弱枝、徒长枝、枯死枝等。回缩更新复壮枝组。

9　花果管理

9.1　枣园放蜂

将蜂箱均匀地放在枣园中，每 667 m^2 一个，枣园放蜂期间，严禁使用对蜜蜂有害的农药。

9.2　花期喷水

盛花期喷水 2～3 次，一般间隔 1～3 d 喷水 1 次。

9.3　花期喷肥或植物生长调节剂

盛花期喷施 500 倍液植物氨基酸溶液或赤霉素(GA_3)15 ～30 mg/ kg、0.05％～2％的硼砂混合水溶液 1～2 次，间隔 5～7 d 喷一次。

9.4　抹芽摘心

春季萌芽后对无生长空间的新枣头进行抹芽，成龄树枣头留 2～6 个二次枝进行摘心，二次枝随生长随摘心。

9.5　防止采前落果、裂果

果实膨大期开始连续喷施 500 倍液植物氨基酸水溶液或 0.3％氯化钙水溶液，间隔 15～20 d 一次。注意后期排水防止裂果。

9.6　采收时期

根据用途、运输条件等确定适宜采收期。

9.7　采收方法

人工采摘，带果柄采摘，轻拿轻放，保证果实无损伤。

10　病虫害防治

10.1　防治原则

贯彻“预防为主，综合防治”的方针，采取农业防治、生物防治、物理防治与药物防治相结合，科学使用化学防治技术，有效控制病虫危害。

10.2　农业防治

加强管理，增强树势，提高抗病虫能力。采取刮除粗翘皮，剪除病虫枝和烂枣，清除枯枝落叶，封冻前翻树盘扬土灭茧，科学肥水、花果管理等措施抑制病虫害的发生。

10.3　物理防治

根据害虫生物特性，采取人工捕杀，糖醋液、树上挂黄板、树干涂粘虫胶、树干绑草绳和黑光灯或频振式杀虫灯等方法诱杀害虫。

10.4　生物防治

人工释放赤眼蜂和捕食螨，保护瓢虫和草蛉等天敌，利用性激素诱杀成虫或干扰成虫交配，使用苏云金杆菌制剂、农用链霉素、农抗 120 等生物制剂防治病虫害的发生。

10.5　化学防治

符合 NY/T393 规定的要求。

10.6　主要虫害防治

10.6.1　桃小食心虫

农业措施防治：土壤结冻前，翻开距树干 50 cm、深 10 cm 的表土，撒于地表，使虫茧受冻而亡。土壤解冻后到幼虫出土前，挖捡越冬茧，集中烧毁。捡拾蛀虫落果，集中堆沤、熟煮或作饲料。春季树干周围半径 100 cm 之内地面覆盖地膜，抑制幼虫出土、化蛹、羽化。利用桃小性诱剂捕杀。

化学防治：枣芽萌动期（4 月上中旬）和老熟幼虫脱落前（7 月

中旬)地面喷施2.5%溴氰菊酯1 000～2 000倍液。树上喷药在成虫羽化产卵和卵孵化期进行,选用25%灭幼脲3号1 000～2 000倍液、2.5%溴氰菊酯1 000～2 000倍液或0.3%苦参碱植物杀虫剂1 500倍液。

10.6.2 金龟子

农业防治措施:深翻树盘或全园,破坏越冬场所,杀死越冬害虫。成虫发生期,利用假死习性,人工捕杀,利用其趋光性,挂黑光灯诱杀。

10.6.3 红蜘蛛

农业措施防治:刮树皮、绑草消灭越冬成虫。出蛰期树干涂油环、粘虫胶等防止越冬成虫上树为害。

化学防治:萌芽前喷施3～5波美度石硫合剂,幼螨孵化盛期喷施5%尼索朗乳油2 000倍液、15%哒螨灵乳油3 000倍液或20%螨死净2 000～3 000倍液。

10.7 主要病害防治

10.7.1 枣锈病

农业措施防治:叶面追肥,增强树势。清除落叶,集中烧毁。

化学防治:7月上旬喷施200～300倍液波尔多液、50%多菌灵500～800倍液或25%粉锈宁可湿性粉剂1 000～1 500倍液等交替使用,10～15 d一次。

10.7.2 枣裂果病

合理修剪,改善通风透光条件。雨季注意排水。树盘内覆草或地膜。7月下旬喷施氯化钙、硼砂水溶液,间隔10～15 d一次。

10.7.3 枣疯病

农业措施防治:加强管理,壮树抗病。清除疯枝、病株,消灭病原。加强检疫,应用无病毒苗木。

化学防治:吡虫啉防治叶蝉类病毒传播媒介。采用祛疯1号对树干输液。

第二十五章　绿色食品 板栗根床生态调控技术规程

1　范　　围

本标准规定了绿色食品　板栗根床生态调控技术的术语和定义、产地环境条件、肥料和农药使用的原则和要求、根床生态调控、整形修剪和病虫害防治。

本标准适用于承德板栗栽培区，并可为其他相近似地区所借鉴。

2　规范性引用文件

下列文件对于本文件的应用是必不可少的。凡是注日期的引用文件，仅注日期的版本适用于本文件。凡是不注日期的引用文件，其最新版本（包括所有的修改单）适用于本文件。

NY/T391《绿色食品　产地环境技术条件》

NY/T393《绿色食品　农药使用准则》

NY/T394《绿色食品　肥料使用准则》

3 术语和定义

下列术语和定义适用于本标准

根床生态调控是利用根系的趋水趋肥性，通过水肥定向供应，在特定的有限空间内，形成适宜果树生长的良好水肥条件，从而限制根系在一个可控的范围内获取足够的植物水肥营养，控制根系的生长来调节地上部与地下部，营养生长与生殖生长的关系，减少无效灌溉与无效施肥的高产高效栽培技术。

4 产地环境条件

4.1 环境条件

产地环境符合 NY/T391 条件要求。

4.2 气候条件

年平均气温 8～15℃，无霜期 130 d 以上，年降水量 400 mm 以上。

4.3 土壤条件

pH 5.5～6.8 微酸性的壤土、沙壤土、砾质壤土。

5 板栗根床生态调控

5.1 根床穴施

5.1.1 扩穴时期

春季土壤解冻后至萌芽前或果实采收后进行扩穴。

5.1.2 土壤条件

根床生态调控的土壤要求为以花岗岩、片麻岩为成土的壤土、沙壤土、砾质壤土的果园。

5.1.3 扩穴

自树冠投影边缘向内，依据地势，顺树行向均匀的挖 2～4 个长、宽、深均为 50 cm 左右的根床穴。

5.1.4 铺膜

在穴底、穴外侧、穴两边和穴顶铺设 90 cm 宽不透水的可降解塑料膜。穴顶膜在填入肥料混合物后在铺设压严。

5.1.5 填入有机无机混合物

按照每株施羊粪 12 kg（也可用腐熟的牛粪或猪粪等），扎碎的秸秆或杂草 8 kg，并施入磷酸二铵 1.5～2 kg、一定量的微量元素（铁、硼、锰、锌等）与部分回填土均匀混合，回填到穴中。使用肥料的种类符合 NY/T394 要求。

5.1.6 灌水

填入有机无机混合物后，灌足水浸泡 1 d。

5.1.7 覆盖

灌水 1 d 后，用回填土将穴填满、压实、整平，用膜把穴顶部覆盖好，用土压实。

5.2 水分管理

5.2.1 常规管理

生长季灌水时把根床穴顶薄膜掀开，使水分渗进根床穴中。

5.2.2 滴灌

有条件的可使用滴灌。滴灌管顺树行铺设，可垂直插入地下或环绕树体铺设，滴灌管出水部位与穴施根床部位一致，根床穴施肥料与滴灌配合，使水肥供应有机结合起来，在植物地下形成特定区域的保水保肥根床。

5.3 叶面喷肥

花期喷施 0.3%～0.5%硼肥和 0.3%～0.5%尿素，果实膨大期喷施 0.3%磷酸二氢钾或 500 倍液植物氨基酸液肥。

6 整形修剪

6.1 修剪时期

修剪分为冬剪(休眠期修剪)和夏剪(生长期修剪)。冬剪时间是落叶后到翌年春季萌芽前;夏剪时间为5月至9月。

6.2 树形和结构

6.2.1 自然开心形

此树型易于培养和管理,通风透光条件好,是板栗生产上应用的主要树形,其技术要求为:

a)干高60～80 cm;

b)主干上分生主枝2～5个;

c)每主枝上着生侧枝2～3个。

6.2.2 疏散分层形

此树型树冠较大,适宜在中密度或稀植栗园中采用,其技术要求为:

a)干高80 cm左右;

b)主枝4～6个,分2层,第一层3～4个,第二层2个;

c)层间距1.5～2.0 m,每个主枝上着生1～3个侧枝。

6.3 修剪原则及技术要求

6.3.1 修剪原则

根据板栗树喜光和壮枝顶端结果的特点,采取拉枝开角、刻芽、疏枝、回缩、摘心、短截相结合的方法,维持树体平衡,保障通风透光,促进立体结果。

6.3.2 幼树

采取疏除细弱枝、短截发育枝的方法培养骨干枝,迅速扩大树冠,搞好夏季修剪,促进早结果、早丰产。

6.3.3 结果树

处理好营养生长与生殖生长的关系。树冠外围枝条年生长量在 30 cm 以上，粗度 0.5 cm 以上，结果尾枝上的饱满芽 3 个以上，保持较强的连续结果能力，采用“疏、缩、截、缓”相结合的方法进行实膛清码连年修剪，合理配置结果枝组，及时调整骨干枝，结果树适时落头，控制树高，平地栗园树高要低于行距，围山转栗园树高可略大于行距，保持园内良好的通风透光条件，树冠下光点面积不低于 20％，结果母枝留量因品种而异，一般每平方米树冠投影面积留母枝 6～12 个。

6.3.4 衰老树

根据衰老程度，采取更新修剪方法，轮替回缩骨干枝，充分利用骨干枝后部娃枝更新树冠，复壮树势，恢复结果。

6.3.5 夏季修剪

及时疏除无用的徒长枝和密挤枝，发育枝和留下的徒长枝摘心，采用支、拉、坠的方法，开张骨干枝角度，使角度达到 50°以上，调整好骨干枝方位，保持树体结构合理，树势平衡。

6.4 疏雄

5 月中旬，枝条顶部混合花序伸出，下部雄花序长 5 cm 左右时，人工摘除雄花序 70％～80％，保留树冠顶部、枝条顶端少量雄花序，以保障正常授粉。

7 病虫害防治

7.1 病虫害防治原则

坚持“预防为主，综合防治”的原则，及时进行病虫预测预报，农业措施、生物措施、物理方法、化学方法相结合，注重生产与环境的和谐统一。

7.2　农业措施

应用根床生态调控技术，培育无病壮苗，培育健壮植株，增强树势，提高树体抗病虫能力。加强栽培管理，清洁田园，创造适宜的生育环境条件，妥善处理废弃物，降低病源和虫源数量。

7.2.1 冬春清洁栗园：剪除病虫枝条，刮除骨干枝上的翘皮，并集中销毁。

7.2.2 对一些虫体较大易于辨认的害虫，应及时抹除虫卵，剪除病枝，对成虫进行人工捕捉。

7.2.3 4 月下旬开始每公顷设置 1～3 个频振式黑光灯，诱杀栗透翅蛾、桃蛀螟等趋光性害虫成虫。

7.3　生物防治

7.3.1　保护、利用天敌治虫

充分利用生物物种间的相互关系，少用或不使用化学药剂，保护板栗害虫的天敌，以虫治虫，如用中华长尾小蜂、跳小蜂防治栗瘿蜂；用瓢虫、捕食螨、中华草蛉防治板栗红蜘蛛，最大限度的维持栗园生态平衡。

7.3.2　利用生物源农药防治病虫害

依据病虫测报，对可能发生危害的病虫，使用生物源农药及时除治，并注意轮替用药。

7.4　化学防治

农药的使用按《绿色食品　农药使用准则》NY/T393 规定执行。

7.5 绿色板栗主要病虫害防治方法。见附录 A。

7.6 绿色板栗主要病虫害防治允许使用的低毒农药。见附录 B。

附录 A 主要病虫害防治方法

防治对象	危害症状	药剂及剂量	防治时期和方法
栗透翅蛾	枝干皮层被害处流出树液，树皮隆起，慢慢干死脱落，伤疤不能愈合		1. 8月树干涂白，防止产卵 2. 8～9月人工刮皮，集中烧毁 3. 避免枝干机械伤害 4. 8～9月里黑光灯诱杀成虫
栗红蜘蛛	叶面呈现灰白色小斑点，受害严重的叶片失绿成灰白色，早落	依维菌素 3 000～3 500 倍液或硫悬浮剂 300～400 倍液	防治指数：当虫口密度在 200 头/百叶时开始防治。5 月中旬叶面喷洒
栗瘿蜂	新梢、叶片受害处形成瘿瘤，其瘤前期绿色，后期变黄褐至干枯，枝上的瘤冬季不落		1. 推广抗虫品种 2. 连年精细修剪，彻底剪除虫枝 3. 保护利用寄生蜂
木橑尺蠖	叶片缺刻，严重时全部食光	灭幼脲 800～1000 倍液	1. 早春树干周围挖蛹 2. 8月上、中旬进行防治，叶面喷洒 3. 5～8月黑光灯诱杀成虫

续附录 A

防治对象	危害症状	药剂及剂量	防治时期和方法
桃蛀螟	蓬皮、蓬刺有蛀食斑痕,果实蛀食,虫蛀孔较大,栗仁被蛀处有大量虫类	灭幼脲 800～1 000 倍液	1.8 月上、中旬叶面喷洒。 2. 适时采收。 3. 及时脱粒。 4. 5～8 月份黑光灯或糖醋液诱杀成虫。
栗胴枯病	危害枝干皮层,初期部分呈红褐色、内部湿腐,以后病皮干缩凹陷	石硫合剂 300～400 倍液或果富康 400～500 倍液	1. 加强土肥水管理,增强树势。 2. 严格检疫。 3. 3 月上旬至 4 月上旬,刮除病皮,深达木质层,涂药。

附录B 允许使用的低毒性农药

通用名	剂型及含量	主要防治对象	施用量（稀释倍数）	施用方法	最后一次施药距采果的天数（安全间隔期）	使用次数	实施要点及说明
毒死蜱	48%乳油	蚧类、蚜虫	1 000～1 500 倍液	喷雾	21	1	
依维菌素	1.8%乳油	红蜘蛛	3 000～3 500 倍液	喷雾	14	1	
灭幼脲	25%悬浮剂	刺蛾、尺蠖桃蛀螟	800～1 000 倍液	喷雾	25	1	
吡虫啉	20%浓可溶性粉剂	蚜虫	3 000 倍液	喷雾	25	1	
代森锰锌	80%可湿性粉剂	炭疽病	600～800 倍液	喷雾	21	1	
843 康复剂	腐殖酸铜复合型水剂	干枯病	原液	涂干	20	1	

续附录 B

通用名	剂型及含量	主要防治对象	施用量（稀释倍数）	施用方法	最后一次施药距采果的天数（安全间隔期）	使用次数	实施要点及说明
多菌灵	50%可湿性粉剂	炭疽病、栗锈病	600～800 倍液	喷雾	21	1	
果富康	21%过氧乙酸	栗胴枯病	400～500 倍液 4～5 倍液	喷雾 涂抹	20	1	现配现用
波尔多液	硫酸铜、石灰、水 0.5∶0.5∶100	溃疡病、炭疽病	0.5%等量式	喷雾	15	1	现配现用
硫悬浮剂	50%悬浮剂	栗红蜘蛛、白粉病	300～400 倍液	喷雾	10	1	气温低于 4℃高于 30℃不宜用药
石硫合剂	45%结晶	栗红蜘蛛、小斑链蚧、白粉病、栗胴枯病	300～400 倍液	喷雾	10	1	气温低于 4℃高于 30℃不宜用药

第二十六章　绿色食品 苹果三优栽培技术规程

1　范　　围

本标准规定了绿色食品 苹果三优栽培的产地条件选择、肥料和农药使用的原则和要求、育苗、建园、土肥水管理、整形修剪、花果管理、病虫害防治。

本标准适用于承德苹果栽培区,并可为其他相近似地区所借鉴。

2　规范性引用文件

下列文件中对于本标准的引用是必不可少的。凡是注日期的引用文件,仅注日期的版本适用于本标准。凡是不注日期的引用文件,其最新版本(包括所有的修改单)适用于本标准。

NY/T391《绿色食品　产地环境技术条件》

NY/T393《绿色食品　农药使用准则》

NY/T394《绿色食品　肥料使用准则》

3 产地条件选择

3.1 环境条件

产地环境符合 NY/T391 绿色食品 产地环境技术条件要求。

3.2 气候条件

年平均气温 7～14℃，无霜期 130 d 以上，年降水量 400 mm 以上。

3.3 土壤条件

排水良好、土层深厚、土壤有机质含量较高、pH 5.4～7.5 的缓坡地带或平地。

4 肥料和农药使用原则和要求

4.1 肥料使用原则和要求

允许使用和禁止使用肥料的种类按 NY/T394 执行。

4.2 农药使用原则和要求

允许使用和禁止使用农药的种类按 NY/T393 执行。

5 育 苗

5.1 苗圃地的选择

苗圃地选择符合本标准第 3 章要求的前提下，选择交通便利，无危险性病虫害，不重茬、连作的土地。

5.2 砧木品种选择

结合当地自然条件，选择优良砧木，基砧选用山定子或西府海棠，中间砧选用 SH6、SH40、GM256、CX3。

5.3　砧木苗的培育

5.3.1　整地

秋末冬初将圃地深翻 20～30 cm，耕前施足底肥（施腐熟有机肥 4 m^3/667 m^2），整平做畦（畦宽 1.5 m，畦梗宽 30 cm，畦长根据地形地势确定），畦内耧平整细。

5.3.2　种子处理

选择籽粒饱满、无病虫害的优质种子，种子纯度 95%以上。对种子进行层积处理，山定子 60～90 d，西府海棠 40～60 d。

5.3.3　播种

5.3.3.1　播种时间

4 月上旬至 4 月下旬。

5.3.3.2　播种量

山定子做砧木，每 667 m^2播种 1～1.5 kg；

西府海棠做砧木，每 667 m^2播种 2～3.5 kg。

5.3.3.3　播种方法

播种前 5～10 d 畦内灌透水。采用带状条播，行宽 50 cm，沟深 1～2 cm。播种后撒上一层细沙，覆盖地膜保湿增温。

5.3.4　砧木苗管理

5.3.4.1　间苗、补苗

幼苗长到 3～4 片真叶时，按株距 20～25 cm 进行间苗、补苗，补栽苗木后，立即浇水。

5.3.4.2　中耕除草

浇水和雨后，及时中耕除草，保持土松草净。

5.3.4.3　浇水施肥

苗高 15 cm 时，施尿素 7～10 kg/667 m^2，间隔 30 d 后再施一次复合肥 10～15 kg/667 m^2。结合施肥进行灌水，雨季注意排水。7 月下旬后要控水控肥。

5.3.4.4　病虫害防治

主要对苗木立枯病、白粉病、东方金龟子、大灰象甲、蚜虫等进行防治。

5.4　嫁接

5.4.1　中间砧嫁接

5.4.1.1　接穗采集

接穗从采穗圃采集。

5.4.1.2　嫁接方法

秋季嫁接采用 T 形芽接或嵌芽接，春季嫁接采用单芽腹接。

5.4.1.3　嫁接时间

秋季芽接为 7 月下旬至 8 月下旬，春季枝接为 3 月下旬至 4 月中旬。

5.4.1.4　接后管理

芽接 15 d、枝接 20 d 后检查成活率，未成活的及时进行补接。秋季芽接的第二年春季萌芽前在接芽上方 1 cm 处剪砧并解绑；春季枝接的在新梢长至 40 cm 左右时进行解绑，并绑缚枝柱防风折。萌芽前浇水，7 月前追肥 1～2 次，每次追施尿素或复合肥（15～20）kg/667 m^2，结合施肥浇水。

5.4.2　品种嫁接

5.4.2.1　接穗采集

接穗必须从品种采穗圃或成龄母本树上采集。芽接选用已木质化的当年新梢做接穗；枝接选用发育充实，芽体饱满、无病虫害的一年生枝为接穗。

5.4.2.2　嫁接方法

参见 5.4.1.2。

5.4.2.3　嫁接时间

参见 5.4.1.3。

5.4.2.4　接后管理

参见5.4.1.4。

5.5　苗木出圃

在秋季落叶后至土壤结冻前出圃。起苗前进行灌水，保持根系完整、不劈裂、不失水，苗干无机械损伤。有条件的尽量采用机械起苗。

5.6　苗木分级

出圃时随时按分级要求进行分级，详见表1。

表1　苗木分级

项目	苗高/cm	苗木粗度/cm	根砧长度/cm	中间砧长度/cm	$D \geqslant 0.3$ cm $L \geqslant 20$ cm 侧根数量	整形带内饱满芽个数	基本要求
一级苗	>120	≥1.2	≤5	20～30	≥5	≥10	品种和砧木类型纯正，无检疫对象和严重病虫害，接口愈合良好，茎干无机械损伤，侧根分布均匀、舒展、须根多。
二级苗	>100≤120	≥1.0	≤5	20～30	≥4	≥8	
三级苗	>80≤100	≥0.8	≤5	20～30	≥3	≥6	

注：D指粗度；L指长度。

5.7　苗木检疫

在分级同时按照《植物检疫条例》对苗木进行检疫。

5.8　苗木包装

苗木按规格每50株为一个包装，并注明产地、品种、数量和等级。

5.9　苗木运输

运输途中要注意检查，及时补水保湿。

5.10　苗木保管

苗木不立即栽植的应进行假植或在 0～4℃冷库中贮存。

6　建　　园

6.1　园地选择

园地选择符合本标准第 3 章要求的前提下，选择交通便利，无危险性病虫害，不重茬、连作的土地。

6.2　品种选择与配置

主栽品种为红富士、国光等，授粉品种为王林、金冠、嘎啦等。行列式配置授粉树，主栽品种与授粉品种比例为 4∶(1～4)；中心式配置授粉树，主栽品种与授粉品种比例为 8∶1，即 8 株主栽品种的中心配置 1 株授粉树。

6.3　栽植

6.3.1　栽植密度

细长纺锤形，株行距(1.5～2) m×(3～4) m。V 字形，株行距(1～1.5) m×(4～5) m。

6.3.2　整地

秋季按行距挖成宽 60 cm、深 40～60 cm 南北方向的定植沟，挖沟时表土与心土分开，分别放在沟的两侧。有机肥与表土混合后回填，再填土与地面平，灌水沉实。

6.3.3　栽植时间

春季土壤解冻后至萌芽期(4 月上旬)进行。

6.3.4　苗木处理

栽植前将苗木根系在水中浸泡 12～24 h，进行根系修剪、消毒和促根处理。

6.3.5 栽植方法

采用深栽浅埋法栽植。在定植沟内按株距挖定植穴，将苗木接芽冲向当地主要风向栽入定植穴内，回填行间表土并分次踏实，使根系与土壤充分接触，深度以中间砧与基砧的接口在地表下5～10 cm（保证品种接芽距地面10～15 cm），栽树时培土至中间砧与基砧的接口处，当年秋季再培土至与地面相平或略高。栽后灌水，并覆盖地膜。

6.4 定干

栽植后在饱满芽处定干，干高80～120 cm，定干后套塑料筒保湿保温。

7 土肥水管理

7.1 土壤管理

幼树期可行间间作矮秆作物。进入结果期进行行间带状生草管理，果园行间种植禾本科、豆科等浅根性草种，定期刈割，并覆盖在树盘内。

7.2 施肥

7.2.1 基肥

以有机肥为主，化肥为辅。幼树和初结果期树施肥量每年施有机肥3～4 m^3/667 ㎡，混加多元复合肥50 kg。盛果期秋季施有机肥4～6 m^3/667 m^2，混加多元复合肥100～150 kg，在果实采收后落叶前施入。

7.2.2 追肥

盛果期按每生产100 kg果施纯氮（N）1.5 kg、五氧化二磷（P_2O_5）0.75 kg、氧化钾（K_2O）1.5 kg计算化肥施用量，把总量的1/3～1/2用于追肥。在萌芽前后、幼果膨大期分2次施入。前期以氮肥为主；后期以磷、钾肥为主。

7.2.3 叶面喷肥

在生长季节结合喷药防治病虫害进行，全年喷5～7次，前期用0.3%～0.4%尿素、后期用0.3%～0.4%磷酸二氢钾或植物氨基酸液肥500倍液等。

7.3 灌水和排水

7.3.1 灌水

根据土壤墒情每年灌水2～4次。落叶至土壤封冻前灌冻水。

7.3.2 排水

雨季前疏通果园内外排水沟，雨季及时排除积水。

8 整形修剪

8.1 修剪原则

整形修剪应有利于早成花、早结果、早丰产、成形快、高产、稳产、优质。

8.2 树形

8.2.1 细长纺锤形

适合于株行距(1.5～2) m×(3～4) m的果园。主干高40～50 cm，中心干上均匀分布20个左右小主枝或枝组。主枝角度90°～120°。

8.2.2 V字形

顺行设立V形架，上部向行间倾斜，夹角60°～70°，形成V字形架面，将树分别向行间拉斜，绑在V形架面上，每一单株按细长纺锤形或圆柱形整枝。

8.3 幼树修剪

8.3.1 扶干

定植当年立支柱，保持中心干直立。第1～3年通过对中心干短截，促进其生长。

8.3.2　多主枝、大角度

中心干上保留20个左右小主枝，通过对当年发生的新梢在生长至20～30 cm左右时开始用软化、拧枝、支撑等措施使各分枝的角度开张至90°～120°。

8.3.3　留小枝、无侧枝

中心干上不留过粗、过旺的分枝，疏除竞争枝和基部粗度超过主干1/3的分枝。主枝上不留侧枝，单轴延伸。

8.4　结果期修剪

8.4.1　休眠期修剪

根据树势、光照条件疏除、更新复壮枝组。

8.4.2　生长期修剪

主要是抹芽、疏梢、拉枝开角、扭梢。

9　花果管理

9.1　花前复剪

中庸树花、叶芽的适宜比例为1∶3，弱树为1∶4，强树为1∶2。

9.2　疏花

疏花序和疏花朵。疏花序从花序分离期开始，间隔20 cm左右选留1个健壮花序，其余花序全部疏除；疏花朵在气球期至开花期进行，每花序留1朵中心花或再留1朵边花，其他花朵全部疏掉。

9.3　疏果

谢花后20 d开始疏果，10 d内结束。20 cm左右选留1个中心果或1个边果，其余幼果全部疏掉。

9.4　果实套袋

套袋前喷洒一次杀虫杀菌剂，进行全树喷洒。

9.4.1　果袋选择

采用双层纸袋，外层袋外面为灰色，内面为黑色，内层袋为红色蜡纸。

9.4.2　套袋时期

谢花后25～40 d套袋。

9.4.3　除袋

采前15～30 d去掉外层袋，留下内层袋，5～7 d后再去除内层袋。

9.5　摘叶、转果、铺反光膜

采前20 d左右摘除果实周围的遮光叶及贴果叶。摘叶时保留叶柄，摘叶量控制在总叶量30%以下。摘袋后，经5～7个晴天的照光过程，将果实轻转一下，使阴面转为阳面。树冠下铺设反光膜。

9.6　采收

9.6.1　采收时期

果实达到品种固有的色泽和风味时为采收适期。

9.6.2　采收方法

摘果时要带果柄，轻拿轻放，保证果实无损伤。采果时按先冠外后冠内，先下层后上层的顺序进行。

10　病虫害防治

10.1　防治原则

贯彻“预防为主，综合防治”的方针，采取人工防治、生物防治与药物防治相结合，科学使用化学防治技术，有效控制病虫危害。

10.2　人工防治

10.2.1　加强管理，增强树势

结合冬剪，剪除病虫枝及干枯果台和僵果，对剪口涂药保护。

结合夏剪，剪除被卷叶虫、苹果瘤蚜、腐烂病等危害的枝梢，集中焚烧或深埋。

搞好果园清洁工作，压低病虫基数。秋末冬初彻底清扫落叶，拾净落果及时清除出园。刮除树干老皮，将翘皮刮净，至光滑为止。收净刮皮，集中焚烧。

生长期内，经常检查果园，随时发现并剪除、捕捉、收集病虫及其为害的枝条、叶片和果实，集中焚烧或深埋。

10.2.2　树干涂白

用生石灰 10 份，水 30 份，食盐 1 份，黏着剂（如黏土、油脂等）1 份，石硫合剂原液 1 份配制成涂白液。

10.2.3　人工诱杀

在害虫活动期内，大量悬挂糖醋罐、性诱剂、黑光灯、粘虫胶诱杀害虫。秋季树干绑草把，诱集在枝干上越冬的害虫，入冬后集中烧毁。

10.3　生物防治

保护和利用天敌，利用捕食螨、食螨瓢虫、草蛉类、六点蓟马等天敌防治叶螨类害虫；利用瓢虫类、草蛉类、食蚜蝇、蚜茧蜂等天敌防治蚜虫；利用赤眼蜂、狼蛛、白僵菌等天敌防治卷叶蛾；利用金纹细蛾跳小蜂、姬蜂类等天敌防治金纹细蛾。

使用苏云金杆菌制剂、农用链霉素、农抗 120 等生物制剂防治病虫害的发生。

10.4　主要害虫防治

10.4.1　叶螨类

萌芽前喷 3～5 波美度石硫合剂。花前喷 0.5 波美度石硫合剂，花后喷 0.3 波美度石硫合剂，危害严重时，用 70%克螨特 2 000～3 000 倍液或 5%的尼索朗 2 000～2 500 倍液。

10.4.2　苹果瘤蚜

苹果瘤蚜危害严重时，花前喷布 10%吡虫啉 5 000 倍液或

50%抗蚜威可湿性粉剂 800～1 000 倍液。

10.4.3　桃小食心虫

桃小食心虫危害较重果园(上年虫果率达 5%以上),成虫出土前,用大块塑料布覆盖树盘或树干上涂粘虫胶。

树上喷药在成虫羽化产卵和卵孵化期进行。选用 2.5%溴氰菊酯 1 500～2 500 倍液、20%甲氰菊酯 3 000 倍液。

10.4.4　卷叶蛾类

在成虫高峰后,田间释放赤眼蜂,每 667 m^2 十万头,连续释放 4～5 次。喷药掌握在开花前幼虫大部分出蛰和各代幼虫初孵化期进行,重点防治越冬代和第一代。药剂有 25%的灭幼脲 1 500 倍液、Bt 制剂 400 倍液、苦参碱杀虫剂 1 000 倍液。

10.4.5　金纹细蛾

发生严重的果园,每 667 m^2 果园挂 5～10 个金纹细蛾诱芯,诱杀成虫并测报,成虫发生盛期,喷布灭幼脲 3 号 2 000 倍液、2.5%溴氰菊酯 1 500～2 500 倍液。

10.5　主要病害防治

10.5.1　腐烂病

合理修剪,增施磷钾肥,控制负载量,克服大小年,增强树势是防治此病的基础。晚秋或春季彻底刮除病斑,找出病斑边缘,刮去部分好皮,伤口要切齐。常用消毒药有:843 康复剂 3 倍液,腐必清 3 倍液等。

10.5.2　轮纹病

休眠期刮除病瘤,5 月份至 7 月份对感病枝干进行重刮皮,消除病斑,将刮下的树皮集中烧毁,用氟硅唑或施纳宁进行消毒。

发芽前喷(3～5)波美度石硫合剂一次或 45%施纳宁 200～400 倍液。落花后 10 d 开始喷药防治,以后每隔 15～20 d 喷一次,40%氟硅唑乳油 8 000 倍液、50%多菌灵 600～800 倍液、50%甲基托布津 800 倍液等。雨季防治以倍量式波尔多液为主。

10.5.3　炭疽病

彻底清除树体病原。果树发芽前喷3～5波美度石硫合剂，药剂防治着重幼果期，落花后每隔半月喷一次药。药剂有：50%硫悬浮剂400倍液，70%代森锰锌600倍液、75%百菌清可湿性粉剂800倍液，石灰倍量式波尔多液。

10.5.4　斑点落叶病

一般6月上中旬开始发生，7、8月份为盛期。喷布10%多抗霉素1 000～1 500倍液、50%异菌脲（扑海因）可湿性粉剂1 000～1 500倍液或80%大生1 000倍液。后期以倍量式波尔多液为主。

10.5.5　苹果锈病

苹果发芽至幼果期喷药2～3次，喷布20%粉锈宁乳油2 000倍液、70%甲基托布津1 000倍液。

第二十七章　绿色食品 农药使用准则

1　范　　围

本标准规定了绿色食品生产和仓储中有害生物防治原则、农药选用、农药使用规范和绿色食品农药残留要求。

本标准适用于绿色食品的生产和仓储。

2　规范性引用文件

下列文件对于本件的应用是必不可少的，凡是注日期的引用文件，仅注日期的版本适用于本文件，凡是不注日期的引用文件，其最新版本(包括所有的修改单)适用于本文件。

GB2763 食品安全国家标准 食品中农药对打残留限量

GB/ T8321 (所有部分) 农药合理使用准则

GB12471 农药贮运、销售和使用的防毒规程

NY/ T391 绿色食品 产地环境质量

NY/ T1667 (所有部分) 农药登记管理术语

3　术语和定义

NY/T1667 界定的以及下列术语和定义适用于本文件。

3.1　AA 级绿色食品 AA grade green food

产地环境质量符合 NY/T391 的要求，遵照绿色食品生产标准生产，生产过程中遵循自然规律和生态学原理，协调种植业和养殖业的平衡，不使用化学合成的肥料、农药、兽药、渔药、添加剂等物质，产品质量符合绿色产品标准，经专门机构许可使用绿色食品标识的产品。

3.2　A 级绿色食品 A grade green food

产地环境质量符合 NY/T391 的要求，遵照绿色食品生产标准生产，生产过程中遵循自然规律和生态学原理，协调种植业和养殖业的平衡，限制使用限定的化学合成生产资料，产品质量符合绿色产品标准，经专门机构许可使用绿色食品标识的产品。

4　有害生物防治原则

4.1 以保持和优化农业生态系统为基础，建立有利于各类天敌繁衍和不利于病虫草害滋生的环境条件，提高生物多样性，维持农业生态系统的平衡。

4.2 优先采用农业措施，如抗病虫品种、种子种苗检疫、培育壮苗、加强栽培管理、中耕除草、耕翻晒垡、清洁田园、轮作倒茬、间作套种等。

4.3 尽量利用物理和生物措施，如用灯光、色彩诱杀害虫，机械捕捉害虫，释放害虫天敌，机械或人工除草等。

4.4 必要时，合理使用低风险农药。如没有足够有效的农业、物理和生物措施，在确保人员、产品和环境安全的前提下按照

第 5.6 章的规定，配合使用低风险的农药。

5 农药选用

5.1 所选用的农药应符合相关的法律法规，并获得国家农药登记许可。

5.2 应选择对主要防治对象有效的低风险农药品种，提倡兼治和不同作用机理农药交替使用。

5.3 农药剂型宜选用悬浮剂、微囊悬浮剂、水剂、水乳剂、微乳剂、颗粒剂、水分散粒剂和可溶性粒剂等环境友好型剂型。

5.4 AA 级绿色食品生产应按照 A. 1 的规定选用农药及其他植物保护产品。

5.5 A 级绿色食品生产应按照附录 A 的规定，优先从表 A.1 中选用农药。在表 A.1 所列农药不能满足有害生物防治需要时，还可适量使用 A.2 所列的农药。

6 农药使用规范

6.1 应在主要防治对象的防治适期，根据有害生物的发生特点和农药特性，选择适当的施药方式，但不宜采用喷粉等风险较大的施药方式。

6.2 应按照农药产品标签或 GB/T8321 和 GB12475 的规定使用农药，控制施药剂量(或浓度)，施药次数和安全间隔期。

7 绿色食品农药残留要求

7.1 绿色食品生产中允许使用的农药，其残留量应不低于 GB2763 的要求。

7.2 在环境中长期残留的国家明令禁止农药，其残留量应符合 GB2763 的要求。

7.3 其他农药的残留量不应超过 0.01 mg/ kg，并应符合 GB2763 的要求。

附录 A

(规范性附录)

绿色食品生产允许使用的农药和其他植保产品清单

A.1 AA 级和 A 级绿色食品生产均允许使用的农药和其他植保产品清单

见表 A.1。

表 A.1 AA 级和 A 级绿色回聘生产均允许使用的农药和其他植保产品清单

类别	组分名称	备注
Ⅰ植物和动物来源	楝素(苦楝、印楝等提取物)如印楝素等	杀虫
	天然除虫菊素(除虫菊种植物提取液)	杀虫
	苦参碱及氧化苦参碱(苦参等提取物)	杀虫
	蛇床子素(蛇床子提取物)	杀虫、杀菌
	小檗碱(黄连、黄柏等提取物)	杀菌
	大黄素甲醚(大黄、虎杖等提取物)	杀菌
	乙蒜素(大蒜提取物)	杀菌
	苦皮藤素(苦皮藤提取物)	杀虫
	藜芦碱(百合科藜芦属和喷嚏草属植物提取物)	杀虫
	桉油精(桉树叶提取物)	杀虫
	植物油(如薄荷油、松树油、香菜油、八角茴香油)	杀虫、杀螨、杀真菌、抑制发芽
	寡聚糖(甲壳素)	杀菌、植物生长调节
	天然诱集合杀线虫剂(如万寿菊、孔雀草、芥子油)	杀线虫
	天然酸(如食醋、木醋和竹醋等)	杀菌

续表

类别	组分名称	备 注
Ⅰ植物和动物来源	菇类蛋白多糖(菇类提取物)	杀菌
	水解蛋白质	引诱
	蜂蜡	保护嫁接和修剪伤口
	明胶	杀虫
	具有趋避作用的植物提取物(大蒜、薄荷、辣椒、花椒、薰衣草、柴胡、艾草的提取物	趋避
	害虫天敌(如寄生蜂、瓢虫、草蛉等)	控制虫害
Ⅱ微生物来源	真菌剂真菌提取物(白僵菌、轮枝菌、木霉菌、耳霉菌、淡紫拟青霉、金龟子绿僵菌、寡雄腐霉菌等)	杀虫、杀菌、杀线虫
	真菌剂真菌提取物(苏云金芽孢杆菌、枯草芽孢杆菌、蜡质芽孢杆菌、地衣芽孢杆菌、多黏类芽孢杆菌、荧光假单孢杆菌、短稳杆菌)	杀虫、杀菌
	病毒及病毒提取物(核型多角体病毒、角质多角体病毒、颗粒体病毒等)	杀虫
	多杀霉素、乙基多杀霉素	杀虫
	春雷霉素、多抗霉素、井冈霉素、(硫酸)链霉素、嘧啶核苷类抗菌素、宁南美素、申嗪霉素和中生菌素	杀菌
	S~诱抗素	植物生长调
Ⅲ生物化学产物	氨基寡糖素、低聚糖素、香菇多糖	防病
	几丁聚糖	防病、植物生长调节
	苄氨基嘌呤、超敏蛋白、赤霉酸、羟烯腺嘌呤、三十烷醇、乙烯利、吲哚丁酸、吲哚乙酸、芸薹素内酯	植物生长调节

续表

类别	组分名称	备 注
Ⅳ矿物来源	石硫合剂	杀菌、杀虫、杀螨
	铜盐(如波尔多液、氢氧化铜等)	杀菌、每年铜使用量不能超过 6 kg/hm²
	氢氧化钙(石灰水)	杀菌、杀虫、杀螨
	硫黄	杀菌、杀螨、驱避
	高锰酸钾	杀菌,仅用于果树
	碳酸氢钾	杀菌
	矿物油	杀虫、杀螨、杀菌
	氯化钙	仅用于治疗缺钙症
	硅藻土	杀虫
	黏土(如斑脱土、珍珠岩、蛭石、沸石等)	杀虫
	硅酸盐(硅酸钠、石英)	驱避
	硫酸铁(3 价铁离子)	杀软体动物
Ⅴ其他	氢氧化钙	杀菌
	二氧化碳	杀虫,用于贮存设施
	过氧化物类和含氯类消毒剂(如过氧乙酸、二氧化氯、二氯异氰尿酸钾、三氯异氰尿酸等)	杀菌,用于土壤和培养基质消毒
	乙醇	杀菌
	海盐和盐水	杀菌、仅用于种子(如稻谷等)处理
	软皂(钾肥皂)	杀虫
	乙烯	催熟等
	石英砂	杀菌、杀螨、驱避
	昆虫性外激素	引诱,仅用于诱捕器和散发皿内
	磷酸氢二胺	引诱,只限于诱捕器中使用

注 1:该清单每年都有可能根据新的评估结果发布修改单

注 2:国家新禁止的农药自动从该清单中删除

A.2　A级绿色食品生产允许使用的其他农药清单

当表A.1所列农药和其他植保产品不能满足有害生物防治需要时，A级绿色食品生产还可以按照农药产品标签或GB/T8321的规定使用下列农药：

a)杀虫剂

1) S～氰戊菊酯	esfenvalerate	15) 抗蚜威	pirimicarb
2) 吡丙醚	pyriproxifen	16) 联苯菊酯	bifenthrin
3) 吡虫啉	imidacloprid	17) 螺虫乙酯	spirotera mat
4) 吡蚜酮	pymetrozine	18) 氯虫苯甲酰胺	chlorantraniliprole
5) 丙溴磷	profenofos	19) 氯氟氰菊酯	cyhalothrin
6) 除虫脲	diflubenzuron	20) 氯菊酯	permethrin
7) 啶虫脒	acetamiprid	21) 氯氰菊酯	cypermethrin
8) 毒死蜱	chlorpyrifos	22) 灭蝇胺	cyromazine
9) 氟虫脲	flufenoxuron	23) 灭幼脲	chlorbenzuron
10) 氟啶虫酰胺	flonicamid	24) 噻虫啉	thiacloprid
11) 氟铃脲	hexaflumuron	25) 噻虫嗪	thiamethoxam
12) 高效氯氰菊酯	beta～cypermethrin	26) 噻嗪酮	buprofezin
13) 甲氨基阿维菌素苯甲酸盐	em～amectinbenzoate	27) 辛硫磷	phoxim
14) 甲氰菊酯	fenpropathrin	28) 茚虫威	indoxacard

b) 杀螨剂

1) 苯丁锡	fenbutainoxide	5) 噻螨酮	hexythazox
2) 喹螨醚	fenazaquin	6) 四螨嗪	clofentezine
3) 联苯肼酯	bifenazate	7) 乙螨唑	etoxaole
4) 螺螨酯	spirodiclofen	8) 唑螨酯	fenpyoximate

c) 杀软体动物剂

四聚乙醛　metaldehyde

续表

d)杀菌剂			
1) 吡唑醚菌酯	pyraclostrostrobin	21) 腈苯唑	fenbuconazole
2) 丙环唑	propiconazol	22) 腈菌唑	myclobutanil
3) 代森联	metriam	23) 精甲霜灵	metalaxyl～M
4) 代森锰锌	mancozeb	24) 克菌丹	captan
5) 代森锌	zineb	25) 醚菌酯	kresoxi～methyl
6) 啶酰菌胺	boscalid	26) 嘧菌酯	azoxystrobin
7) 啶氧菌酯	picoxystrobin	27) 嘧霉胺	pyrmethanil
8) 多菌灵	carbendazim	28) 氰霜唑	cvazofamid
9) 噁霉灵	hymexazol	29) 噻菌灵	thiabendazole
10) 恶霜灵	oxadixyl	30) 三乙膦酸铝	fosetyl～aluminium
11) 粉唑醇	flutriafol	31) 三唑醇	triadimenol
12) 氟吡菌胺	fluopicolide	32) 三唑酮	triadimefon
13) 氟啶胺	fluazinam	33) 双炔酰菌胺	mandipropamid
14) 氟环唑	epoxiconazole	34) 霜霉威	propamocarb
15) 氟菌唑	triflumizole	35) 霜脲氰	cymoxanil
16) 腐霉利	procymidone	36) 萎锈灵	carboxin
17) 咯菌腈	fludioxonil	37) 戊唑醇	tebuconazole
18) 甲基立枯磷	tolclofos～methyl	38) 烯酰吗啉	dimethomorph
19) 甲基硫菌灵	thiophanate～methyl	39) 异菌脲	iprodione
20) 甲霜灵	metalaxyl	40) 抑霉唑	imazalil
e) 熏蒸剂			
1) 棉隆	dazorner	2) 威百亩	metam～sodium
f) 除草剂			
1) 2甲4氯	MCPA	12) 禾草丹	thiobencarb
2) 氨氯吡啶酸	picloram	13) 禾草敌	molinate
3) 丙炔氟草胺	flumioxazin	14) 禾草灵	diclofop～methyl
4) 草铵膦	glufosinate～ammonium	15) 环嗪酮	hexazinone
5) 草甘膦	glyphosate	16) 磺草酮	sulcontrione

续表

6）敌草隆	diuron	17）甲草胺	alachlor
7）噁草酮	oxadiazon	18）精吡氟禾草灵	fluazifop～P
8）二甲戊灵	pendimethalin	19）精喹禾灵	quizalofop～P
9）二氯吡啶酸	clopyralid	20）绿麦隆	chlortoluron
10）二氯喹啉酸	quinclorac	21）氯氟吡氧乙酸（异辛酸）	fluroxypyr
11）氟唑磺隆	flucarbazone～sodium	22）氯氟吡氧乙酸异辛酯	fluroxypyr～mepthyl
23）麦草畏	dicamba	34）烯草酮	clethodim
24）咪唑喹啉酸	imazaquin	35）烯禾啶	sethoxydim
25）灭草松	bentazone	36）硝磺草酮	mesotrione
26）氰氟草酯	cyhalofopbutrl	37）野麦畏	tri～allate
27）炔草酯	clodinafop～propargyl	38）乙草胺	acetochlor
28）乳氟禾草灵	lactofen	39）乙氧氟草醚	oxyfluorfen
29）噻吩磺隆	thifensulfuron～methyl	40）异丙甲草胺	metolachlor
30）双氟磺草胺	florasulam	41）异丙隆	ispproturon
31）甜菜安	desmedipham	42）莠灭净	ametryn
32）甜菜宁	phenmedipham	43）唑草酮	carfentrazone～ethyl
33）西玛津	simazine	44）仲丁灵	butralin
g）植物生长调节剂			
1）2,4～D	2,4～D(只允许作为植物生长调节剂使用)	5）萘乙酸	1～naphthalaceticacid
2）矮壮素	chiormequal	6）噻苯隆	thithazuron
3）多效唑	pacloiutrazol	7）烯效唑	uniconazol
4）氯吡脲	forchlorfenuron		

注 1:该清单每年都可能根据新的评估结果发布修改单

注 2:国家新禁用的农药自动从该清单中删除

第二十八章　绿色食品 肥料使用准则

1　范　　围

本标准规定了绿色食品生产中肥料使用原则、肥料种类及使用规定。

本标准适用于绿色食品的生产。

2　规范性引用文件

下列文件对于本件的应用是必不可少的,凡是注日期的引用文件,仅注日期的版本适用于本文件,凡是不注日期的引用文件,其最新版本(包括所有的修改单)适用于本文件。

GB20287 农用微生物菌剂

NY/ T391 绿色食品 产地环境质量

NY525 有机肥料

NY/ T798 复合微生物肥料

NY884 生物有机肥

3　术语和定义

下列术语和定义适用于本文件

3.1　AA 级绿色食品 AA grade green food

产地环境质量符合 NY/T391 的要求，遵照绿色食品生产标准生产，生产过程中遵循自然规律和生态学原理，协调种植业和养殖业的平衡，不使用化学合成的肥料、农药、兽药、渔药、添加剂等物质，产品质量符合绿色产品标准，经专门机构许可使用绿色食品标识的产品。

3.2　A 级绿色食品 A grade green food

产地环境质量符合 NY/T391 的要求，遵照绿色食品生产标准生产，生产过程中遵循自然规律和生态学原理，协调种植业和养殖业的平衡，限制使用限定的化学合成生产资料，产品质量符合绿色产品标准，经专门机构许可使用绿色食品标识的产品。

3.3　农家肥料 farm yard manure

就地取材，主要由植物和(或)动物残体、排泄物等富含有机物的物料制作而成的肥料，包括秸秆肥、绿肥、厩肥、堆肥、沤肥、沼肥、饼肥等。

3.3.1　秸秆 stalk

以麦秸、稻草、玉米秸、豆秸、油菜秸等作物秸秆直接还田作为肥料。

3.3.2　绿肥 green manure

新鲜植物体作为肥料就地翻压还田或异地施用。主要分为豆科绿肥和非豆科绿肥两大类。

3.3.3　厩肥 barnyard manure

圈养牛、马、羊、猪、鸡、鸭等畜禽的排泄物与秸秆等垫料发酵腐熟而成的肥料。

3.3.4　堆肥 compost

动植物的残体、排泄物等为主要原料，堆制发酵腐熟而成的肥料。

3.3.5　沤肥 waterlogged compost

动植物残体、排泄物等有机物料在淹水条件下发酵腐熟而成的肥料。

3.3.6　沼肥 biogas fertilizer

动植物残体、排泄物等有机物料能经沼气发酵腐熟而成的肥料。

3.3.7　饼肥 cake fertilizer

含油较多的植物种子经压榨去油后的残渣制成的肥料。

3.4　有机肥料 organic fertilizer

主要来源于植物和(或)动物,经过发酵腐熟的含碳有机物料,其功能是改善土壤肥力,提供植物营养,提高作物品质。

3.5　微生物肥料 microbial fertilizer

含有特定微生物活体的制品,应用于农业生产,通过其中所含微生物的生命活动,增加植物养分的供应量或促进植物生长,提高产量,改善农产品品质及农业生态环境的肥料。

3.6　有机-无机复混肥料 organic-inorganic compound fertilizer

含有一定量有机肥料的复混肥料。

注:其中复混肥料是指氮、磷、钾三种养分中,至少有两种养分标明量的由化学方法和(或)掺混方法制成的肥料。

3.7　无机肥料 inorganic ferfilizer

主要以无机盐形式存在,能直接为植物提供矿质营养的肥料。

3.8　土壤调理剂 soil amendment

加入土壤中用于改善土壤的性物理、化学和(或)生物性状的物料,功能包括改良土壤结构、降低土壤盐碱危害、调节土壤酸碱度、改善土壤水分状况、修复土壤污染等。

4 肥料使用原则

4.1 持续发展原则。绿色食品生产中所使用的肥料应对环境无不良影响,有利于保护生态环境,保持或提高土壤肥力及土壤生物活性。

4.2 安全优质原则。绿色食品生产中应使用安全、优质的肥料产品,生产安全、优质的绿色食品。肥料的使用应对作物(营养、味道、品质和植物抗性)不产生不良后果。

4.3 化肥减控原则。在保障植物营养有效供给的基础上减少化肥用量,兼顾元素之间的比例平衡,无机氮素用量不得高于当季作物需求量的一半。

4.4 有机为主原则。绿色食品生产过程中肥料种类的选取应以农家肥料、有机肥料、微生物肥料为化学肥料为辅。

5 可使用的肥料种类

5.1 AA级绿色食品生产可使用的肥料种类

可使用3.3,3.4,3.5规定的肥料。

5.2 A级绿色食品生产可使用的肥料种类

除5.1规定的肥料外,还可使用3.6、3.7规定的肥料及3.8土壤调理剂。

6 不应使用的肥料

6.1 添加有稀土元素的肥料。

6.2 成分不明确的、含有安全隐患成分的肥料。

6.3 未经发酵腐熟的人畜粪尿。

6.4 生活垃圾、污泥和含有有害物质(如毒气、病原微生物、重金属等)的工业垃圾。

6.5 转基因品种(产品)及其副产品为原料生产的肥料。

6.6 国家法律法规规定不得使用的肥料。

7 使用规定

7.1 AA级绿色食品生产用肥料使用的规定

7.1.1 应选用5.1所列肥料种类,不应使用化学合成肥料。

7.1.2 可使用农家肥料,但肥料的重金属限值指标应符合NT525的要求,粪大肠菌群数、蛔虫卵死亡率应符合NY884的要求,宜使用秸秆和绿肥,配合施用具有生物固氮、腐熟秸秆等功效的微生物肥料。

7.1.3 有机肥料应达到NY525技术指标,主要以基肥施入,用量视地力和目标产量而定,可配施农家肥料和微生物肥料。

7.1.4 微生物肥料应符合GB20287或NY884或NY/T798的要求,可与5.1所列其他肥料配合施用,用于拌种、基肥或追肥。

7.1.5 无土栽培可使用农家肥料、有机肥料和微生物肥料,掺混在基质中使用。

7.2 A级绿色食品生产用肥料使用规定

7.2.1 应选用5.2所列肥料种类。

7.2.2 农家肥料的使用按7.1.2的规定执行。耕作制度允许情况下,宜利用秸秆和绿肥,按照约25:1的比例补充化学氮素。厩肥、堆肥、沤肥、沼肥、饼肥等农家肥料应完全腐熟,肥料的重金属限量指标应符合NY525的要求。

7.2.3 有机肥料的使用按7.1.3的规定执行。可配施5.2所列其他肥料。

7.2.4 微生物肥料的使用按7.1.4的规定执行,可配施5.2

所列其他肥料。

7.2.5 有机～无机复混肥料、无机肥料在绿色食品生产中作为辅助肥料使用，用来补充农家肥料、有机肥料、微生物肥料所含养分的不足。控制化肥用量，其中无机氮素用量按当地同种作物习惯施肥用量减半使用。

7.2.6 根据土壤障碍因素，可选用土壤调理剂改良土壤。

主要参考文献

1. 陈海江. 设施果树栽培. 北京:金盾出版社. 2010.
2. 马宝焜,徐继忠. 苹果精细管理十二个月. 北京:中国农业出版社. 2009.
3. 于泽源. 果树栽培. 北京:高等教育出版社. 2005.
4. 李克军. 果树生产. 河北科学技术出版社. 2009.
5. 张义勇. 果树栽培技术. 北京:北京大学出版社. 2007.
6. 刘捍中. 葡萄栽培技术. 北京:金盾出版社. 2011.
7. 张玉星. 果树栽培学各论(北方本). 北京:中国农业出版社. 2003.
8. 贾克功,李淑君,等. 果树日光温室栽培. 北京:中国农业大学出版社. 1996.
9. 高东升. 设施农业栽培学—果树分册. 北京:中国农业出版社. 2008.
10. 郗荣庭. 果树栽培学总论. 北京:中国农业出版社. 1995.
11. 吴国兴. 保护地设施类型与建造. 北京:金盾出版社. 2009.
12. 张振贤. 蔬菜栽培学. 北京:中国农业大学出版社. 2003.
13. 河北省现代农业产业技术体系蔬菜产业创新团队. 2013 年度示范推广技术汇编.
14. 张学东,等. 冀北地区农业新技术集锦. 北京:中国农业大学出版社. 2010.